STARK

TRAINING

Mathematik 6. Klasse

Elena Nettelbeck

STARK

Autor: Mag. Elena Nettelbeck unterrichtete nach dem Abschluss des Lehramtsstudiums Mathematik/Germanistik ab 1987 an Gymnasien und Handelsakademien in Österreich. Seit 2004 ist sie am Nymphenburger Gymnasium in München tätig. Besonders wichtig ist es ihr, ihre Schüler individuell zu fördern und zu fordern. Dies verwirklicht sie neben ihrer Unterrichtstätigkeit auch durch ihre Mitarbeit in mathematischen Arbeitsgemeinschaften und durch ihre langjährige Tätigkeit als Nachhilfelehrerin.

ISBN 978-3-86668-831-5

Inhalt

Vorwort
So arbeitest du mit diesem Buch

Methoden 1

Einführung in die Bruchrechnung 5
1 Brüche als Anteile vom Ganzen 6
2 Grafische Darstellung von Brüchen 9
3 Kürzen und Erweitern von Brüchen 11
4 Brüche als Quotienten 14
5 Vergleich von Bruchzahlen 18
6 Vermischte Aufgaben 20

Dezimalbrüche und Dezimalzahlen 21
1 Dezimale Schreibweise 22
2 Vergleichen von Dezimalzahlen 25
3 Umwandeln von Brüchen in Dezimalzahlen 28
4 Runden von Dezimalzahlen 31
5 Prozentzahlen 34
6 Relative Häufigkeit 36
7 Zufallsexperimente 37
8 Vermischte Aufgaben 38

Addition und Subtraktion von Brüchen 39
1 Addition und Subtraktion gleichnamiger Brüche 40
2 Der Hauptnenner 43
3 Addition und Subtraktion ungleichnamiger Brüche 46
4 Addition und Subtraktion gemischter Zahlen 49
5 Addition und Subtraktion von Dezimalzahlen 52
6 Vermischte Aufgaben 55

Multiplikation und Division von Brüchen 57
1 Multiplikation von Brüchen 58
2 Division von Brüchen 61
3 Multiplikation von Dezimalzahlen 63
4 Division von Dezimalzahlen 67
5 Vorteilhaftes Rechnen – Umwandeln in vorteilhafte Darstellung 70
6 Vermischte Aufgaben 72

Rationale Zahlen **73**
1 Die Menge der rationalen Zahlen 74
2 Rechnen mit rationalen Zahlen 77
3 Vermischte Aufgaben 82

Flächenberechnungen **83**
1 Flächeninhalte von Quadrat und Rechteck 84
2 Flächeninhalt des Parallelogramms 87
3 Flächeninhalte von Dreieck und Trapez 89
4 Schrägbilder und Netze 93
5 Ausgewählte Oberflächeninhalte 98
6 Vermischte Aufgaben 101

Volumenberechnungen **103**
1 Volumeneinheiten 104
2 Volumen des Quaders und des Würfels 108
3 Volumen zusammengesetzter Körper 110
4 Vermischte Aufgaben 115

Prozentrechnung **117**
1 Grundwert, Prozentwert, Prozentsatz 118
2 Berechnen des Prozentwertes 120
3 Berechnen des Prozentsatzes 122
4 Berechnen des Grundwertes 124
5 Interpretation von Diagrammen 126
6 Manipulation durch Diagramme 133
7 Vermischte Aufgaben 137

Proportionalität **139**
1 Direkte Proportionalität 140
2 Indirekte Proportionalität 142
3 Vermischte Aufgaben 144

Grundwissen der 5. und 6. Klasse **145**

Lösungen **157**

Autorin: Elena Nettelbeck

Vorwort an die Schüler

Liebe Schülerin, lieber Schüler,

mit diesem auf den Lehrplan abgestimmten Trainingsbuch kannst du den **gesamten Unterrichtsstoff** für Mathematik in der **6. Klasse** selbstständig wiederholen und dich optimal auf Schulaufgaben vorbereiten.

- Wie du geschickt auch an schwierige Mathematikaufgaben herangehst, erfährst du im Kapitel **Methoden**.
- In den weiteren Kapiteln werden alle **wesentlichen Themen** aufgegriffen und anhand von ausführlichen **Beispielen** veranschaulicht. **Hilfreiche Hinweise** erklären dir die einzelnen Rechen- oder Denkschritte genau. Die Zusammenfassungen der **zentralen Inhalte** sind außerdem in farbiger Schrift hervorgehoben.
- **Zahlreiche Übungsaufgaben** mit ansteigendem Schwierigkeitsgrad bieten dir die Möglichkeit, die verschiedenen Themen einzuüben. Hier kannst du überprüfen, ob du den gelernten Stoff auch anwenden kannst. Komplexere Aufgaben, bei denen du wahrscheinlich etwas mehr Zeit zum Lösen brauchen wirst, sind mit einem ✳ gekennzeichnet.
- Zu allen Aufgaben gibt es am Ende des Buches **vollständig ausgearbeitete Lösungen** mit **ausführlichen Hinweisen**, die dir den Lösungsansatz und die jeweiligen Schwierigkeiten genau erläutern.
- Begriffe, die dir unklar sind, kannst du im **Grundwissen der 5. und 6. Klasse** nachschlagen. Dort sind alle wichtigen Definitionen zusammengefasst, die du am Ende der 6. Klasse wissen musst.

Ich wünsche dir gute Fortschritte bei der Arbeit mit diesem Buch und viel Erfolg in der Mathematik!

Elena Nettelbeck

Vorwort an die Eltern

Liebe Eltern,

ich freue mich, dass Sie Ihr Kind auf dem Weg durch das Gymnasium unterstützen, und wünsche Ihnen dabei viel Erfolg.

Dieses Buch enthält den gesamten **Unterrichtsstoff** der 6. Klasse in prägnanter und schülergerechter Form und ist somit eine optimale Ergänzung zum Unterricht:

- Mithilfe von eingängigen Beispielen und abwechslungsreichen Aufgaben kann Ihr Kind den gesamten **Unterrichtsstoff nacharbeiten und festigen**.
- Bestehende **Lücken** können leicht **beseitigt** werden, indem Sie das entsprechende Kapitel auswählen, es wiederholen und die zugehörigen Aufgaben rechnen lassen.
- Bei den **vermischten Aufgaben** kann Ihr Kind überprüfen, ob es den gelernten Stoff auch dann anwenden kann, wenn es vorher nicht genau weiß, zu welchem Themengebiet die Aufgabe gehört.
- Ihr Kind kann sich mit dem Buch auch ideal **auf Schulaufgaben vorbereiten** und am Ende des Schuljahres den **gesamten Stoff wiederholen**.

Ihr Kind hat **verschiedene Möglichkeiten**, mit diesem Buch zu **üben**. Diese sind in dem Abschnitt „So arbeitest du mit diesem Buch“ aufgeführt. Beachten Sie dabei Folgendes:

- Ihr Kind sollte die Aufgaben immer selbstständig lösen, ohne den Lösungsteil zu benutzen. Dieser dient nur der Überprüfung.
- Gelingt das Lösen einer Aufgabe nicht, sollte Ihr Kind zunächst die Erklärungen und die zugehörigen Beispiele durcharbeiten und sich anschließend erneut mit der Aufgabe befassen.
- Erscheint die Aufgabe dennoch zu schwierig, sollte Ihr Kind die Aufgabe markieren, sie mithilfe des Lösungsteils bearbeiten und nach einer gewissen Zeit die Aufgabe noch einmal selbst lösen.

Ich wünsche Ihrem Kind viel Freude bei der Arbeit mit dem Buch und anhaltenden Erfolg in der Schule.

Elena Nettelbeck

Elena Nettelbeck

So arbeitest du mit diesem Buch

Besonders effektiv kannst du mit diesem Buch **arbeiten**, wenn du dich an den folgenden Vorgehensweisen orientierst:

- Lies dir zunächst die **Methoden** zur Lösung von Mathematikaufgaben gründlich durch. Versuche dann, dich bei der Bearbeitung der Aufgaben an diese Schritte zu halten.

- Um den **Unterrichtsstoff zu trainieren**, hast du grundsätzlich zwei verschiedene Möglichkeiten:

  Methode 1:
  - Bearbeite zunächst den **Unterrichtsstoff mit den Beispielen**.
  - Löse anschließend selbstständig die **Übungsaufgaben** in der angegebenen Reihenfolge.
  - Schlage bei der **Bearbeitung der Aufgaben** erst dann in den Lösungen nach, wenn du mit einer Aufgabe wirklich fertig bist.
  - Solltest du mit einer Aufgabe gar nicht zurechtkommen, dann markiere sie und bearbeite sie mithilfe der Lösung.
  - Versuche, die Aufgabe nach ein paar Tagen noch einmal selbstständig zu lösen.

  Methode 2:
  - Beginne damit, einige **Übungsaufgaben in einem Kapitel zu lösen** und danach mit den angegebenen Lösungen zu vergleichen.
  - Wenn alle Aufgaben richtig sind, bearbeitest du die weiteren Aufgaben des Kapitels.
  - Bei Unsicherheiten oder Schwierigkeiten **wiederholst du die entsprechenden Inhalte** in den einzelnen Kapiteln.

- Die **vermischten Aufgaben** solltest du erst lösen, wenn du das zugehörige Kapitel sicher beherrschst. Dadurch kannst du überprüfen, ob du die erlernten Lösungsmethoden auch dann anwenden kannst, wenn du vorher nicht genau weißt, aus welchem Themengebiet die Aufgabe kommt.

- An die **komplexeren Aufgaben**, die du an dem ✳ erkennst, solltest du dich erst dann wagen, wenn du die übrigen Aufgaben gut lösen konntest. Lass dich jedoch nicht entmutigen, wenn du bei diesen schwierigen Aufgaben nicht sofort auf eine Lösung kommst.

- Stolperst du in den einzelnen Kapiteln oder den Lösungen über Begriffe, die dir unklar sind, kannst du diese im **Grundwissen der 5. und 6. Klasse** nachschlagen. Ebenfalls kannst du damit am Ende der 6. Klasse noch einmal alle wichtigen Definitionen wiederholen.

Methoden

Wenn du eine mathematische Aufgabe lösen möchtest, ist es wichtig, strukturiert vorzugehen.

Schritt 1:
Lies die Aufgabenstellung genau durch. Dabei hilft es oft, wichtige Teile (also Zahlen oder mathematische Begriffe) zu **markieren**. Um die Aufgabe gut zu verstehen, kannst du dir auch aufschreiben, was **gegeben** und was **gesucht** ist.

Schritt 2:
Überlege, ob du **Formeln** kennst, die bei der Lösung der Aufgabe helfen können. Diese Formeln schreibst du gegebenenfalls auf. Falls es keine Formel gibt, die direkt auf die Aufgabe passt, versuche, die Aufgabe **in Teilschritte zu zerlegen**, die du entweder mit Formeln oder mit Rechengesetzen lösen kannst.

Schritt 3:
Führe alle notwendigen **Rechnungen** durch. Achte dabei auf eine übersichtliche Form und konzentriere dich, damit dir keine Flüchtigkeitsfehler unterlaufen.

Schritt 4:
Lies die Aufgabenstellung noch einmal durch und **überprüfe**, ob dein Ergebnis die Antwort auf die Fragestellung ist. Überlege danach, ob du einen **Antwortsatz** formulieren musst oder ob es reicht, das Ergebnis zu unterstreichen.

Beispiel

Marianne möchte einen neuen Teppichboden für ihr Zimmer. Das Zimmer ist 4,5 m lang und 2,3 m breit.
Wie viel Quadratmeter muss der Teppichboden haben, damit er den Boden des Zimmers bedeckt?

Lösung:

Schritt 1:

Markieren der wesentlichen Informationen in der Aufgabe:
Marianne möchte einen neuen Teppichboden für ihr Zimmer. Das Zimmer ist 4,5 m lang und 2,3 m breit.
Wie viel Quadratmeter muss der Teppichboden haben, damit er den Boden des Zimmers bedeckt?

Ins Heft kannst du aufschreiben:
Gegeben: $\ell = 4{,}5\ \text{m} = 45\ \text{dm},\ b = 2{,}3\ \text{m} = 23\ \text{dm}$
Gesucht: Flächeninhalt des Bodens in Quadratmetern

Schritt 2:

Das Zimmer hat die Form eines Rechtecks. Die Formel für den Flächeninhalt eines Rechtecks lautet:

$$A = \ell \cdot b$$

Diese Formel schreibst du in dein Heft.

Schritt 3:

Nun setzt du die notwendigen Zahlen ein und führst die Rechnung aus:
$A = \ell \cdot b = 45\ \text{dm} \cdot 23\ \text{dm} = 1\,035\ \text{dm}^2$

Nebenrechnung:

$$\begin{array}{r} 45 \cdot 23 \\ \hline 90 \\ 135 \\ \hline 1\,035 \end{array}$$

Schritt 4:

Lies die Aufgabenstellung noch einmal durch. Du merkst, dass du die Antwort in Quadratmetern angeben sollst, also musst du noch **umwandeln**:
$A = 1\,035\ \text{dm}^2 = 10{,}35\ \text{m}^2$

Antwortsatz:
Der Teppichboden muss $10{,}35\ \text{m}^2$ haben, damit er den Boden des Zimmers bedeckt.

Einführung in die Bruchrechnung

1 Brüche als Anteile vom Ganzen

Die Klasse 6b macht einen Ausflug in den Zoo, auf den sich alle 30 Kinder schon lange gefreut haben. Auf dem Heimweg fragt der Klassenlehrer die Schüler, welche Tiere ihnen am besten gefallen haben. Zwölf Schüler mochten die Tiger besonders gern. Sechs Kinder fanden die Pinguine am lustigsten. Die Affen zu beobachten, fanden zwölf Kinder besonders spannend.

Aus diesen Antworten lassen sich die Anteile für die jeweils genannten Tiere berechnen.

Anteile vom Ganzen lassen sich als **Brüche** darstellen. Dabei gibt der Nenner an, aus wie vielen gleich großen Teilen das Ganze besteht. Der Zähler zeigt, wie viele dieser Teile man nimmt.

$\frac{12}{30}$ ← **Zähler** → $\frac{1}{2}$
← **Bruchstrich** →
← **Nenner** →

Sprich: zwölf Dreißigstel

Sprich: ein Halbes

Beispiele

1. Gib den Anteil der Kinder an, denen die Pinguine am besten gefallen haben.

   Lösung:
   Die Klasse 6b besteht aus **30 gleichen Teilen**, da 30 Schüler in der Klasse sind. Der Nenner ist **30**.
   6 Kindern haben die Pinguine am besten gefallen. Der Zähler ist **6**.
   Nun kann der Anteil der Kinder, denen die Pinguine am besten gefallen haben, als Bruch geschrieben werden: $\frac{6}{30}$

2. Welcher Anteil der folgenden Figur ist gefärbt?

   Lösung:
   Die Figur besteht aus **18 gleich großen Teilen**. Der Nenner ist **18**.
   7 Teile sind farbig. Der Zähler ist **7**.
   Der Anteil der gefärbten Fläche kann als Bruch geschrieben werden: $\frac{7}{18}$

3. In der 6a sind 32 Schüler. Die Hälfte der Kinder hat genau einen Bruder oder eine Schwester. Drei Achtel der Kinder sind Einzelkinder. Wie viele Kinder haben mehr als einen Bruder oder eine Schwester?

   Lösung:
   Erst wird berechnet, wie viele Kinder es jeweils sind.
   Für die **Hälfte** muss man 32 in zwei Teile teilen:
   $32:\mathbf{2}=16 \Rightarrow$ 16 Kinder

   Für **Achtel** muss man 32 in acht Teile teilen:
   $32:\mathbf{8}=4 \Rightarrow$ 4 Kinder

   Man braucht aber **drei Achtel**:
   $\mathbf{3}\cdot 4=12 \Rightarrow$ 12 Kinder

   Durch Addieren der beiden Ergebnisse wird berechnet, wie viele Kinder das zusammen sind:
   $\mathbf{16}+\mathbf{12}=28 \Rightarrow$ 28 Kinder

   Um herauszufinden, wie viele Schüler noch fehlen, wird von der Gesamtzahl das bisherige Ergebnis subtrahiert:
   $\mathbf{32}-\mathbf{28}=4 \Rightarrow$ 4 Kinder

   4 Kinder haben mehr als einen Bruder oder eine Schwester.

1 Maria geht gerne mit ihrem Vater einkaufen. Heute fahren sie auf den Wochenmarkt, um Äpfel zu kaufen. Sie sucht vier gelbe, sieben rote und drei grüne Äpfel aus.
Schreibe den Anteil der roten Äpfel als Bruch.

2 Welcher Anteil der Figuren ist gefärbt?

a) 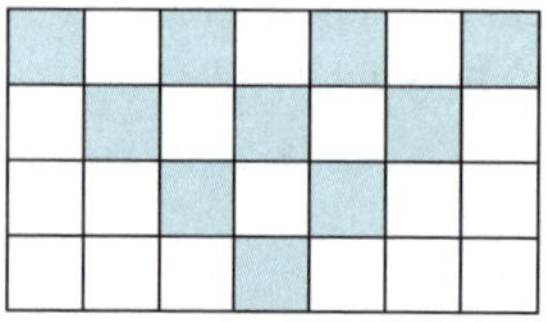

b) 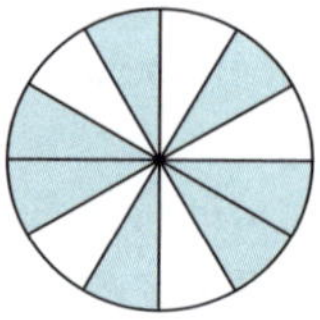

c) 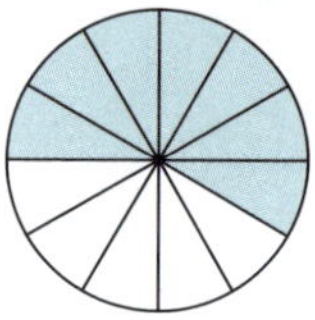

d) 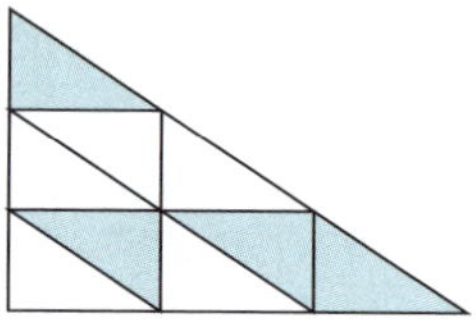

e) 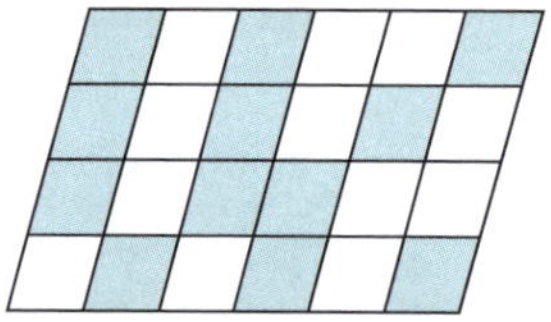

f) 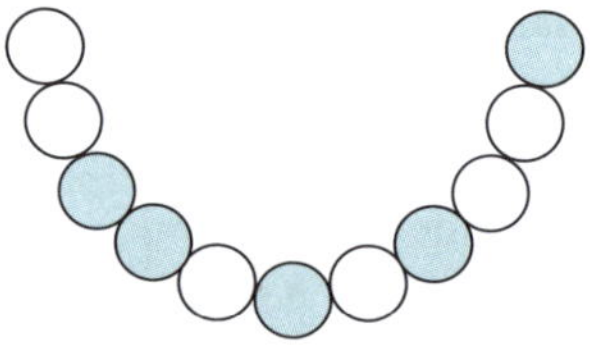

3 Zeichne für jede dieser Aufgaben ein Rechteck mit der Länge von sechs Kästchen und der Breite von 5 Kästchen. Du hast also insgesamt 30 Kästchen in deinem Rechteck.
Färbe nun die folgenden Anteile der Rechtecksfläche, die hier als Bruch angegeben sind:

a) $\frac{5}{30}$

b) $\frac{1}{2}$

c) $\frac{3}{5}$

d) $\frac{2}{6}$

4 Christian bekommt im Monat 24 € Taschengeld. Er sagt: „Ich gebe 6 € davon für Süßigkeiten aus. Meistens gehe ich einmal ins Kino, dann sind 10 € weg. Für Comics gebe ich 5 € aus und den Rest spare ich."

a) Zeichne ein Rechteck mit 6 Kästchen Länge und 4 Kästchen Breite und markiere in diesem Rechteck die Anteile in verschiedenen Farben: male den Anteil für die Süßigkeiten grau aus, den für das Kino farbig und den Anteil für die Comics schwarz.

b) Welcher Anteil bleibt weiß?

c) Wie viele Euro macht dieser Anteil aus?

2 Grafische Darstellung von Brüchen

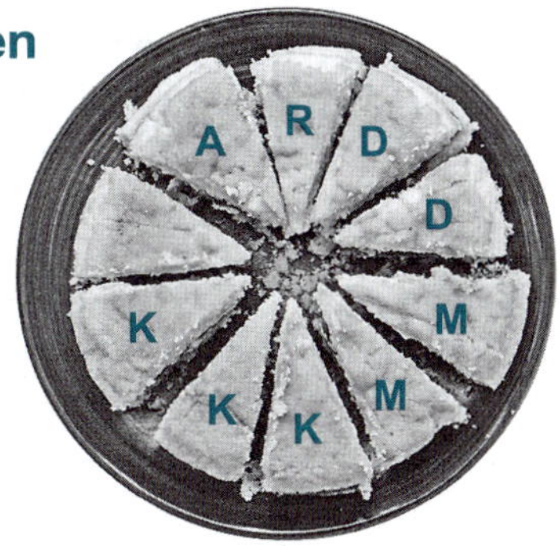

Auf der Geburtstagsfeier von Anna wird der Kuchen in zehn Stücke geteilt. Davon essen Anna und Rebecca jeweils ein Stück. Daniel isst zwei Stücke und Marco nimmt sich ebenfalls zwei Stücke. Klaus, dem der Kuchen besonders gut schmeckt, gönnt sich sogar drei Stücke. Welcher Anteil des Kuchens bleibt übrig?

Man kann Anteile vom Ganzen, also Brüche, auf verschiedene Arten grafisch darstellen. Die drei häufigsten Möglichkeiten sind das **Rechteckdiagramm**, das **Streifendiagramm (Balkendiagramm)** und das **Kreisdiagramm**.

Beispiel

Veranschauliche die Anteile $\frac{9}{10}$ und $\frac{1}{10}$ grafisch.

Lösung:

Für das Rechteckdiagramm wählt man ein günstiges Rechteck. Es hat genau so viele Kästchen oder Quadratzentimeter, wie das Ganze Teile hat. Dann kann man die Anteile leicht einzeichnen. Wenn man **zehn Teile** braucht, kann man z. B. ein Rechteck mit **5 cm Länge** und **2 cm Breite** wählen, weil $5 \cdot 2 = 10$ gilt.

Um $\frac{9}{10}$ und $\frac{1}{10}$ zu veranschaulichen, nimmt man **9** Kästchen und **1** Kästchen.

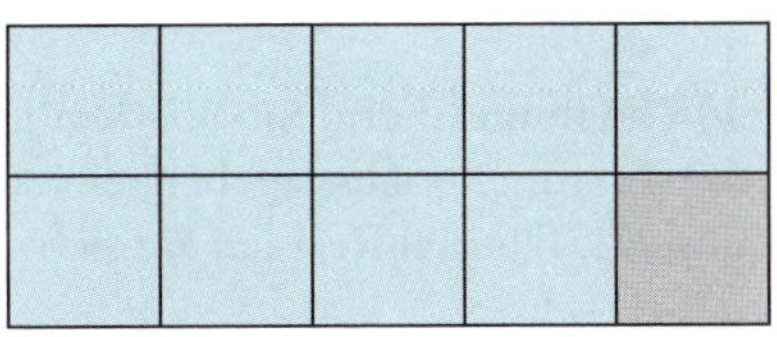

Für das Streifendiagramm (Balkendiagramm) wählt man ein Rechteck mit einer günstigen Länge. Es ist genauso viele Zentimeter lang, wie das Ganze Teile hat. Dann kann man die Anteile leicht einzeichnen. Für die Breite des Rechtecks bietet sich 1 cm an.

Um $\frac{9}{10}$ und $\frac{1}{10}$ zu veranschaulichen, nimmt man **9 cm** und **1 cm** Länge.

Für das Kreisdiagramm teilt man die 360° um den Mittelpunkt in genauso viele Teile, wie das Ganze hat. Dann kann man die Anteile leicht einzeichnen.
$360° : \mathbf{10} = 36°$
Um $\frac{9}{10}$ und $\frac{1}{10}$ zu veranschaulichen, multipliziert man 36° mit **9** bzw. **1**. Also nimmt man die Mittelpunktswinkel
$9 \cdot 36° = \mathbf{324°}$ und $1 \cdot 36° = \mathbf{36°}$.

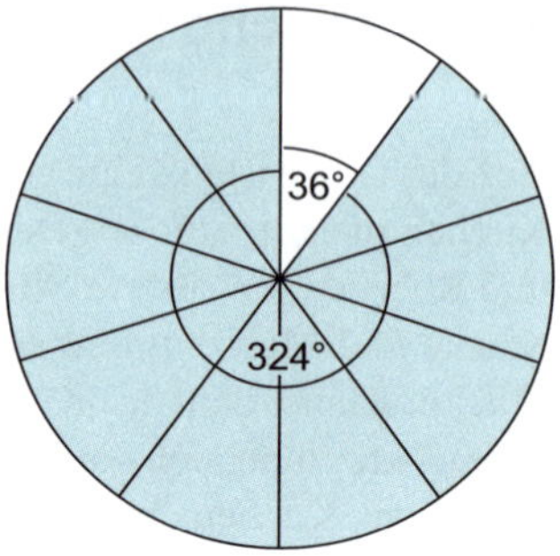

5 Veranschauliche folgende Anteile durch passende Rechtecke.

a) $\frac{4}{15}$ b) $\frac{13}{20}$

c) $\frac{4}{6}$ d) $\frac{7}{16}$

6 Veranschauliche folgende Anteile durch Kreisdiagramme mit einem Radius von 2 cm.

a) $\frac{4}{15}$ b) $\frac{13}{20}$

c) $\frac{4}{6}$ d) $\frac{7}{8}$

7 Leonie bekommt im Monat 12 € Taschengeld von ihren Eltern. Sie überlegt am Ende des Monats: Ein Sechstel hat sie für neue Textmarker ausgegeben, ein Zwölftel für Süßigkeiten, ein Drittel hat sie gespart. Für den Rest hat sie sich lustige Sticker gekauft.
Veranschauliche Leonies Verwendung ihres Taschengeldes

a) mit einem Kreisdiagramm mit dem Radius 2 cm.

b) mit einem Rechteckdiagramm.

8 Am Wochenende hat Nico 4 Stunden für die Schule gearbeitet. Er hat ein Viertel der Zeit mit den Hausaufgaben verbracht und ein Drittel mit dem Lernen für die anstehende Lateinschulaufgabe. Zusätzlich hat er 40 Minuten Geschichte gelernt. Den Rest der Zeit hat er für die Erstellung eines Referats gebraucht.
Veranschauliche Nicos Zeitaufwand für die Schule

a) mit einem Kreisdiagramm.

b) mit einem Streifendiagramm (Balkendiagramm).

3 Kürzen und Erweitern von Brüchen

Mario, Ahmed, Alina und Serap haben eine Tafel Schokolade geschenkt bekommen und wollen diese nun untereinander aufteilen. Sie zählen ab, wie viele Stückchen Schokolade die Tafel hat. Wie können sie gerecht teilen?

> Man kann einen bestimmten Anteil des Ganzen verschieden darstellen:
>
> - Wenn man ihn in mehr kleinere Teile aufteilt, spricht man davon, den Bruch zu **erweitern**. Man erweitert einen Bruch durch Rechnung, indem man Zähler und Nenner des Bruchs mit derselben Zahl **multipliziert**.
> - Wenn man mehrere kleine Teile zu einem größeren zusammenfasst, spricht man davon, den Bruch zu **kürzen**. Man kürzt einen Bruch durch Rechnung, indem man Zähler und Nenner des Bruchs durch dieselbe Zahl **dividiert**.

Beispiele

1. $\frac{1}{6} = \frac{1 \cdot \mathbf{4}}{6 \cdot \mathbf{4}} = \frac{4}{24}$
   Die beiden Brüche drücken denselben Anteil aus, sie sind wertgleich.

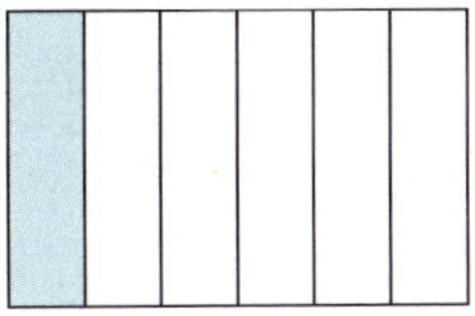

$\frac{1}{6}$

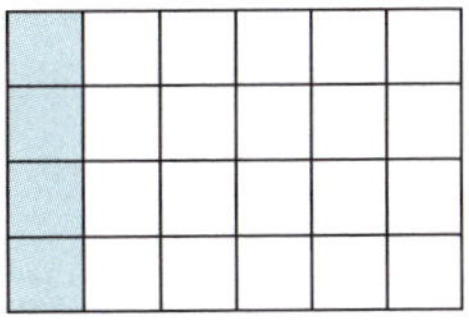

$\frac{4}{24}$

2. $\frac{4}{20} = \frac{4 : \mathbf{4}}{20 : \mathbf{4}} = \frac{1}{5}$
   Die beiden Brüche drücken denselben Anteil aus, sie sind wertgleich.

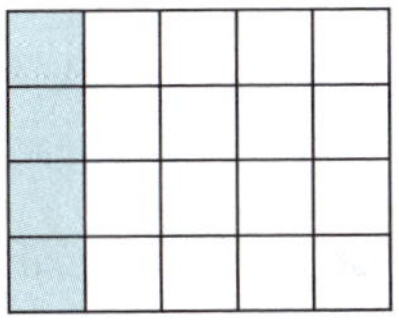

$\frac{4}{20}$

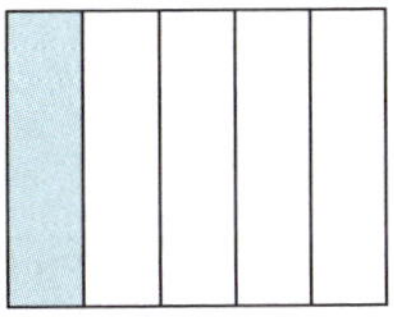

$\frac{1}{5}$

3. Nina, Gamze und Jonas sind in der Pizzeria. Sie haben eine Pizza Regina und eine Pizza Hawaii bestellt. Als diese serviert werden, sehen sie, dass sie jeweils in vier Stücke geschnitten sind. Alle drei wollen aber von jeder Pizza kosten und es soll gerecht sein, also soll jeder genau $\frac{1}{3}$ von jeder Pizza erhalten. Wie können sie gerecht teilen?

   Lösung:
   Mathematisch muss man einen Bruch finden, der sowohl aus Dritteln als auch aus Vierteln durch Erweitern hervorgehen kann. Man versucht also, das **kleinste gemeinsame Vielfache** der beiden Nenner zu finden.

In dieser Zahl sind sowohl die 3 als auch die 4 enthalten:
V(3) = {3, 6, 9, **12**, 15, 18, 21, 24, …}
V(4) = {4, 8, **12**, 16, 20, 24, 28, 32, …}
Der gesuchte Nenner ist also **12**. Man muss die Teile der Pizza zu Zwölftel erweitern:

$\frac{8}{4} = \frac{8 \cdot \mathbf{3}}{4 \cdot \mathbf{3}} = \frac{24}{12}$

Jede Pizza wird in 12 Teile geteilt. Es gibt also insgesamt 24 Stücke. Diese werden auf 3 Personen aufgeteilt:
$24 : \mathbf{3} = 8$
Jeder erhält daher 8 kleine Pizzastücke, von jeder Pizza 4.

9 Übertrage die Tabelle in dein Heft und ergänze die fehlenden Zahlen.

a) Erweitere den Bruch um die vorgegebene Zahl. Das fett gedruckte Beispiel zeigt dir, wie es geht.

$\mathbf{\frac{2}{7}}$	$\frac{2}{3}$	$\frac{5}{9}$	$\frac{3}{11}$	$\frac{3}{4}$	$\frac{1}{10}$	$\frac{7}{12}$	$\frac{9}{16}$	$\frac{4}{15}$	$\frac{23}{60}$
4	4	2	5	6	3	8	11	20	5
$\mathbf{\frac{2 \cdot 4}{7 \cdot 4} = \frac{8}{28}}$									

b) Gib an, mit welcher Zahl erweitert wurde.

$\mathbf{\frac{2}{5}}$	$\frac{3}{7}$	$\frac{5}{9}$	$\frac{2}{3}$	$\frac{12}{25}$	$\frac{7}{15}$	$\frac{3}{8}$	$\frac{1}{12}$	$\frac{5}{16}$	$\frac{9}{10}$
4									
$\mathbf{\frac{8}{20}}$	$\frac{21}{49}$	$\frac{30}{54}$	$\frac{22}{33}$	$\frac{48}{100}$	$\frac{28}{60}$	$\frac{9}{24}$	$\frac{12}{144}$	$\frac{10}{32}$	$\frac{45}{50}$

c) Kürze den Bruch mit der vorgegebenen Zahl. Das fett gedruckte Beispiel zeigt dir, wie es geht.

$\mathbf{\frac{4}{14}}$	$\frac{7}{21}$	$\frac{35}{40}$	$\frac{18}{48}$	$\frac{30}{50}$	$\frac{28}{70}$	$\frac{22}{121}$	$\frac{4}{6}$	$\frac{8}{28}$	$\frac{12}{27}$
2	7	5	6	10	14	11	2	4	3
$\mathbf{\frac{4:2}{14:2} = \frac{2}{7}}$									

d) Gib an, durch welche Zahl gekürzt wurde.

$\mathbf{\frac{20}{35}}$	$\frac{12}{32}$	$\frac{30}{75}$	$\frac{21}{28}$	$\frac{30}{88}$	$\frac{33}{121}$	$\frac{21}{45}$	$\frac{25}{40}$	$\frac{140}{210}$	$\frac{45}{81}$
5									
$\mathbf{\frac{4}{7}}$	$\frac{3}{8}$	$\frac{2}{5}$	$\frac{3}{4}$	$\frac{15}{44}$	$\frac{3}{11}$	$\frac{7}{15}$	$\frac{5}{8}$	$\frac{2}{3}$	$\frac{5}{9}$

10 Luisas Katze ist über das Mathematikheft gelaufen und hat Spuren hinterlassen. Ergänze die Zahl so, dass die Brüche wertgleich sind.

a) $\frac{4}{7}=\frac{12}{\square}$ b) $\frac{3}{5}=\frac{\square}{40}$

c) $\frac{7}{9}=\frac{49}{\square}$ d) $\frac{4}{15}=\frac{20}{\square}$

e) $\frac{8}{24}=\frac{\square}{3}$ f) $\frac{12}{16}=\frac{3}{\square}$

g) $\frac{15}{45}=\frac{\square}{9}$ h) $\frac{12}{30}=\frac{2}{\square}$

11 Erweitere die Brüche so, dass sie denselben Nenner besitzen.

a) $\frac{3}{4}$ und $\frac{2}{3}$ b) $\frac{8}{15}$ und $\frac{1}{2}$

c) $\frac{4}{9}$ und $\frac{2}{3}$ d) $\frac{5}{7}$ und $\frac{3}{5}$

12 In den folgenden gleich großen Rechtecken sind verschiedene Teilflächen gefärbt. Gib die gefärbten Anteile der Rechtecksflächen an und vergleiche ihre Größe miteinander.

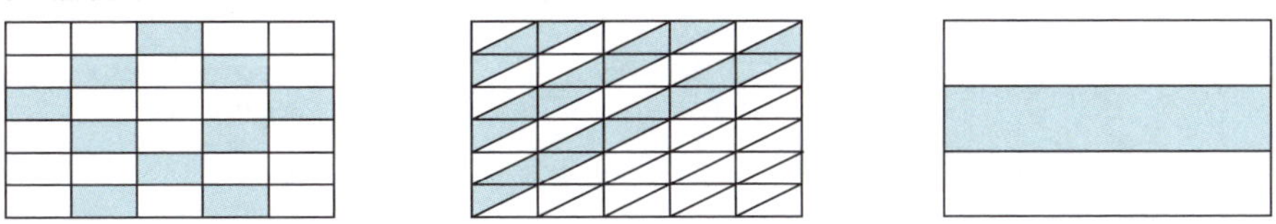

13 Erweitere und/oder kürze so, dass der Nenner eine der Zehnerpotenzen 10, 100 oder 1 000 ist.

a) $\frac{3}{4}$ b) $\frac{2}{20}$

c) $\frac{4}{25}$ * d) $\frac{5}{8}$

* **14** Gib alle Brüche mit dem Nenner 20 an, die sich noch kürzen lassen, schreibe sie auch in der gekürzten Form.

4 Brüche als Quotienten

Svenja, Beate und Maria laufen bei ihrem Ausdauertraining fünf Runden mit insgesamt 20 km. Das erste Viertel dieser Strecke laufen sie sich langsam warm. Dann folgt ein Drittel, in dem sie sehr schnell laufen, bevor sie im nächsten Viertel ein mittleres Tempo wählen. Das letzte Sechstel ist dem langsamen Auslaufen gewidmet.

Man kann Quotienten als Brüche auffassen, indem man die vorliegende Größe durch die Zahl teilt, die den Anteil angibt. Dadurch können sich auch Brüche ergeben, deren **Zähler größer** ist als der **Nenner**. Diese kann man in **gemischte Zahlen** oder in **natürliche Zahlen** umwandeln. Dadurch ist nun jede Division durch eine natürliche Zahl ausführbar.

Beispiele

1. Berechne den Anteil der Warmlaufphase an den Runden bzw. an den gelaufenen Kilometern.

   Lösung:

Ein Viertel von fünf Runden:	Ein Viertel von 20 km:	
$5 : 4 = \frac{5}{4}$	$20 : 4 = \frac{20}{4}$	Der Anteil wird durch einen Bruch angegeben.
$5 > 4$	$20 > 4$	Der Zähler ist größer als der Nenner.
$\frac{5}{4} = \frac{4}{4} + \frac{1}{4} = 1 + \frac{1}{4} = 1\frac{1}{4}$ (gemischte Zahl)	$\frac{20}{4} = 5$ (natürliche Zahl)	$\frac{5}{4}$ wird in zwei Brüche aufgeteilt. 20 lässt sich ohne Rest durch 4 teilen.

   Die Warmlaufphase beträgt $1\frac{1}{4}$ Runden bzw. 5 km.

2. Carla liest ein Buch, das 450 Seiten hat. Sie will es in 20 Tagen fertig gelesen haben.
   Welchen Anteil muss sie jeden Tag lesen? Wie viele Seiten sind das?

Lösung:

Wenn sie das ganze Buch in 20 Tagen gelesen haben will, muss sie jeden Tag ein Zwanzigstel lesen:

Der Anteil wird durch einen Bruch angegeben.

$$\frac{1}{20}$$

Ein Zwanzigstel von 450 Seiten sind:

$$450 : 20 = \frac{450}{20}$$

Man kann die Seitenanzahl als Bruch angeben.

$$= \frac{45}{2}$$

Dann kürzt man möglichst weit und gibt das Ergebnis als gemischte Zahl an.

$$= \frac{44}{2} + \frac{1}{2}$$

$$= 22\frac{1}{2}$$

Sie muss also jeden Tag $22\frac{1}{2}$ Seiten lesen.

3. Gib $\frac{23}{6}$ Stunden in Stunden und Minuten an.

Lösung:

$$\frac{23}{6} = \frac{18}{6} + \frac{5}{6} = 3\frac{5}{6}$$

Der Bruch wird in eine gemischte Zahl umgewandelt.

Der erste Teil der Antwort steht fest:
Es sind **drei** Stunden.

1 Stunde = 60 Minuten

$$\frac{1\,\text{h}}{6} = \frac{60\,\text{min}}{6} = 10\,\text{min}$$

Es wird der Anteil berechnet, den der Nenner des Bruches angibt.

$$10\,\text{min} \cdot 5 = 50\,\text{min}$$

Es werden fünf Sechstel benötigt.

$\frac{23}{6}$ Stunden sind 3 Stunden und 50 Minuten.

4. Zeichne $\frac{9}{7}$ auf dem Zahlenstrahl ein.

Lösung:

Hier wird ein Maßstab gewählt, in dem 3,5 cm der Einheit 1 entspricht. Wenn $\frac{1}{7}$ genau bei 0,5 cm eingetragen wird, dann muss $\frac{9}{7}$ bei 9 Kästchen, also 4,5 cm stehen.

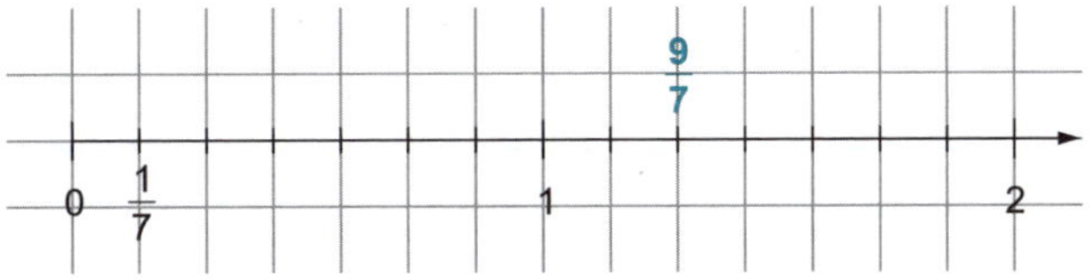

15 Kürze die folgenden Brüche möglichst weit und wandle sie im Anschluss in gemischte Zahlen um.

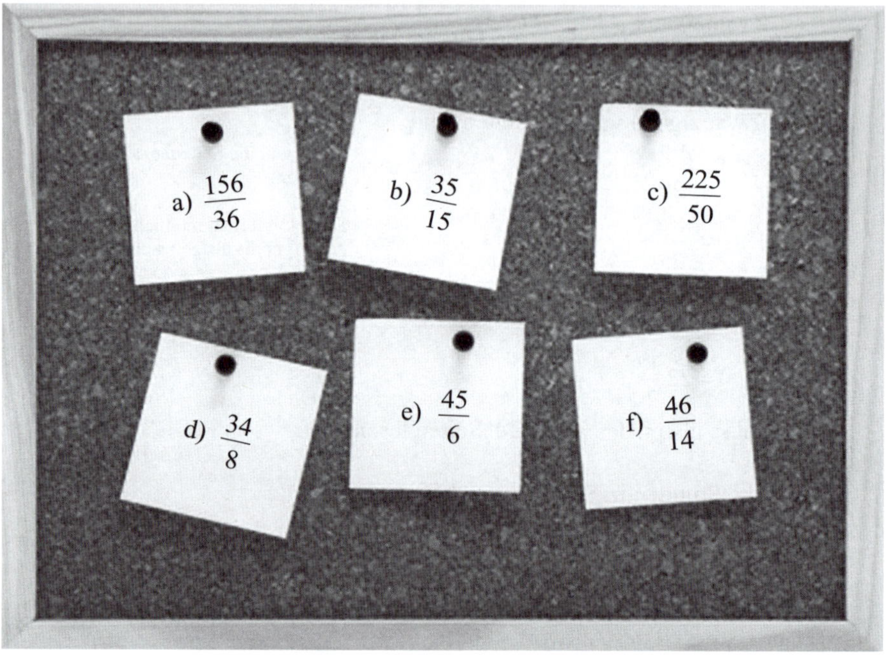

16 Fünf Kinder sollen sich 7 Tafeln Schokolade teilen.
Wie viel Schokolade bekommt jedes Kind? Gib das Ergebnis als gemischte Zahl an.

17 Wandle folgende Angaben in die geforderte Einheit um.

a) $\frac{8}{10}$ Stunden in Minuten

b) $\frac{15}{8}$ Kilometer in Meter

c) $\frac{15}{6}$ Tage in Stunden

d) $\frac{26}{7}$ Wochen in Tage

e) $\frac{7}{8}$ Kilogramm in Gramm

f) $\frac{14}{6}$ Minuten in Sekunden

18 Markiere jeweils die vier Brüche auf einem Zahlenstrahl. Wähle für jede Aufgabe einen passenden Maßstab, kennzeichne immer auch die Einheit 1.

a) $\frac{3}{8}, \frac{3}{4}, \frac{9}{8}, \frac{3}{2}$

b) $\frac{1}{6}, \frac{2}{3}, \frac{11}{12}, \frac{7}{6}$

c) $\frac{2}{5}, \frac{7}{10}, \frac{3}{5}, \frac{13}{10}$

* d) $-\frac{3}{4}, -\frac{1}{2}, \frac{3}{2}, \frac{9}{4}$

19 Für Wettkämpfe im Schwimmen trainieren Tarik und Jonas jeden Tag. Sie schwimmen zwei Stunden. Im ersten Zwölftel schwimmen sie sich ein. Dann folgt das Drittel des Trainings, in dem sie die Ausdauer trainieren. Ein weiteres Drittel ist den Kurzstrecken gewidmet und danach schwimmen sie ein Sechstel der Zeit möglichst nahe am Wettkampftempo. Den Rest der Zeit schwimmen sie sich langsam aus.

a) Wähle als Maßstab 3 cm für eine Stunde und veranschauliche ihr Training auf einer Zeitstrecke.

b) Wie lange dauert jede Trainingseinheit in Minuten?

20 Sind folgende Aussagen über Brüche mit natürlichen Zahlen in Zähler und Nenner wahr oder falsch?

	wahr	falsch
a) Wenn der Zähler größer als der Nenner ist, befindet sich der zugehörige Bruch auf dem Zahlenstrahl links von der Eins.	☐	☐
b) Je größer der Nenner eines Bruches ist, desto weiter links auf dem Zahlenstrahl befindet er sich, wenn der Zähler gleich bleibt.	☐	☐
c) Je größer der Zähler eines Bruches ist, desto weiter links liegt er auf dem Zahlenstrahl, wenn der Nenner gleich bleibt.	☐	☐
d) Wenn der Zähler kleiner ist als der Nenner, kann man den Bruch als gemischte Zahl darstellen.	☐	☐
e) Ein Bruch kann als natürliche Zahl dargestellt werden, wenn der Nenner ein Teiler des Zählers ist.	☐	☐

5 Vergleich von Bruchzahlen

Janine hat 45 € gespart und David 36 €. Sie gehen gemeinsam auf das Oktoberfest und verbringen dort einen lustigen Nachmittag. Janine hat 23 € ausgegeben und David 19 €. Sie fragen sich danach, wer anteilsmäßig mehr verbraucht hat.

- Man kann Anteile als Bruchzahlen darstellen. Um Brüche zu vergleichen, macht man sie **gleichnamig**, d. h., man erweitert so, dass sie denselben Nenner haben.
- Von zwei Brüchen mit demselben Nenner ist jener größer, der den größeren Zähler hat.
- Wenn zwei Brüche denselben Zähler haben, ist jener größer, der den kleineren Nenner hat.

Beispiel

Bestimme, ob Janine oder David anteilsmäßig auf dem Oktoberfest mehr Geld ausgegeben hat.

Lösung:

Janine	David	
23 € von 45 €: $\frac{23}{45}$	19 € von 36 €: $\frac{19}{36}$	Es wird der Anteil als Bruch berechnet, den die beiden ausgegeben haben.
$45 = 3 \cdot 3 \cdot 5$	$36 = 2 \cdot 2 \cdot 3 \cdot 3$	Das kleinste gemeinsame Vielfache von 45 und 36 für den gemeinsamen Nenner findet man durch Primfaktorenzerlegung.
Hier fehlt $2 \cdot 2$, also muss man mit 4 erweitern, um auf den gemeinsamen Nenner zu kommen.	Hier fehlt 5, also muss man mit 5 erweitern, um auf den gemeinsamen Nenner zu kommen.	Man findet die Zahl für das Erweitern, indem man schaut, welche Primfaktoren jeweils fehlen.
$\frac{23}{45} = \frac{23 \cdot 4}{45 \cdot 4} = \frac{92}{180}$	$\frac{19}{36} = \frac{19 \cdot 5}{36 \cdot 5} = \frac{95}{180}$	Dann erweitert man die Brüche.

$$\frac{92}{180} < \frac{95}{180}$$

Nun kann man die Brüche vergleichen.

David hat anteilsmäßig mehr verbraucht.

21 Welche der beiden Bruchzahlen ist größer? Du erhältst ein Lösungswort, indem du die Buchstaben aneinanderreihst, die zu dem größeren Bruch gehören.

a) $\frac{5}{7}$ (T) $\frac{3}{7}$ (G)

b) $\frac{8}{3}$ (A) $\frac{8}{5}$ (E)

c) $\frac{6}{13}$ (B) $\frac{8}{13}$ (S)

d) $\frac{7}{43}$ (I) $\frac{7}{31}$ (C)

e) $\frac{4}{3}$ (N) $\frac{7}{3}$ (H)

f) $\frac{9}{2}$ (E) $\frac{9}{13}$ (A)

g) $\frac{3}{4}$ (M) $\frac{7}{8}$ (N)

h) $\frac{3}{20}$ (S) $\frac{7}{40}$ (L)

i) $\frac{7}{10}$ (A) $\frac{69}{100}$ (E)

j) $\frac{35}{100}$ (M) $\frac{6}{20}$ (R)

k) $\frac{14}{25}$ (P) $\frac{11}{20}$ (D)

l) $\frac{5}{7}$ (E) $\frac{4}{6}$ (O)

Lösungswort:

22 Die 6a hat 24 Schüler, die 6b um vier mehr. In der 6a gibt es 11 Mädchen, in der 6b sind es 13.
In welcher Klasse gibt es anteilsmäßig mehr Mädchen?

23 Franziska liest von einem 450-seitigen Buch 137 Seiten und Jamil von einem 630-seitigen Buch 195 Seiten.
Wer hat anteilsmäßig mehr gelesen?

* **24** Im Max-Planck-Gymnasium besuchen 315 Schüler die Unterstufe, 216 Schüler die Mittelstufe und 387 Schüler die Oberstufe. Wegen einer Grippewelle fehlen in der Unterstufe 81 Schüler, in der Mittelstufe 72 und in der Oberstufe 99.
In welcher Stufe sind anteilsmäßig die meisten Schüler krank?

6 Vermischte Aufgaben

25 Welche natürliche Zahl muss für x gewählt werden?
Achtung: Es kann auch mehrere Möglichkeiten geben.

a) $\frac{5}{7} = \frac{45}{x}$

b) $\frac{24}{32} = \frac{x}{4}$

c) $\frac{5}{3} > \frac{x}{6}$

d) $\frac{7}{x} > \frac{7}{13}$

26 a) Färbe $\frac{7}{30}$ des Rechtecks ein.

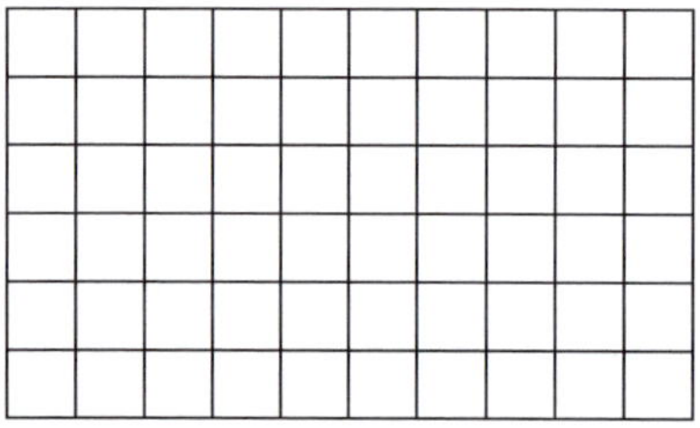

b) Färbe ein Achtel der grauen Figur.

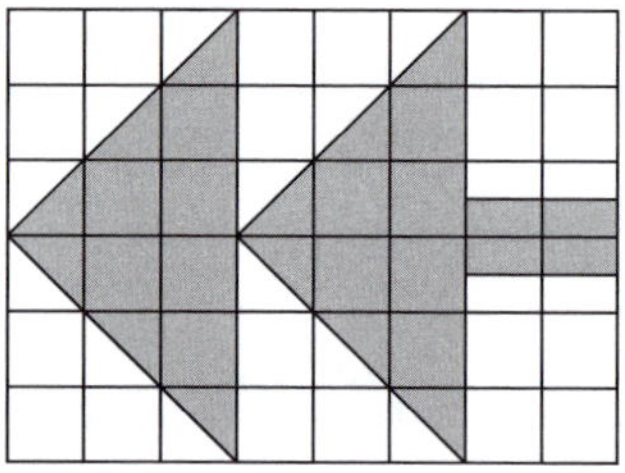

c) Färbe $\frac{2}{5}$ eines Kreises mit dem Radius $r = 3$ cm.

27 Kürze möglichst weit und schreibe, falls dies möglich ist, als gemischte Zahl.

a) $\frac{245}{140}$

b) $\frac{750}{1125}$

c) $\frac{405}{180}$

d) $\frac{840}{1176}$

e) $\frac{756}{504}$

* f) $\frac{429}{561}$

28 Die 6c nimmt an den Jugendsportspielen teil. Im Weitsprung treten Emre, Kemal und Tom für die Klasse an. Emre schafft $\frac{2}{3}$ der Weite von Kemal, Tom springt $\frac{4}{5}$ der Weite von Kemal.
Veranschauliche dies auf einem Zahlenstrahl in geeignetem Maßstab.

29 Für die bevorstehende Englischschulaufgabe lernt Edita in vier Tagen 69 Vokabeln, Marion lernt in sieben Tagen 115 Vokabeln.
Wer hat pro Tag mehr Vokabeln gelernt?

30 Bei der Herstellung einer besonderen Bronze werden Kupfer und Zinn im Verhältnis 9 : 2 gemischt.
Wie viel Zinn muss man zu 450 g Kupfer mischen, um diese Bronze zu erhalten?

Dezimalbrüche und Dezimalzahlen

1 Dezimale Schreibweise

Elefanten sind die größten an Land lebenden Säugetiere. Schon bei der Geburt wiegt ein Elefantenkalb bis zu 100 kg. Erwachsene Elefanten wiegen zwischen ca. 2 und 5 Tonnen, und sie können rund 4 Meter groß werden. Der größte Elefant, von dem man sicher weiß, war ein Elefantenbulle, der 4,21 m hoch und 10,39 m lang war, als er 1978 in Namibia erlegt wurde.

- Neben den bereits bekannten Stufenzahlen: 1 (E), 10 (Z), 100 (H) usw. gibt es auch Stufenzahlen, die kleiner als 1 sind. Das sind die folgenden Brüche: $\frac{1}{10}$ (z für **Zehntel**), $\frac{1}{100}$ (h für **Hundertstel**), $\frac{1}{1\,000}$ (t für **Tausendstel**)
- Die Stufenzahlen, die kleiner als 1 sind, werden von den anderen durch ein Komma getrennt.
- Zahlen in Kommaschreibweise bezeichnet man als **Dezimalbrüche** oder **Dezimalzahlen**, die Zahlen hinter dem Komma als **Nachkommastellen** oder **Dezimalen**.
- Man kann Dezimalzahlen auch als Brüche schreiben. Diese kann man mitunter auch kürzen.

Beispiele

1.

T	H	Z	E	,	z	h	t
4	5	6	2	,	2	0	3

4 T 5 H 6 Z 2 E 2 z 0 h 3 t = 4 562,203

2. $3{,}7 = 3\frac{7}{10}$

Um Dezimalzahlen als gemischte Zahlen anzugeben, suchst du die kleinste vorkommende Stufenzahl, diese gibt den Nenner des Bruchs an. Dann überprüfst du noch, ob du kürzen kannst.

3. Gib die Größe und die Länge des Elefantenbullen in einer erweiterten Stellenwerttafel und in gemischten Einheiten an. Schreibe sie auch als gemischte Zahl.

Lösung:

4,21 = 4 E 2 z 1 h

10,39 = 1 Z 0 E 3 z 9 h

Überlege erst, welche Stufenzahlen in deiner Stellenwerttafel vorkommen müssen.

Es wird also eine **Stellenwerttafel von Z bis h** benötigt. Dabei darf die Spalte für das Komma nicht vergessen werden.

In diese Stellenwerttafel können die Werte eingetragen werden:

Z	E	,	z	h
0	**4**	,	**2**	**1**
1	**0**	,	**3**	**9**

Die Umrechnungszahlen für Längenmaße lauten:

$\frac{1}{10}$ m = 1 dm und $\frac{1}{100}$ m = 1 cm

Damit kann die Stellenwerttafel ergänzt werden:

Z	E	,	z	h
0	4	,	2	1
1	0	,	3	9
m			**dm**	**cm**

Also gilt:
4,21 m = 4 m 2 dm 1 cm
10,39 m = 10 m 3 dm 9 cm

Gemischte Zahlen:

$$4{,}21 \text{ m} = 4\frac{\mathbf{21}}{\mathbf{100}} \text{ m}$$

$$10{,}39 \text{ m} = 10\frac{\mathbf{39}}{\mathbf{100}} \text{ m}$$

4. Gib 4 m 5 dm 3 mm in m an.

Lösung:

1 000 mm = 1 m, also gilt auch:

$$1 \text{ mm} = \frac{1}{1\,000} \text{ m}$$

Du überlegst dir, welche Umwandlungszahlen für das Beispiel gelten. Dabei achtest du zunächst nur auf die kleinste Einheit.

Es wird also eine **Stellenwerttafel von E bis t** benötigt.

Für das Eintragen der 5 dm wird folgender Zusammenhang berücksichtigt:

$$10 \text{ dm} = 1 \text{ m} \quad \Rightarrow \quad 1 \text{ dm} = \frac{1}{10} \text{ m}$$

E	,	z	h	t
4	,	**5**	**0**	**3**
m		dm	cm	mm

Da in der Angabe Zentimeter nicht erwähnt werden, kommt eine 0 an die Hundertstelstelle.

4 m 5 dm 3 mm = 4,503 m

31 Schreibe die folgenden Zahlen in eine erweiterte Stellenwerttafel. Überlege erst, welche Stellen du brauchst.

a) 34 567,87
b) 3 007, 4058
c) 0,12304
d) 68,304082

32 Schreibe die Dezimalzahl als gemischte Zahl und kürze, wo dies möglich ist.

a) 9,5
b) 12,15
c) 4,75
d) 7,362

33 Schreibe die Brüche in eine Stellenwerttafel und schreibe sie im Anschluss als Dezimalzahl. Überlege erst, welche Stellen du brauchst.

a) $\frac{9}{100}$
b) $\frac{27}{1\,000}$
c) $\frac{3}{10}+\frac{9}{100}$
d) $\frac{4}{10}+\frac{3}{1\,000}$

34 Schreibe als Dezimalzahl in der größten verwendeten Einheit.

a) 2 € 5 ct
b) 4 m 8 dm 3 cm 7 mm
c) 3 m 5 cm 7 mm
d) 9 t 24 kg
e) 6 kg 340 g
f) 3 kg 30 g
g) 4 m^2 9 dm^2
h) 4 dm^2 25 mm^2

35 Zeichne auf dem Zahlenstrahl genau ein.

a) Wähle als Einheit 1 cm: –3,5; –0,7; 2,4 und 4,9
b) Wähle als Einheit 10 cm: 0,24; 0,54; 0,71 und 0,98

36 Zeichne in einem Koordinatensystem möglichst genau ein. Beachte, dass manche Eckpunkte mitten in Karos liegen.

a) A(–2,3 | –4,5), B(2,3 | –4,5), C(2,3 | 1,4), D(–2,3 | 1,4)
Um welche Figur handelt es sich?
b) A(–1,5 | –4), B(2,5 | –2), C(0,5 | 2), D(–3,5 | 0)
Um welche Figur handelt es sich?

2 Vergleichen von Dezimalzahlen

Während der Olympischen Spiele 2012 in London wurde das Finale der Männer im 100-m-Lauf ausgetragen. Dabei erreichten die Athleten folgende Zeiten:

Name	Land	Zeit
Ryan Bailey	USA	9,88
Yohan Blake	Jamaica	9,75
Usain Bolt	Jamaica	9,63
Justin Gatlin	USA	9,79
Tyson Gay	USA	9,8
Churandy Martina	Niederlande	9,94
Asafa Powell	Jamaica	11,99
Richard Thompson	Trinidad	9,98

- Um Dezimalzahlen zu vergleichen, geht man stellenweise vor. Man beginnt bei den ganzen Zahlen. Die Dezimalzahl mit der größeren ganzen Zahl ist die größere Dezimalzahl.
- Sollten die ganzen Zahlen für beide Dezimalzahlen gleich sein, vergleicht man die Stufenzahlen, die kleiner als 1 sind, miteinander. Man geht **von links nach rechts** vor, die ersten unterschiedlichen Ziffern geben den Ausschlag.
- Die Anzahl der Dezimalstellen hat auf die Größe der Zahl keinen Einfluss.

Beispiele

1. Bringe die Finalisten des 100-m-Laufs in die richtige Rangfolge. Wer hat die Goldmedaille gewonnen?

   Lösung:
   Es werden erst die ganzen Zahlen überprüft.
   11 > 9, also ist Asafa Powell am langsamsten gelaufen.

   Danach werden die Zehntel überprüft. Man erhält vier Gruppen.
   9,6…: Usain Bolt
   9,7…: Yohan Blake und Justin Gatlin
   9,8…: Ryan Bailey und Tyson Gay
   9,9…: Churandy Martina und Richard Thompson

   Die zweite Aufgabe kann schon gelöst werden:
   Usain Bolt hat die Goldmedaille gewonnen, da er als Einziger eine Zeit unter 9,7 s gelaufen ist.

Für die erste Frage müssen die Paare geordnet werden, indem die Hundertstel überprüft werden.

9,7**5** < 9,7**9**, also war Blake schneller
9,8**0** < 9,8**8**, also war Gay schneller
9,9**4** < 9,9**8**, also war Martina schneller

Man kann an eine Dezimalzahl hinter dem Komma so oft 0 anhängen, wie es für den Vergleich notwendig ist, ohne den Wert der Zahl zu verändern.

Nun kann auch die erste Aufgabe gelöst werden:

Usain Bolt	Jamaica	9,63
Yohan Blake	Jamaica	9,75
Justin Gatlin	USA	9,79
Tyson Gay	USA	9,8
Ryan Bailey	USA	9,88
Churandy Martina	Niederlande	9,94
Richard Thompson	Trinidad	9,98
Asafa Powell	Jamaica	11,99

2. Finde drei Dezimalzahlen, die zwischen 1,6 und 1,8 liegen.

Lösung:
Zuerst überprüft man, welche Zahl kleiner ist.
1,6 < 1,8, weil 6 < 8 ist.

Dann fügt man eine Dezimalstelle an, weil zwischen den Ziffern 6 und 8 nicht drei Ziffern Platz haben.
1,6**0** < 1,8**0**

Jetzt kann man frei drei Ziffernfolgen wählen, die in der Größe zwischen 60 und 80 liegen. Im Folgenden werden zwei der vielen Möglichkeiten aufgeführt:
1,60 < 1,64 < 1,69 < 1,73 < 1,80
1,60 < 1,75 < 1,77 < 1,79 < 1,80
Zwei Nachkommastellen reichen aus, um diese Aufgabe zu lösen, aber man kann natürlich mehr als zwei oder auch nur eine verwenden:
1,6 < 1,632 < 1,7 < 1,795 < 1,8

37 Übertrage die Zahlen in dein Heft und setze das passende Vergleichszeichen (<, >) ein.

a) 2,41 ☐ 4,21
b) 3,8 ☐ 3,09
c) 4,024 ☐ 4,24
d) 7,37 ☐ 3,773
e) 5,6 ☐ 5,62
f) 8,3 ☐ 8,289

38 Finde fünf Dezimalzahlen und ordne sie der Größe nach, beginnend mit der kleinsten. Die Zahlen sollen zwischen den folgenden Werten liegen:

a) zwischen 3,6 und 4

b) zwischen 5,54 und 5,56

c) zwischen 7,1 und 7,2

39 Ordne aufsteigend der Größe nach.

a) Die Neigungsgruppe Leichtathletik des Albert-Einstein-Gymnasiums trainiert für die Schülermeisterschaften im Weitsprung. Dabei erreichen die sechs besten Schüler folgende Weiten:

Finn: 5,67 m	Pascal: 65,7 dm	Max: 576 cm
Claudio: 7,65 m	Hendrik: 7560 mm	Quirin: 675 cm

b) Es werden eine Kuh, ein deutscher Schäferhund, ein Elefantenbulle und eine Katze gewogen. Dabei ergeben sich folgende Gewichte: 0,027 t, 3,97 t, 698 kg und 4 327 g. Zu welchem Tier gehört wohl welches Gewicht?

40 Bei den Olympischen Sommerspielen 2012 in London wurden im Finale des 100-m-Freistil-Wettbewerbs der Frauen folgende Geschwindigkeiten erzielt:

Name	Land	Geschwindigkeit
Franklin, Missy	USA	1,864 $\frac{m}{s}$
Gray, Jeanette	Dänemark	1,86 $\frac{m}{s}$
Halsall, Francesca	Großbritannien	1,8635 $\frac{m}{s}$
Hardy, Jessica	USA	1,851 $\frac{m}{s}$
Herasimenia, Aliksandra	Bulgarien	1,873 $\frac{m}{s}$
Kromowidjojo, Ranomi	Niederlande	1,887 $\frac{m}{s}$
Schlanger, Melanie	Australien	1,87 $\frac{m}{s}$
Tang, Yi	China	1,871 $\frac{m}{s}$

a) Ordne die Geschwindigkeiten in ihrer Rangfolge. Beginne mit der höchsten Geschwindigkeit.

✳ b) Die Siegeszeit betrug 53 s.
Wie weit war die Achte vom Anschlag entfernt, als die Siegerin das Rennen beendete?

3 Umwandeln von Brüchen in Dezimalzahlen

Die Zwillinge Paula und Nina haben Geburtstag und wollen ihre Freunde zu einem Grillfest einladen. Ihre Mutter meint, dass $\frac{1}{4}$ kg Hackfleisch pro Person für Burger reicht, weil es ja auch noch Grillspieße und Salate geben soll. Nina überlegt, wie man das Gewicht vom Hackfleisch in Gramm umrechnen könnte.

Man kann Brüche auf zwei Arten in Dezimalzahlen umwandeln.

1. Fall:
Falls der Nenner eines Bruches in der **Primfaktorzerlegung** nach dem Kürzen nur die Primzahlen **2** und **5** aufweist, kann man ihn zu einer **Stufenzahl** erweitern. Danach kann der Bruch sehr leicht in eine Dezimalzahl umgewandelt werden.

2. Fall:
Man kann einen Bruch durch **Division** in eine Dezimalzahl umwandeln. Man setzt hier ein Komma, sobald ein Rest auftritt und rechnet dann weiter.

Erhält man im Laufe der Rechnung den Rest 0, so handelt es sich um eine **endliche Dezimalzahl**. Würde die Division nie enden, liegt eine **unendliche Dezimalzahl** vor. Tritt bei der Divison immer wieder derselbe Rest auf, nennt man diese Dezimalzahlen auch **periodische Dezimalzahlen**.

Bei periodischen Dezimalzahlen wird über der Periode ein Strich gesetzt:
$1{,}545454... = 1{,}\overline{54}$ oder $4{,}237777... = 4{,}23\overline{7}$

Beispiele

1. Wandle $\frac{43}{50}$ und $\frac{7}{8}$ in Dezimalzahlen um.
   Lösung:
   $$\frac{43}{50} = \frac{43}{2 \cdot 5^2} = \frac{2 \cdot 43}{2^2 \cdot 5^2} = \frac{86}{100} = 0{,}86$$
   Erweitern mit 2, um eine Stufenzahl zu erhalten
   $$\frac{7}{8} = \frac{7}{2^3} = \frac{7 \cdot 5^3}{2^3 \cdot 5^3} = \frac{7 \cdot 125}{2^3 \cdot 5^3} = \frac{875}{1\,000} = 0{,}875$$
   Erweitern mit 5^3, um eine Stufenzahl zu erhalten
   Beide Zahlen sind endliche Dezimalzahlen.

2. Wandle $\frac{15}{11}$ und $\frac{21}{12}$ in Dezimalzahlen um.

Lösung:

$15:11 = 1{,}3636\ldots = 1{,}\overline{\mathbf{36}}$
-11
40
-33
70
-66
40
-33
70
-66
4

unendliche/periodische Dezimalzahl

$21:12 = 1{,}75$
-12
90
-84
60
-60
$\mathbf{0}$

endliche Dezimalzahl

3. Berechne, wie viel Gramm Hackfleisch die Mutter von Paula und Nina pro Kind kaufen muss.

   Lösung:

   $$\frac{1}{4} = \frac{1}{2^2} = \frac{5^2}{2^2 \cdot 5^2} = \frac{25}{100} = \frac{250}{1\,000}$$

   Dann kann man das Ergebnis in Gramm umrechnen:

   $$\frac{1}{4}\text{ kg} = \frac{250}{1\,000}\text{ kg} = 250\text{ g}$$

   $1\text{ g} = \frac{1}{1\,000}\text{ kg}$

4. Vergleiche die Zahlen $\frac{15}{7}$ und 2,143.

   Lösung:

   Um die beiden Zahlen vergleichen zu können, wandelt man den Bruch durch Division in eine Dezimalzahl um.

   $15:7 = 2{,}142\ldots$
   -14
   10
   -7
   30
   -28
   20
   -14
   6

   Man rechnet nach dem Komma nur so lange, bis man vergleichen kann, bis sich also die **erste Ziffer unterscheidet**.

   Nun kann man vergleichen:
   $2{,}14\mathbf{2}\ldots < 2{,}14\mathbf{3}$, weil $2 < 3$ ist
   Also gilt:

   $$\frac{15}{7} < 2{,}143$$

41 Wandle die Brüche in Dezimalzahlen um, indem du die Nenner durch geschicktes Erweitern in Stufenzahlen verwandelst.

a) $\frac{3}{20}$ b) $\frac{7}{16}$

c) $\frac{89}{125}$ d) $\frac{3}{4}$

e) $\frac{245}{500}$ f) $\frac{29}{40}$

42 Wandle durch Division in eine Dezimalzahl um.

a) $\frac{5}{8}$ b) $\frac{21}{14}$

c) $\frac{7}{3}$ d) $\frac{13}{9}$

43 Schreibe drei Brüche auf, die sich in endliche Dezimalzahlen umwandeln lassen, und führe die Umwandlung durch.

44 Schreibe drei Brüche auf, die sich nicht in endliche Dezimalzahlen umwandeln lassen.

45 Vergleiche jeweils die beiden Zahlen. Welche Zahl ist größer?

a) $\frac{7}{12}$ und 0,572

b) $\frac{23}{6}$ und 3,841

c) $\frac{45}{7}$ und 6,428

d) $\frac{4}{9}$ und 0,39

46 Gib jeweils zwei Dezimalzahlen an, die zwischen den beiden Brüchen liegen.

a) $\frac{2}{3}$ und $\frac{7}{9}$ b) $\frac{1}{4}$ und $\frac{5}{16}$

4 Runden von Dezimalzahlen

Die Geschwister Chrissi, Anna und Leopold wollen sich einen Kickertisch kaufen. Jetzt, wo sie in das große Haus gezogen sind, haben sie endlich genug Platz dafür. Sie haben ausgemacht, dass sie gemeinsam dafür sparen. Sie haben ein Angebot gefunden, das 197,99 € kostet. Nun überlegen sie, wie viel jeder von ihnen ungefähr sparen muss.

- Wenn du runden willst, musst du dir erst überlegen, wie viele Nachkommastellen das Ergebnis haben soll.
- Wenn du dich entschieden hast, wie viele Nachkommastellen sinnvoll sind, rundest du nach denselben Regeln, die für ganze Zahlen gelten.
- Du betrachtest die erste Stelle, die du weglässt.
- Ist diese 0, 1, 2, 3 oder 4, wird die letzte Stelle, die du anschreibst, nicht verändert. Es wird also **abgerundet**.
- Ist diese jedoch 5, 6, 7, 8 oder 9, wird die letzte Stelle, die du anschreibst, um 1 vergrößert. Es wird also **aufgerundet**.
- Achtung: Nullen, die durch Rundung entstehen, dürfen auch nach dem Komma an letzter Stelle nicht weggelassen werden.

Beispiele

1. Runde die Zahlen auf die angegebenen Stellen.

a) 4,87	auf eine Nachkommastelle
b) 3,4927	auf zwei Nachkommastellen
c) 24,0007	auf drei Nachkommastellen
d) 1,975	auf eine Nachkommastelle

Lösung:

a) $4{,}87 \approx 4{,}9$	Wegen der 7 wird aufgerundet.
b) $3{,}4927 \approx 3{,}49$	Wegen der 2 wird abgerundet.
c) $24{,}0007 \approx 24{,}001$	Wegen der 7 wird aufgerundet.
d) $1{,}975 \approx 2{,}0$	Wegen der 7 wird aufgerundet. Wenn man 9 um 1 vergrößert, erhält man eine 0 und muss in der Stelle davor ebenfalls um 1 vergrößern.

2. Wie viel müssen die Geschwister jeweils sparen, damit sie den Kickertisch kaufen können?

   Lösung:
   Erst wird der Betrag möglichst genau ausgerechnet. Das geschieht durch Division.

$$
\begin{array}{l}
\;\;197{,}99 : 3 = 65{,}9966\ldots \\
\underline{-18} \\
\;\;\;\;17 \\
\;\;\underline{-15} \\
\;\;\;\;\;\;29 \\
\;\;\;\underline{-27} \\
\;\;\;\;\;\;\;\;29 \\
\;\;\;\;\;\underline{-27} \\
\;\;\;\;\;\;\;\;\;\;20 \\
\;\;\;\;\;\;\underline{-18} \\
\;\;\;\;\;\;\;\;\;\;\;\;20 \\
\;\;\;\;\;\;\;\;\underline{-18} \\
\;\;\;\;\;\;\;\;\;\;\;\;\;\;2
\end{array}
$$

   Da 1 ct die kleinste Münze ist, die es gibt, sollte man **auf 2 Nachkommastellen** runden:

   $65{,}99\overline{6} \approx 6\mathbf{6{,}00}$

   Also müssen die Geschwister jeweils 66,00 € sparen.

3. Larissa und Pascal betrachten ein faltbares Trampolin im Schaufenster. „Was meinst du, wie viel kostet das?“, fragt Pascal Larissa. Larissa meint: „Ich schätze ca. sechzig Euro!“ Zwischen welchen Werten liegt der Preis für das Trampolin, falls Larissa richtig geschätzt hat? Gib alle Möglichkeiten an.

   Lösung:
   Erst überlegt man, welche Möglichkeiten des Rundens es hier geben kann. Dann wird jede Möglichkeit durchgerechnet:
   – Auf 10 Cent genau
   – Auf Euro genau
   – Auf 10 Euro genau

   Dabei denkt man an die Regel bezüglich der weggelassenen Stelle:
   $\{5, 6, 7, 8, 9\} \;\Rightarrow$ es wird aufgerundet
   $\{0, 1, 2, 3, 4\} \;\Rightarrow$ es wird abgerundet

   Fall 1: Runden auf **10 Cent** genau
   59,95 €, 59,96 €, 59,97 €, 59,98 €, 59,99 €
   60,00 €, 60,01 €, 60,02 €, 60,03 €, 60,04 €
   Die Werte liegen zwischen 59,95 € und 60,04 €.

   Du betrachtest die Hundertstelstelle.

Fall 2: Runden auf **ganze Euro** genau
59,50 €, 59,51 €, 59, 52…€ 59,60… € 59,99 €
60,00 €, 60,01 €, 60,02… € 60,10… € 60,49 €
Die Werte liegen zwischen 59,50 € und 60,49 €.

Du betrachtest die Zehntelstelle.

Fall 3: Runden auf **10 Euro** genau
55,00 €, 55,01 €, 55,02… € 56,00… € 59,99 €
60,00 €, 60,01 €, 60,02… € 61,00… € 64,99 €
Die Werte liegen zwischen 55,00 € und 64,99 €.

Du betrachtest die Einerstelle.

47 Runde die folgenden Zahlen je nach Angabe:

a) 4,5648 auf zwei Nachkommastellen

b) 78,0354 auf zwei Nachkommastellen

c) 0,002 auf eine Nachkommastelle

d) 17,992 auf eine Nachkommastelle

48 Jasmin, Edita, Nico und Marco gehen auf Klassenfahrt. Auf die siebentägige Fahrt nehmen sie Taschengeld mit.
Wie viel können sie jeweils pro Tag verbrauchen? Überlege dir eine sinnvolle Rundung.

Jasmin:	50,00 €	Edita:	60,00 €
Nico:	45,00 €	Marco:	65,00 €

49 Emilio erzählt: „Ich bin täglich rund 7,4 km gelaufen!“ Kemal antwortet: „Ich bin rund 7,40 km gelaufen!“
Gib an, zwischen welchen Zahlen die Längen der Laufstrecken der beiden Jungen liegen.

50 Gib die jeweils kleinste Zahl an, die durch Runden zur angegebenen Zahl führt.

a) 0,17 b) 8,9

c) 24,00 d) 13,2

51 Gib die jeweils größte Zahl an, die durch Runden zur angegebenen Zahl führt. Erweitere die Zahl dabei jeweils nur um eine Nachkommastelle.

a) 0,35 b) 7,2

c) 9,00 d) 15,328

* **52** 2013 gab der Tourismusverband an, dass rund 31,6 Millionen Gäste in Bayern übernachteten.
Zwischen welchen Zahlen liegt die Anzahl der Gäste?

5 Prozentzahlen

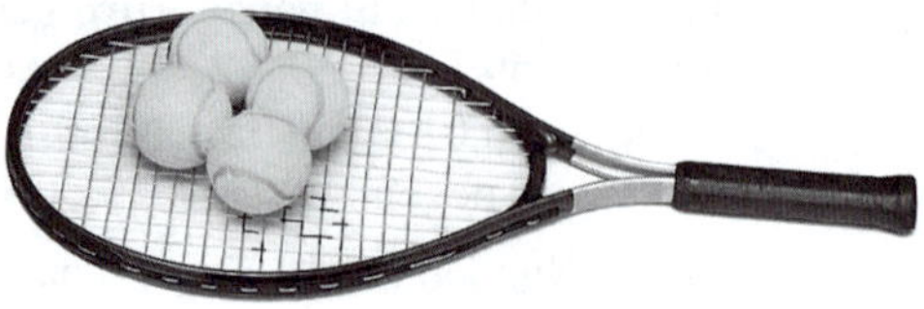

Simon spielt regelmäßig Tennis. Er erzählt seinen Freunden stolz, dass er 80 % seiner Spiele gewinnt.

Anteile vom Ganzen können auch in der **Prozentschreibweise** angegeben werden. Dabei steht % für $\frac{1}{100}$.

Beispiele

1. $\frac{37}{100} = 37 \cdot \frac{1}{100} = 37\ \%$

2. $4\ \% = 4 \cdot \frac{1}{100} = \frac{4}{100}$

3. $45\ \% = \frac{45}{100} = 0{,}45$

4. $0{,}237 = \frac{23{,}7}{100} = 23{,}7\ \%$

5. $\frac{3}{20} = \frac{15}{100} = 15\ \%$

6. $1\frac{20}{100} = \frac{120}{100} = 120\ \%$

7. Gib $\frac{7}{16}$ und $\frac{2}{3}$ als Prozentzahl an.

   Lösung:
   Die Dezimalzahl, die dem Bruch entspricht, wird durch **Division** berechnet:
   $7 : 16 = 0{,}4375$
   $2 : 3 = 0{,}66\overline{6}$

   Man schreibt auf, wie viele **Hundertstel** dies jeweils sind, und erhält so die Antwort:
   $\frac{7}{16} = \frac{43{,}75}{100} = 43{,}75\ \%$
   $\frac{2}{3} = \frac{66{,}\overline{6}}{100} = 66{,}\overline{6}\ \%$

53 Schreibe die folgenden Brüche als Prozentsätze.

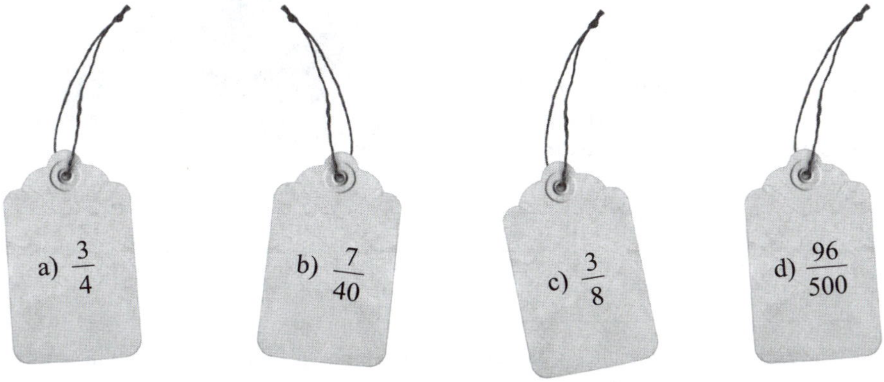

54 Schreibe die folgenden Prozentsätze als Bruch und kürze, wo es möglich ist.

a) 22,4 % b) 25 %

c) 12,5 % d) 60 %

* **55** Gegeben ist ein Rechteck mit der Länge 4 m und der Breite 3 m.
Wie lauten die Abmessungen des größten Quadrats, das in dem Rechteck Platz findet? Berechne, welcher Prozentsatz der Rechtecksfläche durch das Quadrat abgedeckt wird.

6 Relative Häufigkeit

In der Klasse 6a und der Klasse 6b wird jeweils eine Umfrage über die Lieblingssportarten der Schüler gemacht. So haben sie abgestimmt:

	Fußball	Tennis	Reiten	Parkour	Snowboarden
6a	10	4	6	4	8
6b	8	3	3	4	7

Man unterscheidet zwischen **absoluter Häufigkeit** (wie viele?) und **relativer Häufigkeit** (welcher Anteil vom Ganzen?). Die absolute Häufigkeit wird in Stück, Personen, kg etc. angegeben, die relative Häufigkeit in Prozent (%).

absolute Häufigkeit	relative Häufigkeit
5 von 10	50 %
2 von 20	10 %

Beispiel

In welcher Klasse ist die relative Häufigkeit der begeisterten Fußballer höher?

Lösung:

Um die relative Häufigkeit zu berechnen, muss der Anteil vom Ganzen bestimmt werden. Dafür braucht man die **Gesamtanzahl**.

6a: $10+4+6+4+8=32$

6b: $8+3+3+4+7=25$

Dann werden die jeweiligen Angaben durch die Gesamtanzahl geteilt. Dadurch erhält man die **relative Häufigkeit**:

$$\frac{\mathbf{10}}{\mathbf{32}} = 10:32 = 0{,}3125 = 31{,}25\ \%$$

$$\frac{\mathbf{8}}{\mathbf{25}} = \frac{32}{100} = 32\ \%$$

In der 6a sind 31,25 % der Schüler Fußballfans, aber der Prozentsatz in der 6b ist mit 32 % höher.

56 Berechne die relative Häufigkeit der Schüler in den einzelnen Klassenstufen. Übertrage die Tabelle in dein Heft und ergänze die Zahlen.

Stufe	absolute Häufigkeit	relative Häufigkeit
Unterstufe	292	
Mittelstufe	260	
Oberstufe	248	

7 Zufallsexperimente

Paula erzählt Mara und Anna von ihrem letzten Urlaub: „Am Strand gab es viele lustige Attraktionen. Ein Clown würfelte mit einem Würfel und wenn man die richtige Zahl erriet, bekam man einen Luftballon, der zu einem Tier geformt war. Ich habe erraten, dass er eine Sieben gewürfelt hat und deshalb ein rosa Einhorn bekommen." „Wie bitte!?", fragen Mara und Anna nach. Was stimmt an Paulas Geschichte nicht?

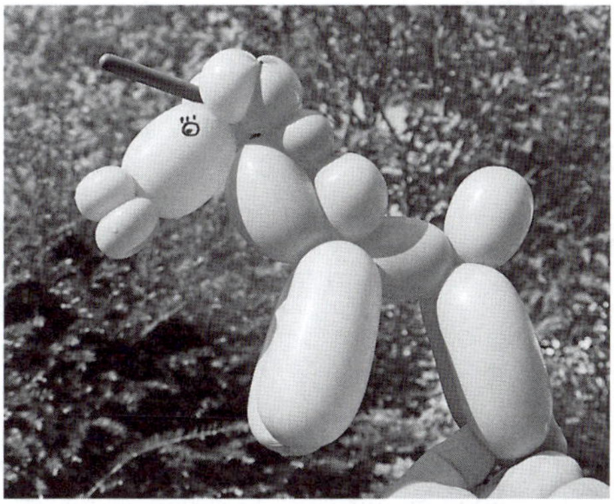

Bei einem **Zufallsexperiment** gibt es immer voneinander unterscheidbare Ergebnisse. Man kann aber nicht vorhersagen, welches Ergebnis eintreten wird.

Beispiele

1. Eine **Münze** zu werfen, ist ein Zufallsexperiment: Man weiß genau, dass die **Zahl entweder oben oder unten** liegen wird, aber man weiß im Voraus nicht, wie die Münze genau liegt.

2. Wenn man blind in ein **Säckchen von Scrabble-Buchstaben** greift, ist dies ein Zufallsexperiment: Man weiß genau, dass man ein Holzplättchen mit einem **Großbuchstaben oder einen Joker** ziehen wird, aber man weiß im Voraus nicht, ob auf dem Holzplättchen ein Buchstabe stehen wird oder welcher Buchstabe es sein wird.

57 Welche der folgenden Experimente sind Zufallsexperimente?
Gib an, welche Ergebnisse auftreten können und ob sie zufällig sind.

a) Man würfelt mit einem typischen Spielwürfel.

b) Man tippt ein Fußballergebnis.

c) Man zieht ohne hinzusehen eine Kugel aus einer Box, in der rote, blaue und gelbe Kugeln sind.

58 Jemand wirft zweimal hintereinander ein 50-Cent-Stück und beobachtet, ob Kopf oder Zahl angezeigt wird.
Gib an, welche Möglichkeiten es dabei gibt.

8 Vermischte Aufgaben

59 Gib in der geforderten Einheit an.

a) 7 m 8 dm 4 cm 5 mm (in dm)
b) 9 t 34 kg 76 g (in kg)
c) 3 m^2 6 dm^2 7 cm^2 (in dm^2)
d) 2 h 5 min 15 s (in min)

60 Schreibe als Bruch und kürze, wo dies möglich ist.

a) 0,28
b) 36 %
c) 7,4
d) 2,3

61 Natascha und Janina bummeln durch die Stadt. Natascha meint: „Drei Achtel der Kleidungsstücke, die hier ausgestellt sind, sind blau!“ Janina entgegnet: „Und 20 % sind schwarz.“
Gibt es mehr blaue oder schwarze Kleidungsstücke?

62 Lukas und Max würfeln, sie führen Strichlisten.
Wer von beiden hat den höheren Prozentsatz an Würfen mit der Augensumme 3?

	1	2	3	4	5	6
Lukas	𝍸 III	𝍸 I	𝍸 𝍸 I	𝍸 II	𝍸 𝍸	𝍸 III
Max	𝍸 I	𝍸 III	𝍸 II	III	𝍸 IIII	𝍸 II

63 Ordne die folgenden Zahlen der Größe nach aufsteigend.

a) $\frac{7}{9}$, 68 %, 0,593, $\frac{17}{40}$, $\frac{2}{3}$, 42,8 %

b) 35 %, $\frac{9}{20}$, 0,375, $\frac{72}{200}$, $\frac{3}{8}$, 0,3102

* **64** Von den 88 Schülern der sechsten Jahrgangsstufe bezeichnen fast genau 35 % Pizza als ihr Lieblingsgericht.
Wie viele Kinder sind das? Runde sinnvoll.

Addition und Subtraktion von Brüchen

1 Addition und Subtraktion gleichnamiger Brüche

Leonie verbringt den Nachmittag auf dem Erdbeerfeld. Auf dem Heimweg überlegt sie, was sie mit den gepflückten Erdbeeren machen wird. Drei Achtel möchte sie verwenden, um einen Kuchen zu backen. Ein Achtel wird sie ihrer Freundin vorbeibringen und ein weiteres Achtel bekommt ihr Bruder. Wie viel bleibt Leonie übrig?

- Man nennt Brüche **gleichnamig**, wenn sie denselben Nenner haben.
- Man addiert diese Brüche, indem man ihre **Zähler addiert**.
- Man subtrahiert diese Brüche, indem man ihre **Zähler subtrahiert**.

Beispiele

1. $\frac{\mathbf{3}}{11}+\frac{\mathbf{4}}{11}=\frac{\mathbf{7}}{11}$ — Da die Brüche denselben Nenner haben, werden die Zähler addiert.

2. $\frac{2}{15}+\frac{7}{15}+\frac{1}{15}=\frac{10}{15}=\frac{\mathbf{2}}{\mathbf{3}}$ — Das Ergebnis wird vollständig gekürzt.

3. $\frac{12}{7}-\frac{3}{7}=\frac{9}{7}=\mathbf{1}\frac{\mathbf{2}}{\mathbf{7}}$ — Das Ergebnis kann in eine gemischte Zahl umgewandelt werden.

4. Welcher Anteil der Erdbeeren bleibt Leonie übrig?

   Lösung:

   Durch **Addition der Anteile** erhält man, wie viel Leonie für den Kuchen, ihre Freundin und ihren Bruder verwendet:

   $\frac{3}{8}+\frac{1}{8}+\frac{1}{8}=\frac{5}{8}$

   Insgesamt sind $\frac{\mathbf{8}}{\mathbf{8}}$ Erdbeeren vorhanden. Durch **Subtraktion der Anteile** erhält man, welcher Anteil übrig bleibt:

   $\frac{8}{8}-\frac{5}{8}=\frac{3}{8}$

   Es sind noch drei Achtel der Erdbeeren übrig.

65 Berechne. Kürze vollständig, wo dies möglich ist.

a) $\frac{1}{6}+\frac{4}{6}$ b) $\frac{3}{25}+\frac{12}{25}$

c) $\frac{12}{13}-\frac{8}{13}$ d) $\frac{17}{20}-\frac{7}{20}$

e) $\frac{7}{9}+\frac{4}{9}+\frac{16}{9}$ f) $\frac{25}{24}+\frac{1}{24}-\frac{6}{24}$

66 Die Zahl auf jedem Ziegelstein ergibt sich aus der Summe der Zahlen der Ziegelsteine, auf denen er ruht. Ergänze die fehlenden Zahlen.

a)

✱ b)

67 Auf der Geburtstagsfeier von Dana gibt es eine Schokotorte, die in 12 Stücke geschnitten ist, und einen Nusskuchen, der in 16 Stücke geschnitten ist. Die Tabelle gibt an, wer wie viele Stücke gegessen hat.
Welcher Anteil der Torte und des Kuchens wurde gegessen? Welcher Anteil ist jeweils noch übrig?

	Daniel	Tom	Justin	Marvin	Silvia	Kathi	Celine	Dana
Torte	2	1	–	2	–	–	1	1
Kuchen	1	2	3	1	2	2	1	–

68 Für einen Multivitaminsaft möchte Tim $\frac{3}{8}$ ℓ Orangensaft, $\frac{7}{8}$ ℓ Apfelsaft, $\frac{1}{8}$ ℓ Ananassaft und $\frac{6}{8}$ ℓ Mineralwasser mischen. Er hat einen 2-ℓ-Krug und einen 2,5-ℓ-Krug.
Kann er den kleineren Krug nehmen?

69 Bei einem magischen Quadrat ergeben alle Spalten, alle Zeilen und die Diagonalen jeweils dieselbe Summe. Übertrage das folgende magische Quadrat, bei dem die Summe immer $\frac{15}{17}$ beträgt, in dein Heft und berechne die fehlenden Werte.

$\frac{4}{17}$		$\frac{2}{17}$
	$\frac{5}{17}$	

✱ 70 Löse folgende Aufgaben:

a) Die Summe zweier Brüche ist $\frac{45}{65}$, ein Summand ist $\frac{17}{65}$. Wie lautet der andere Summand?

b) Die Differenz zweier Brüche beträgt $\frac{7}{98}$, der Subtrahend ist $\frac{34}{98}$. Berechne den Minuenden.

c) Die Differenz zweier Brüche lautet $\frac{14}{25}$, der Minuend ist $\frac{21}{25}$. Berechne den Subtrahenden.

2 Der Hauptnenner

Anika und Sven haben gleich große Obstkuchen gebacken und laden ihre Freunde ein. Anikas Kuchen ist ein Erdbeerkuchen, den sie in 20 Stücke schneidet, Svens Kuchen ist ein Kirschkuchen, den er in 18 Stücke schneidet. Ihre Freunde langen kräftig zu und genießen die guten Kuchen. Von Anikas Kuchen werden 7 Stück gegessen und von Svens Kuchen 6. Danach fragen sich Anika und Sven, wessen Kuchen beliebter war.

Ungleichnamige Brüche kann man nicht so einfach vergleichen. Die Brüche müssen so erweitert werden, dass sie denselben Nenner haben. Dafür muss das **kleinste gemeinsame Vielfache** der beiden Nenner gefunden werden.
Die Methode, beide Vielfachenmengen aufzuschreiben, ist oft umständlich, deshalb wählt man häufiger die Methode der **Primfaktorzerlegung**.

> Das kleinste gemeinsame Vielfache der Nenner wird als **Hauptnenner** (HN) bezeichnet. Er enthält sämtliche Primfaktoren der Nenner, aber keine zusätzlichen. Brüche werden auf den Hauptnenner erweitert und können so verglichen werden.

Beispiele

1. Welcher der beiden Brüche $\frac{12}{25}$ und $\frac{7}{15}$ ist größer?

   Lösung:
   Um die beiden Brüche vergleichen zu können, wird zunächst der Hauptnenner benötigt.

   Möglichkeit 1: Primfaktorzerlegung

   $25 = 5 \cdot \mathbf{5}$
   $15 = 3 \cdot \mathbf{5}$

   Die Nenner werden in ihre Primfaktoren zerlegt. Markiere gemeinsame Faktoren.

   $$\mathrm{HN} = \mathrm{kgV}(25, 30) = \rlap{$\underbrace{}_{25}$}\mathbf{5} \cdot \overbrace{5 \cdot 3}^{15} = 75$$

   Gemeinsame Faktoren werden nur einmal in den Hauptnenner aufgenommen. Anschließend werden alle weiteren Faktoren der beiden Nenner ergänzt.

   Möglichkeit 2: Vielfachenmenge

   $V(25) = \{25, 50, \mathbf{75}, 100, 125, \ldots\}$
   $V(15) = \{15, 30, 45, 60, \mathbf{75}, 90, \ldots\}$

   Das kleinste gemeinsame Vielfache ist 75.

Die Brüche werden nun so erweitert, dass 75 im Nenner steht:

$\frac{12}{25} = \frac{12 \cdot \mathbf{3}}{25 \cdot \mathbf{3}} = \frac{36}{75}$

$\frac{7}{15} = \frac{7 \cdot \mathbf{5}}{15 \cdot \mathbf{5}} = \frac{35}{75}$

Wegen $36 > 35$ gilt:

$\frac{12}{25} > \frac{7}{15}$

2. Wurde von Anikas oder Svens Kuchen mehr gegessen?

Lösung:

Erst wird berechnet, welcher Anteil von jedem Kuchen gegessen wurde.

Anikas Kuchen: $\frac{7}{20}$

Svens Kuchen: $\frac{6}{18} = \frac{1}{3}$

Achte darauf, zu kürzen, falls dies möglich ist.

Mithilfe der Primfaktorzerlegung wird der Hauptnenner berechnet.

$20 = 2 \cdot 10 = 2 \cdot 2 \cdot 5 = 2^2 \cdot 5$

$3 = 3$

$\text{HN} = \text{kgV}(20, 3) = \mathbf{2^2 \cdot 5 \cdot 3} = 60$

Es gibt keine gemeinsamen Faktoren in der Primfaktorzerlegung. Daher setzt sich der Hauptnenner aus allen in den beiden Nennern vorkommenden Faktoren zusammen.

Beide Brüche werden auf Sechzigstel erweitert und verglichen:

$\frac{7}{20} = \frac{7 \cdot \mathbf{3}}{20 \cdot \mathbf{3}} = \frac{21}{60}$

$\frac{1}{3} = \frac{\mathbf{20}}{3 \cdot \mathbf{20}} = \frac{20}{60}$

Es gilt:

$\frac{\mathbf{21}}{60} > \frac{\mathbf{20}}{60}$

Von Anikas Kuchen wurde mehr gegessen.

71 Vergleiche jeweils die beiden Brüche, nachdem du sie auf den gleichen Nenner gebracht hast.

a) $\frac{6}{10}$ und $\frac{7}{12}$

b) $\frac{13}{44}$ und $\frac{19}{66}$

c) $\frac{5}{12}$ und $\frac{7}{18}$

d) $\frac{7}{21}$ und $\frac{8}{20}$

72 Bilde den Hauptnenner der folgenden Brüche und vergleiche sie anschließend.

a) $\frac{3}{4}$, $\frac{7}{9}$ und $\frac{8}{12}$

b) $\frac{5}{9}$, 56 %, $\frac{25}{36}$ und $\frac{3}{5}$

c) $\frac{12}{25}$, 45 %, $\frac{9}{20}$ und $\frac{4}{10}$

d) $\frac{5}{6}$, $\frac{7}{8}$, $\frac{11}{12}$ und $\frac{2}{3}$

73 Sandra hat Pizza gebacken. Sie hat ein Backblech mit Salami belegt, das andere mit Schinken. Die Salamipizza hat sie in 21 Stücke geschnitten, die Schinkenpizza in 20 Stücke. Von der Salamipizza wurden 8 Stücke gegessen, von der Schinkenpizza waren es nur 6.
Von welcher Pizza ist ein größerer Anteil gegessen worden?

74 Emilio hat sich vorgenommen, seine Schrauben in seinem Metallbaukasten auszusortieren. Von den 130 kurzen Schrauben sind 39 verbogen, von den 90 mittleren sind es 15 und von den 30 langen sind es 2.

a) Welcher Anteil der kurzen, mittleren bzw. langen Schrauben ist jeweils verbogen?

b) Bei welchem Schraubentyp ist der größte Anteil verbogen?

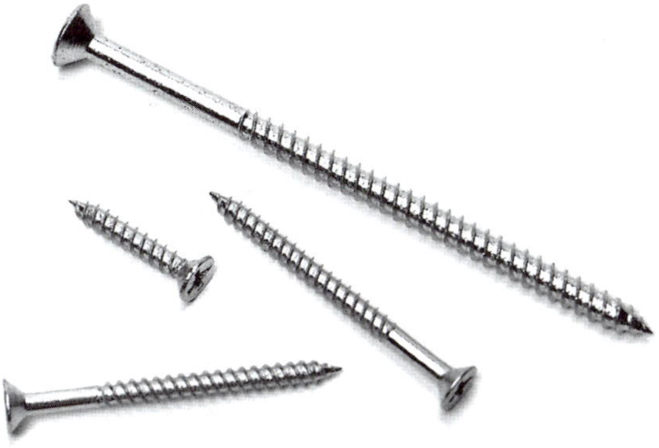

3 Addition und Subtraktion ungleichnamiger Brüche

Eva und Antonia machen einen Radausflug. Da die beiden Durst bekommen haben, legen sie am Starnberger See eine Pause ein. Eva bestellt sich eine große Apfelschorle, also einen halben Liter. Antonia nimmt erst eine kleine Flasche Limo, die $\frac{1}{3}$ Liter beinhaltet, danach aber noch eine kleine Apfelschorle, also ein Viertel Liter.

Ungleichnamige Brüche kann man nicht sofort addieren oder subtrahieren. Dafür geht man folgendermaßen vor:

- Die Brüche werden zuerst auf einen **gemeinsamen Nenner** gebracht.
- Dann kann ihre **Summe oder ihre Differenz** berechnet werden.
- Falls es möglich ist, wird das Ergebnis gekürzt und in eine gemischte Zahl umgewandelt.

Beispiele

1. Berechne folgende Terme.

a) $\frac{4}{5}+\frac{2}{3}$

b) $\frac{7}{8}-\frac{2}{3}$

Lösung:

a) Zunächst wird der **Hauptnenner** ermittelt:
HN = kgV(5, 3) = **15**
Dann werden die Brüche **erweitert**:
$\frac{4}{5}=\frac{12}{15}$
$\frac{2}{3}=\frac{10}{15}$
Anschließend können die Brüche **addiert** werden:
$\frac{4}{5}+\frac{2}{3}=\frac{12}{15}+\frac{10}{15}=\frac{22}{15}=1\frac{7}{15}$

b) Zunächst wird der **Hauptnenner** ermittelt:
HN = kgV(8, 3) = **24**

Dann werden die Brüche **erweitert**:

$\frac{7}{8}=\frac{\mathbf{21}}{\mathbf{24}}$ und $\frac{2}{3}=\frac{\mathbf{16}}{\mathbf{24}}$

Anschließend können die Brüche **subtrahiert** werden:

$\frac{7}{8}-\frac{2}{3}=\frac{\mathbf{21}}{\mathbf{24}}-\frac{\mathbf{16}}{\mathbf{24}}=\frac{5}{24}$

2. Wer hat mehr getrunken, Eva oder Antonia?

Lösung:

Erst werden die erforderlichen Informationen aus dem Text herausgesucht:

Eva: $\frac{1}{2}\,\ell$

Antonia: $\frac{1}{3}\,\ell+\frac{1}{4}\,\ell$

Um die Menge, die Antonia getrunken hat, zu berechnen, werden die Brüche auf einen gemeinsamen Nenner gebracht und addiert:

$\text{HN}=\text{kgV}(3, 4)=12$

Antonia: $\frac{1}{3}+\frac{1}{4}=\frac{\mathbf{4}}{\mathbf{12}}+\frac{\mathbf{3}}{\mathbf{12}}=\frac{7}{12}$

Um zu vergleichen, wer mehr getrunken hat, wird $\frac{1}{2}$ ebenfalls auf Zwölftel **erweitert**:

Eva: $\frac{1}{2}=\frac{\mathbf{6}}{\mathbf{12}}$

$\frac{6}{12}<\frac{7}{12}$

Antonia hat mehr getrunken.

75 Führe die angegebenen Additionen aus.

a) $\frac{4}{15}+\frac{3}{20}$

b) $\frac{13}{25}+\frac{11}{30}$

c) $\frac{7}{45}+\frac{31}{90}$

d) $\frac{45}{33}+\frac{16}{21}$

76 Führe die angegebenen Subtraktionen aus.

a) $\frac{6}{5}-\frac{7}{9}$

b) $\frac{9}{10}-\frac{14}{25}$

c) $\frac{17}{20}-\frac{3}{5}$

d) $\frac{12}{25}-4\,\%$

77 In der Mensa einer Schule sollen gleichzeitig zwei Jahrgänge essen. Wenn alle Kinder der sechsten Klassen in der Mensa sitzen, sind $\frac{7}{15}$ der Plätze belegt. Die Schüler des siebten Jahrgangs belegen $\frac{2}{5}$ der Sitzplätze. Für die Schüler der achten Klassen müssen $\frac{14}{25}$ der Plätze eingeplant werden.

a) Welcher Anteil der Plätze ist belegt, wenn die sechsten und die siebten Klassen gemeinsam in der Mensa essen?

b) Finden alle Schüler einen Platz, wenn die sechsten und die achten Klassen gleichzeitig in die Mensa gehen?

78 Benjamin erklärt am Abend seinen Eltern, dass er kaum Zeit hatte, um sein Zimmer aufzuräumen, da er fast den ganzen Nachmittag für die Schule gearbeitet hat: $\frac{3}{5}$ der Zeit hat er Hausaufgaben gemacht, $\frac{2}{9}$ des Nachmittags hat er mit Vokabelnlernen verbracht und $\frac{1}{9}$ der Zeit hat er für sein Erdkunde-Referat gebraucht. Welcher Anteil des Nachmittags blieb ihm für das Aufräumen seines Zimmers?

*** 79** Die Zahl auf jedem Ziegelstein ergibt sich aus der Summe der Zahlen der Ziegelsteine, auf denen er ruht. Ergänze die Zahlen. Verwende gemischte Zahlen.

a)

b)

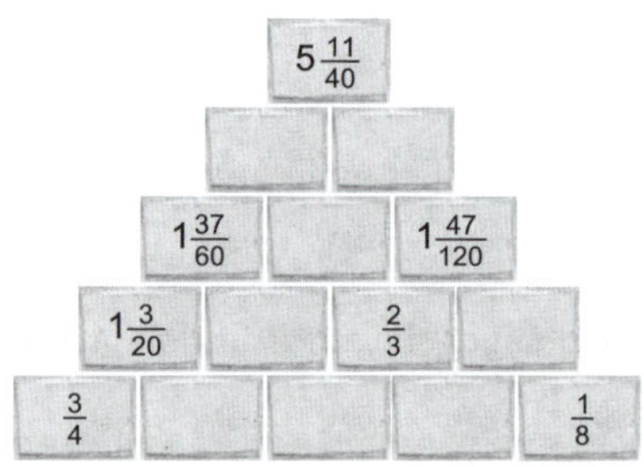

*** 80** Tante Elena erzählt: „Als ich $\frac{1}{9}$ meines jetzigen Alters erreicht hatte, begann ich meine Ausbildung, die $\frac{1}{3}$ meines bisherigen Lebens dauerte. Danach arbeitete ich die Hälfte meines bisherigen Lebens und 3 Jahre!"
Wie alt ist Tante Elena?

4 Addition und Subtraktion gemischter Zahlen

Im Zoo füttert der Wärter das Tigerweibchen Maura und ihr Junges Shir Khan. Er wiegt das Fleisch erst ab, bevor er es in den Käfig trägt. Das erste Stück wiegt $3\frac{1}{4}$ kg. Danach legt er ein $3\frac{1}{3}$-kg-Stück und ein $1\frac{3}{5}$-kg-Stück dazu. Er überlegt, ob er noch ein Stück nehmen soll, das $\frac{17}{20}$ kg wiegt, oder eines mit $\frac{5}{8}$ kg.

Wenn man gemischte Zahlen addieren oder subtrahieren möchte, gibt es zwei Möglichkeiten:

Möglichkeit 1:
- Wandle die gemischten Zahlen in **Brüche** um.
- Wandle sie anschließend in **gleichnamige Brüche** um.
- Führe dann die Rechnung aus.
- Wandle das Ergebnis, falls möglich, wieder in eine gemischte Zahl um.

Möglichkeit 2:
- Teile die gemischten Zahlen in **ganze Zahlen und Bruchzahlen** auf.
- Berechne diese jeweils **getrennt**.
- Fasse das Endergebnis wieder zu einer gemischten Zahl zusammen.

Beispiele

1. Berechne die folgenden Terme.

a) $3\frac{4}{7}+4\frac{1}{3}$ b) $4\frac{1}{4}-2\frac{2}{3}$

Lösung:

a) *Möglichkeit 1:*

$3\frac{4}{7}+4\frac{1}{3}=\frac{25}{7}+\frac{13}{3}$ Gemischte Zahlen in Brüche umwandeln.

$=\frac{75}{21}+\frac{91}{21}$ Brüche auf den gleichen Nenner bringen.

$=\frac{166}{21}$ Zwei gleichnamige Brüche werden addiert, indem die Zähler addiert werden.

$=7\frac{19}{21}$ Ergebnis wieder in eine gemischte Zahl umwandeln.

Möglichkeit 2:

$3\frac{4}{7}+4\frac{1}{3}=3+4+\frac{4}{7}+\frac{1}{3}$ — Gemischte Zahlen in ganze Zahlen und Bruchzahlen aufteilen.

$=\mathbf{7}+\frac{12}{\mathbf{21}}+\frac{7}{\mathbf{21}}$ — Die ganzen Zahlen addieren und die Bruchzahlen auf einen gemeinsamen Nenner bringen.

$=7+\frac{\mathbf{19}}{21}$ — Die Brüche werden addiert, indem die Zähler addiert werden.

$=7\frac{19}{21}$ — Ergebnis als gemischte Zahl schreiben.

b) *Möglichkeit 1:*

$4\frac{1}{4}-2\frac{2}{3}=\frac{\mathbf{17}}{4}-\frac{\mathbf{8}}{3}$ — Gemischte Zahlen in Brüche umwandeln.

$=\frac{51}{\mathbf{12}}-\frac{32}{\mathbf{12}}$ — Brüche auf den gleichen Nenner bringen.

$=\frac{\mathbf{19}}{12}$ — Zwei gleichnamige Brüche werden subtrahiert, indem die Zähler subtrahiert werden.

$=1\frac{7}{12}$ — Ergebnis wieder in eine gemischte Zahl umwandeln.

Möglichkeit 2:

$4\frac{1}{4}-2\frac{2}{3}=4-2+\frac{1}{4}-\frac{2}{3}$ — Gemischte Zahlen in ganze Zahlen und Bruchzahlen aufteilen.

$=\mathbf{2}+\frac{3}{\mathbf{12}}-\frac{8}{\mathbf{12}}$ — Die ganzen Zahlen subtrahieren und die Bruchzahlen auf einen gemeinsamen Nenner bringen.

$=2-\frac{\mathbf{5}}{12}$ — Die Brüche werden subtrahiert, indem die Zähler subtrahiert werden.

$=1\frac{\mathbf{12}}{\mathbf{12}}-\frac{5}{12}$ — Die ganze Zahl in eine gemischte Zahl umwandeln.

$=1\frac{7}{12}$ — Ergebnis als gemischte Zahl schreiben.

2. Der Wärter erklärt: „Ein Tigerweibchen benötigt pro Tag fast 6 kg Fleisch, ein Junges frisst ungefähr die Hälfte davon."
Welches Stück Fleisch soll der Wärter nehmen, wenn er sicher sein will, dass Maura und Shir Khan ausreichend Fleisch bekommen?

Lösung:

Die beiden brauchen zusammen 6 kg + 3 kg = **9 kg Fleisch**.

Es wird addiert, wie viel das **Fleisch in der Plastikwanne** wiegt:

$$3\frac{1}{4}+3\frac{1}{3}+1\frac{3}{5}=3+3+1+\frac{1}{4}+\frac{1}{3}+\frac{3}{5}=7+\frac{15}{60}+\frac{20}{60}+\frac{36}{60}=7\frac{71}{60}=8\frac{11}{60}$$

Nun wird berechnet, wie viel es mit den beiden Stücken jeweils wäre:

$8\frac{11}{60} + \mathbf{\frac{17}{20}} = 8\frac{11}{60} + \frac{51}{60} = 8\frac{62}{60} = 9\frac{2}{60} = 9\frac{1}{30}$

$8\frac{11}{60} + \mathbf{\frac{5}{8}} = 8\frac{22}{120} + \frac{75}{120} = 8\frac{97}{120}$

Der Wärter muss das Stück nehmen, das $\frac{17}{20}$ kg wiegt.

81 Führe die folgenden Additionen durch.

a) $4\frac{3}{4} + \frac{3}{5} + 2\frac{3}{8}$

b) $2\frac{7}{12} + 9\frac{2}{3} + 5\frac{3}{4}$

c) $7\frac{3}{25} + 2\frac{39}{50} + 1\frac{29}{40}$

d) $3\frac{7}{20} + 75\,\% + 6\frac{3}{8}$

82 Führe die folgenden Subtraktionen durch.

a) $7\frac{9}{14} - 2\frac{4}{21}$

b) $5\frac{11}{40} - 2\frac{7}{8}$

c) $15\frac{1}{3} - 6\frac{5}{7}$

d) $4\frac{7}{9} - 2\frac{1}{5}$

83 Niklas möchte Haselnussplätzchen backen. Er braucht dafür 4 Päckchen Haselnüsse. Als er im Schrank nachschaut, merkt er, dass einige Päckchen schon offen sind. Er findet erst $2\frac{3}{5}$ Päckchen und anschließend noch einmal $1\frac{1}{3}$ Päckchen. Muss er Haselnüsse kaufen, bevor er zu backen beginnen kann?

84 Mayas Maus benötigt täglich $10\frac{1}{2}$ g Futter.
Wenn sie ihr morgens schon $4\frac{3}{4}$ g gegeben hat und mittags $2\frac{1}{3}$ g, wie viel soll sie dann abends noch füttern?

∗ **85** Berechne die fehlenden Zahlen der beiden Rechenmauern. Die Zahl auf jedem Ziegelstein ergibt sich aus der Summe der Zahlen der Ziegelsteine, auf denen er ruht. Falls er nur auf einem Ziegelstein liegt, erhält er die Zahl dieses Steins.

a)

b)

5 Addition und Subtraktion von Dezimalzahlen

Nicole hat von ihrer Oma zum Geburtstag 50 € geschenkt bekommen. Sie überlegt, was sie sich davon am liebsten kaufen will. Sie hat ermäßigte Inlineskates für 19,99 € gesehen, die sie unbedingt haben möchte. Dann hätte sie aber auch gerne ein 3-D-Puzzle für 16,79 € und ein Kartenspiel für 6,99 €. Vielleicht kann sie sich aber auch noch die tollen Fleece-Reithandschuhe für 5,95 € leisten?

- Wenn man Dezimalzahlen addieren oder subtrahieren möchte, schreibt man sie so untereinander, dass das **Komma** der Zahlen **genau untereinandersteht**.
- Dann ergänzt man hinter dem Komma so mit Nullen, dass die Zahlen **gleich viele Nachkommastellen** haben.
- Nun kann man wie bei ganzen Zahlen addieren und subtrahieren. Im Anschluss fügt man das Komma genau an der Stelle ein, an der es auch in den Summanden bzw. im Minuenden und im Subtrahenden steht.

Beispiele

1. Berechne die folgenden Terme.
   a) $452{,}725 + 13{,}8$
   b) $2{,}3 - 1{,}45$

   Lösung:

   a)
   $$\begin{array}{r} 452{,}725 \\ +\ 13{,}8\mathbf{00} \\ \hline 466{,}525 \end{array}$$
   Die beiden Zahlen werden so untereinandergeschrieben, dass die Kommas an derselben Position stehen. Bei 13,8 müssen noch zwei Nullen ergänzt werden.

   b)
   $$\begin{array}{r} 2{,}3\mathbf{0} \\ -1{,}45 \\ \hline 0{,}85 \end{array}$$
   Bei 2,3 muss eine Null ergänzt werden.

2. Kann sich Nicole auch die Fleece-Reithandschuhe von Omas Geburtstagsgeschenk kaufen?

   Lösung:

   Erst werden die Preise von den Produkten addiert, die Nicole ganz sicher kaufen möchte:
   $$\begin{array}{r} 19{,}99 \\ +16{,}79 \\ +\ 6{,}99 \\ \hline 43{,}77 \end{array}$$

Dann wird diese Summe von 50 € subtrahiert:

$$\begin{array}{r} 50{,}00 \\ -\,43{,}77 \\ \hline 6{,}23 \end{array}$$

Bei der 50 müssen sowohl das Komma als auch zwei Nullen ergänzt werden.

Nun wird mit dem Verkaufspreis der Fleece-Handschuhe verglichen:
$6{,}23 > 5{,}95$
Nicole kann die Reithandschuhe noch kaufen.

86 Führe folgende Additionen aus. Schreibe dazu die Dezimalzahlen richtig untereinander.

a) $4{,}79 + 23{,}824$ b) $5{,}02 + 0{,}87$

c) $3\,456{,}2 + 17{,}984$ d) $0{,}34 + 0{,}037$

87 Führe folgende Subtraktionen aus. Schreibe dazu die Dezimalzahlen richtig untereinander.

a) $47{,}903 - 9{,}02$ b) $125{,}2 - 56{,}87$

c) $12{,}34 - 5{,}89$ d) $4{,}678 - 2{,}904$

88 Die Haustiere und ihre jeweiligen Besitzer sind durcheinandergeraten. Ordne den Tieren ihre Besitzer zu, indem du die Terme berechnest. Das gleiche Ergebnis verrät dir, dass die beiden zusammengehören.

Maria
6,78 + 2,376

Timo
11,73 – 3,5

3,123 + 4,548

10,843 – 2,613

Vanessa
0,98 + 1,34 + 2,001

Paul
12,871 – 5,2

6 – 2,063

11,57 – 2,414

Lara
7,427 – 3,49

2,583 + 1,738

89 Am 16. Februar 2013 fanden die Weltmeisterschaftsläufe zum Damenslalom in Schladming statt. Folgende Zeiten ergaben sich im ersten bzw. im zweiten Lauf:

Teilnehmerin	Erster Lauf	Zweiter Lauf
Tina Maze (SLO)	50,88 s	49,73 s
Tanja Poutiainen (FIN)	50,58 s	49,88 s
Mikaela Shiffrin (USA)	50,59 s	49,26 s
Frida Hansdotter (SWE)	50,41 s	49,70 s
Michaela Kirchgasser (AUT)	50,96 s	49,11 s

Berechne die Endzeiten für diese fünf Läuferinnen, indem du ihre einzelnen Zeiten addierst, und gib die Platzierung der Sportlerinnen an.

90 Familie Huber fliegt in den Urlaub nach Griechenland. Pro Person dürfen sie 20 kg im Koffer mitnehmen. Die Kinder Tom und Maja würden gerne zusätzlich zur Kleidung, dem Spielzeug und den Badesachen ihr Gummiboot (8,35 kg), ein Zelt (2,87 kg) und zwei große Luftmatratzen (je 1,24 kg) mitnehmen. Sie wiegen zur Sicherheit alles zu Hause ab. Dabei ergibt sich für den großen Koffer der Eltern ein Gewicht von 35,78 kg, für die kleineren Rollkoffer von Tom und Maja einmal 17,9 kg und einmal 16,68 kg.

Müssen sie schon eine Gebühr bezahlen, weil sie zu viel Gepäck haben? Können sie das Boot, das Zelt und die Luftmatratzen noch mitnehmen?

6 Vermischte Aufgaben

91 Führe folgende Additionen durch.

a) $5{,}64+2\frac{3}{4}+\frac{7}{8}+25\ \%$

b) $12{,}54+75\ \%+\frac{4}{5}+3{,}08$

c) $\frac{5}{12}+\frac{9}{8}+\frac{4}{15}$

d) $33\ \%+\frac{1}{3}+4\frac{5}{6}+4{,}5$

92 Führe folgende Rechnungen durch.

a) $3{,}64-2\frac{3}{5}+\frac{17}{50}-35\ \%$

b) $45{,}54-65\ \%-2\frac{4}{5}+3{,}8$

c) $\frac{7}{15}-\frac{5}{8}+\frac{11}{12}$

d) $83\ \%-\frac{2}{3}+4\frac{1}{6}-2{,}5$

93 Berechne die Werte im Rechenhaus. Die Summe aller Werte in einem Stockwerk ergibt jeweils die Zahl im Dachgeschoss. Gib das Ergebnis als gemischte Zahl an.

✳ 94 In der 6b fahren $\frac{4}{7}$ der Kinder mit dem Rad zur Schule, $\frac{1}{7}$ läuft zur Schule, der Rest, das sind 8 Kinder, fahren mit dem Bus.
Wie viele Kinder gehen in die 6b?

✳ 95 Maja, Martin und Enzo nehmen sich vor, mehr im Haushalt zu helfen. Damit sie es nicht vergessen, wollen sie die Zeiten, die sie mit Hausarbeit verbringen, aufschreiben.
Am Samstagabend vergleichen sie ihre Aufzeichnungen:

	Montag	Dienstag	Mittwoch	Donnerstag	Freitag	Samstag
Maja	25 min	0,25 h	$1\frac{1}{3}$ h	10 min	0,3 h	$\frac{1}{6}$ h
Martin	$\frac{3}{4}$ h	12 min	$\frac{4}{5}$ h	–	$\frac{5}{6}$ h	15 min
Enzo	34 min	$1\frac{1}{12}$ h	0,75 h	$\frac{7}{12}$ h	–	$\frac{3}{10}$ h

a) Wer hat am längsten, wer am kürzesten im Haushalt geholfen? Rechne in Stunden.

b) Sie haben sich vorgenommen, jede Woche mindestens drei Stunden zu helfen. Wie viel müssen sie am Sonntag noch helfen?

Multiplikation und Division von Brüchen

1 Multiplikation von Brüchen

Claudio hat eine Lieblingsmischung für sein Müsli: eine halbe Packung Quark, ein Viertel Liter Milch, das Drittel von einem klein geschnittenen Apfel und 15 g aus der Müslipackung. Zum Frühstück möchte Claudio für sich und seine Eltern Müsli zubereiten. Dafür berechnet er, wie viel er von den Zutaten insgesamt braucht.

- Man multipliziert einen Bruch mit einer ganzen Zahl, indem man den **Zähler** des Bruchs **mit der Zahl** multipliziert.
- Man multipliziert einen Bruch mit einem anderen Bruch, indem man die **Zähler miteinander** multipliziert und die **Nenner miteinander** multipliziert.
- Man kann Faktoren, die sowohl im Zähler als auch im Nenner vorkommen, **kürzen**.
- Weil die Multiplikation **kommutativ** ist, kann man die Faktoren vertauschen.

Beispiele

1. $3 \cdot \frac{1}{8} = \frac{3 \cdot 1}{8} = \frac{1 \cdot 3}{8} = \frac{1}{8} \cdot 3 = \frac{3}{8}$

   Wegen der Kommutativität können die Faktoren beliebig vertauscht werden.

2. $\frac{4}{3} \cdot \frac{2}{5} = \frac{4 \cdot 2}{3 \cdot 5} = \frac{8}{15}$

3. $\frac{5}{6} \cdot \frac{9}{10} = \frac{5 \cdot 9}{6 \cdot 10} = \frac{\cancel{5} \cdot \cancel{3} \cdot 3}{2 \cdot \cancel{3} \cdot 2 \cdot \cancel{5}} = \frac{3}{4}$

   Faktoren, die sowohl im Zähler auch als im Nenner vorkommen, können gekürzt werden.

4. Welche Mengen muss Claudio jeweils verwenden, damit genug Müsli für ihn und seine Eltern da ist?

   Lösung:

   Die Zutaten für das Müsli werden nacheinander betrachtet:

   Quark: $\frac{1}{2}$ Packung

   Milch: $\frac{1}{4}$ Liter

   Apfel: $\frac{1}{3}$ Apfel

Er braucht jeweils die **dreifache Menge**. Jede dieser Mengen wird mit der Zahl 3 multipliziert:

Quark: $3 \cdot \frac{1}{2}$ Packung $= \frac{3}{2}$ Packungen $= 1\frac{1}{2}$ Packungen

Milch: $3 \cdot \frac{1}{4}$ Liter $= \frac{3}{4}$ Liter

Apfel: $3 \cdot \frac{1}{3}$ Apfel $= \frac{3}{3}$ Apfel $= 1$ Apfel

Claudio braucht also $1\frac{1}{2}$ Packungen Quark, $\frac{3}{4}$ Liter Milch und einen ganzen Apfel. Dazu braucht er noch $3 \cdot 15\ \text{g} = 45\ \text{g}$ Müsli.

5. Merrit hat für die Geburtstagsfeier mit ihren Freundinnen 11 Flaschen Smoothies gekauft. Jede Flasche beinhaltet einen halben Liter. Nach der Feier stellt Merrit fest: „Wir haben insgesamt zwei Drittel der Smoothies ausgetrunken." Wie viel haben sie gemeinsam getrunken?

Lösung:

Erst wird betrachtet, was zwei Drittel von einer Flasche, also von einem halben Liter sind:

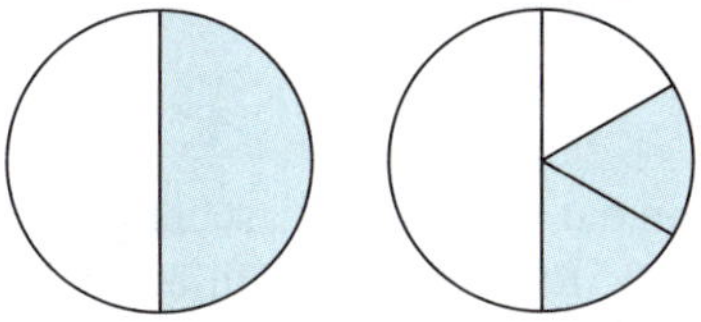

$$\frac{2}{3} \cdot \frac{1}{2} = \frac{1}{3}$$

Zwei Drittel von 11 solcher Flaschen muss genau elfmal so viel sein:

$$11 \cdot \frac{1}{3} = \frac{11}{3} = 3\frac{2}{3}$$

Wird dies in einer Rechnung geschrieben, kann man es auch kürzer formulieren:

$$11 \cdot \frac{2}{3} \cdot \frac{1}{2} = \frac{11 \cdot \not{2} \cdot 1}{3 \cdot \not{2}} = \frac{11}{3} = 3\frac{2}{3}$$

Merrit und ihre Freundinnen haben also $3\frac{2}{3}$ Liter Smoothies getrunken.

96 Führe folgende Multiplikationen aus. Achte darauf, zu kürzen, wenn das möglich ist.

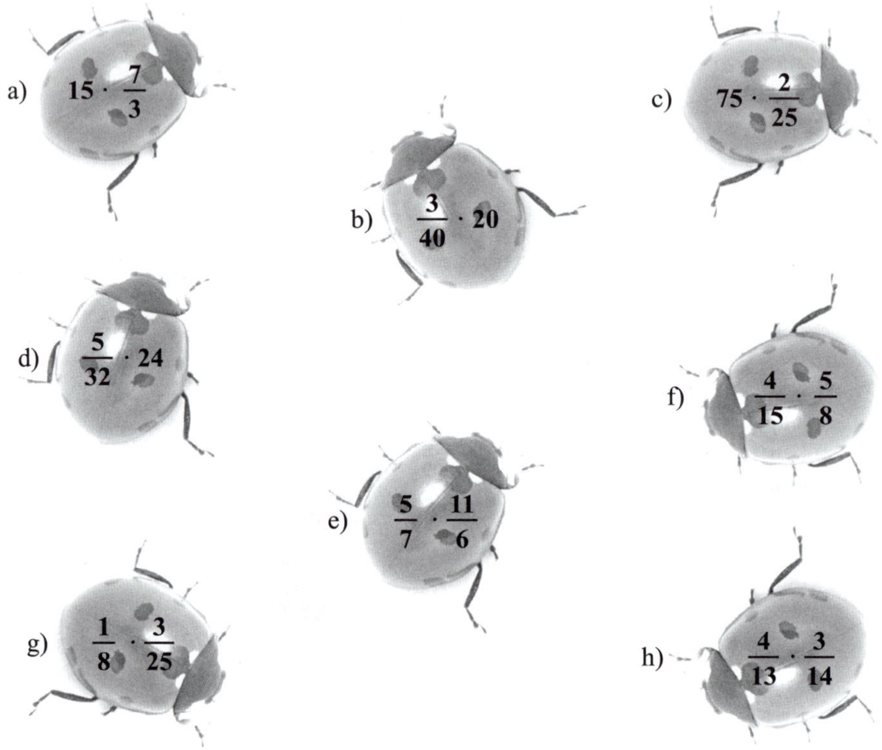

97 Marion hat von ihrem Taschengeld 42 € gespart. Nachdem sie einkaufen war, sagt sie: „Ich habe vier Fünftel meines Ersparten ausgegeben!“
Wie viel hat sie ausgegeben?

98 Quirin hat für ein Sammelalbum 98 Klebebilder. Vier Siebtel davon hat er von seinem Onkel geschenkt bekommen.
Wie viele Bilder sind das?

99 Die Hälfte der Kinder in der 6d sind Mädchen. Vier Fünftel davon mögen Katzen lieber als Hunde.
Welcher Anteil der 6d ist das?

2 Division von Brüchen

Ben, Maja, Tom und Ijeoma kommen nach dem Kino nach Hause und sehen, dass noch ein Drittel vom Weihnachtsbaum geschmückt werden muss. Majas Vater fragt: „Wollt ihr helfen, den Baum zu schmücken?" Voller Freude teilen sie das Drittel des Weihnachtsschmuckes untereinander auf.

- Ein **Kehrbruch** ist der Bruch, der entsteht, wenn man Zähler und Nenner eines Bruches vertauscht.
- Auch ganze Zahlen haben Kehrbrüche, nämlich Stammbrüche. Ein **Stammbruch** hat den Zähler 1.
- Man **dividiert durch einen Bruch**, indem man **mit dem Kehrbruch multipliziert**. Dabei ist es egal, ob der Dividend ein Bruch oder eine ganze Zahl ist.

Beispiele

1.

Bruch	$\frac{7}{5}$	$\frac{3}{11}$	$7=\frac{7}{1}$	$3=\frac{3}{1}$	$\frac{1}{5}$
Kehrbruch	$\frac{5}{7}$	$\frac{11}{3}$	$\frac{1}{7}$	$\frac{1}{3}$	$5=\frac{5}{1}$

2. a) $5:\frac{4}{3}=5\cdot\frac{3}{4}=\frac{5\cdot 3}{4}=\frac{15}{4}=3\frac{3}{4}$ — Multiplikation mit dem Kehrbruch

b) $\frac{5}{6}:7=\frac{5}{6}:\frac{7}{1}=\frac{5}{6}\cdot\frac{1}{7}=\frac{5}{42}$ — 7 wird in einen Bruch umgeschrieben, um den Kehrbruch zu bilden.

c) $\frac{2}{7}:\frac{3}{5}=\frac{2}{7}\cdot\frac{5}{3}=\frac{2\cdot 5}{7\cdot 3}=\frac{10}{21}$

3. Welchen Anteil des gesamten Baumschmucks erhält jedes Kind, wenn sie ihn gerecht untereinander aufteilen?

Lösung:

Hier kann man auf zwei Arten rechnen.

Möglichkeit 1: Multiplikation von Brüchen

Es wird berechnet, wie viel ein Viertel von einem Drittel ist:

$\frac{1}{4}\cdot\frac{1}{3}=\frac{1}{12}$

Möglichkeit 2: Division von Brüchen
Ein Drittel wird durch 4 geteilt, also mit dem Kehrbruch multipliziert:
$\frac{1}{3} : 4 = \frac{1}{3} \cdot \frac{1}{4} = \frac{1}{12}$
Jedes Kind bekommt ein Zwölftel des Schmucks.

4. In der 6. Schulstufe des Sandström-Gymnasiums kommen $\frac{7}{24}$ aller Schüler mit dem Bus zur Schule. Das sind 35 Kinder.
Wie viele fahren nicht mit dem Bus zur Schule?

Lösung:
Man berechnet erst, wie viele Kinder insgesamt in die 6. Schulstufe gehen:
$35 : \frac{7}{24} = 35 \cdot \frac{24}{7} = 120$

$\frac{7}{24}$ von allen Schülern sind 35 Schüler.
$\frac{7}{24} \cdot$ Anzahl aller Schüler = 35 Schüler

120 Kinder besuchen die 6. Schulstufe.

Nun zieht man die Anzahl der Schüler, die mit dem Bus fahren, von der Gesamtzahl ab:
$120 - 35 = 85$
85 Kinder fahren nicht mit dem Bus.

100 Führe folgende Divisionen aus.

a) $5 : \frac{3}{4}$
b) $22 : \frac{11}{3}$
c) $24 : \frac{3}{5}$
d) $8 : \frac{5}{6}$
e) $\frac{7}{8} : 4$
f) $\frac{3}{5} : \frac{4}{15}$
g) $\frac{9}{2} : 3$
h) $\frac{4}{9} : \frac{8}{3}$

101 Nach vier Tagen sagt Rafik: „Zwei Siebtel unserer Reise sind schon vorbei!"
Wie viele Tage sind sie noch unterwegs?

Tipp: Berechne erst, wie lange die Reise insgesamt dauert.

102 In der 6d spielen 6 Kinder ein Instrument, das sind zwei Neuntel der Klasse.
Wie viele Kinder besuchen die 6d?

103 In der 6b gibt es 14 Mädchen, das sind sieben Dreizehntel der Klasse.
Wie viele Jungen gibt es in der 6b?

3 Multiplikation von Dezimalzahlen

Schon seit Wochen freuen sich alle, dass der neueste „James Bond"-Film bald im Kino anlaufen wird. Emma möchte ihren Geburtstag im Kino feiern und lädt dafür vier Freundinnen und Freunde in die 3-D-Vorstellung ein. In ihrem Lieblingskino kostet eine Karte am Kinomontag 7,95 €. Durch Multiplikation kann Emma berechnen, wie viel sie für alle Karten bezahlen muss.

- Man führt für eine Multiplikation von Dezimalzahlen oft eine **Überschlagsrechnung** aus, damit man ungefähr weiß, wie groß die Lösung sein wird.
- Dabei gilt die **Rundungsregel**: Wenn die nächste Ziffer zwischen 0 und 4 liegt, wird abgerundet, ansonsten wird aufgerundet.
- Mit den so gerundeten Faktoren führt man die Multiplikation aus, um eine erste Abschätzung der Lösung zu erhalten.

Beispiele

1. $23 \cdot 7{,}8 \approx \mathbf{20 \cdot 8} = 160$
2. $481 \cdot 0{,}0876 \approx \mathbf{500 \cdot 0{,}09} = \overset{5}{\cancel{500}} \cdot \frac{9}{\underset{1}{\cancel{100}}} = 45$

- Man multipliziert Dezimalzahlen, indem man im ersten Schritt völlig normal schriftlich multipliziert, ohne das Komma zu beachten. Es wird während der Rechnung auch nicht gesetzt.
- Im zweiten Schritt addiert man die **Anzahl der Nachkommastellen** in den Faktoren und setzt das Komma so, dass auch im Produkt gleich viele Nachkommastellen vorhanden sind.
- Man setzt in der ursprünglichen Rechnung das **Komma im Endergebnis** – nicht in den Zwischenschritten.

Beispiele

1. $\begin{array}{r} 4{,}35 \cdot 2{,}76 \\ \hline 870 \\ 3045 \\ 2610 \\ \hline 12{,}0060 \end{array}$

   Der erste Faktor 4,35 hat **zwei** Nachkommastellen, der zweite Faktor 2,76 hat ebenfalls **zwei** Nachkommastellen. Also muss das Produkt **vier** Nachkommastellen aufweisen.

2. Wie viel muss Emma für die Kinokarten zahlen?

   Lösung:

   Der Preis für eine Kinokarte muss mit **fünf** multipliziert werden.

   $\begin{array}{r} 7{,}95 \cdot 5 \\ \hline 39{,}75 \end{array}$

   Die Faktoren haben zusammen **zwei** Nachkommastellen, also muss auch das Produkt **zwei** Nachkommastellen aufweisen.

   Sie muss 39,75 € bezahlen.

Ein Sonderfall der Multiplikation mit Dezimalzahlen ist die Multiplikation mit Zehnerpotenzen.

> Bei der Multiplikation mit Zehnerpotenzen wird das **Komma** jeweils um so viele Stellen **verschoben**, wie es Nullen in der Zehnerpotenz gibt. Hier werden zwei Fälle unterschieden:
>
> - Zehnerpotenzen, die **größer** sind **als 1**:
>   Hier stehen die Nullen hinten, und das **Komma** wird **nach hinten verschoben**.
> - Zehnerpotenzen, die **kleiner** sind **als 1**:
>   Hier stehen die Nullen vorne, und das **Komma** wird **nach vorne verschoben**.

Beispiele

1. $0{,}00345 \cdot 1\,000 = 3{,}45$

   Zehnerpotenz größer als 1: das Komma wird um drei Stellen nach hinten verschoben.

2. $546{,}7 \cdot 100 = 54\,670$

   Zehnerpotenz größer als 1: das Komma wird um zwei Stellen nach hinten verschoben.

   Da nur eine Stelle hinter dem Komma vorhanden ist, muss noch eine **Null** angehängt werden.

3. $546{,}783 \cdot 0{,}01 = 5{,}46783$

   Zehnerpotenz kleiner als 1: das Komma wird um zwei Stellen nach vorne verschoben.

4. $98{,}1 \cdot 0{,}001 = 0{,}0981$

   Zehnerpotenz kleiner als 1: das Komma wird um drei Stellen nach vorne verschoben.

   Da nur zwei Stellen vor dem Komma vorhanden sind, muss noch eine **Null** nach dem Komma eingefügt werden.

104 Führe zu folgenden Multiplikationen Überschlagsrechnungen aus. Berechne anschließend das exakte Ergebnis.

a) $35{,}2 \cdot 7{,}21$ b) $529 \cdot 0{,}021$
c) $65{,}9 \cdot 3{,}41$ d) $7{,}65 \cdot 0{,}098$
e) $457{,}9 \cdot 34{,}78$ f) $0{,}0678 \cdot 4{,}35$
g) $5{,}067 \cdot 0{,}00245$ h) $789{,}32 \cdot 0{,}041$

105 Führe folgende Multiplikationen mit Zehnerpotenzen durch („Kommaverschieben“). Wenn du die Ergebnisse in die richtige Reihenfolge bringst, erhältst du ein Lösungswort.

a) $4\,567{,}234 \cdot 100$ b) $465{,}23 \cdot 1\,000$
c) $734{,}23 \cdot 10$ d) $4\,523{,}4 \cdot 0{,}01$
e) $875{,}23 \cdot 0{,}1$ f) $34{,}23 \cdot 0{,}001$
g) $9\,867{,}234 \cdot 10$ h) $765{,}23 \cdot 0{,}01$
i) $64{,}23 \cdot 1\,000$ j) $1\,167{,}234 \cdot 0{,}001$
k) $4{,}6523 \cdot 1\,000$ l) $7{,}3423 \cdot 0{,}1$

7,6523 O
87,523 E
45,234 N
456 723,4 Z
64 230 T
465 230 E
7 342,3 H
1,167234 E
4 652,3 N
0,03423 R
0,73423 Z
98 672,34 P

Lösungswort:

106 Ergänze, mit welcher Zahl multipliziert worden ist. Finde dazu das passende Puzzle-Teil.

a) 72,378 ·  = 7 237,8

b) 160,83 ·  = 1,6083

c) 1,2345 ·  = 12,345

d) 401,33 ·  = 401 330

e) 423 ·  = 0,0423

f) 821,14 ·  = 0,82114

107 Ein Teppichhändler sagt: „Dieser wertvolle Teppich hat eine Länge von 3,75 m und eine Breite von 2,5 m!“
Wie groß ist der Flächeninhalt des Teppichs?

108 Ein Stoffstück ist 3,4 cm lang und 72 mm breit.
Wie groß ist sein Flächeninhalt in cm^2?

109 Verena hat 25,50 €. Carmen sagt: „Ich hab das 2,3-Fache deines Betrages!“
Kann sich Carmen Jeans kaufen, die auf 61,50 € heruntergesetzt sind? Falls sie das nicht kann: Wie viel muss sie sich von Verena leihen?

4 Division von Dezimalzahlen

Nils und Jannik bereiten eine Überraschungsparty für ihren Freund Lukas vor. Sie überlegen, wen sie dazu einladen wollen und beschließen, dass sie noch fünf weitere Freundinnen und Freunde einladen, dann sind sie zu acht. Sie planen, wie viele Getränke sie brauchen werden. „Glaubst du, dass wir mit 6,5 Litern Saft auskommen?“, fragt Nils.

- Man dividiert eine Dezimalzahl **durch eine natürliche Zahl**, indem man so dividiert, wie es bei natürlichen Zahlen üblich ist. Wenn man die **Einerstelle** berechnet hat, setzt man das **Komma** und rechnet einfach weiter, indem man die nächste Stelle herunterschreibt.
- Man dividiert eine Zahl **durch eine Dezimalzahl**, indem man beide Zahlen so mit derselben **Zehnerpotenz multipliziert**, dass der **Divisor** eine **ganze Zahl** ist. Der Dividend kann nach der Multiplikation eine ganze Zahl oder eine Dezimalzahl sein. Danach führt man die Division aus.

Es kann wie bei der Umwandlung von Brüchen in Dezimalzahlen passieren, dass sich immer wieder dieselben Rechenschritte wiederholen. Man spricht hier ebenfalls von einer **periodischen Dezimalzahl** und schreibt über der Ziffer, die sich wiederholt, oder den Ziffern, die sich wiederholen, einen Querstrich möglichst bald hinter dem Komma.

Beispiele

1. $325,62 : 3 = 108,54$

$$\begin{array}{l} -3 \\ \overline{\;02} \\ \;-0 \\ \overline{\;\;25} \\ \;-24 \\ \overline{\;\;\;16} \\ \;\;-15 \\ \overline{\;\;\;\;12} \\ \;\;\;-12 \\ \overline{\;\;\;\;\;0} \end{array}$$

Das Komma wird gesetzt, sobald die Einerstelle berechnet wurde.

2. $17{,}2 : 3 = 5{,}733\ldots = 5{,}7\overline{3}$

$$\begin{array}{l} 17{,}2 : 3 \\ \underline{-15} \\ \;22 \\ \;\underline{-21} \\ \;\;\mathbf{10} \\ \;\underline{-9} \\ \;\;\mathbf{10} \end{array}$$

Der Rest 1 wiederholt sich immer wieder.

3. $32 : 1{,}6$

   Wenn der **Divisor** eine Nachkommastelle hat, multipliziert man beide Zahlen mit **10**:

   $\mathbf{320} : \mathbf{16} = 20$

4. $4{,}2348 : 0{,}12$

   Wenn der Divisor **zwei Nachkommastellen** hat, multipliziert man beide Zahlen mit **100**:

$$\begin{array}{l} \mathbf{423{,}48} : \mathbf{12} = 35{,}29 \\ \underline{-36} \\ \;63 \\ \;\underline{-60} \\ \;34 \\ \;\underline{-24} \\ \;108 \\ \;\underline{-108} \\ \;\;0 \end{array}$$

5. Führe die Überschlagsrechnung für die folgenden Divisionen aus.

   a) $34{,}5 : 0{,}21$

   b) $27{,}34 : 696{,}7$

   Lösung:

   a) $34{,}5 : 0{,}21 \approx \mathbf{30} : \mathbf{0{,}2} = \mathbf{300} : \mathbf{2} = 150$

   b) $27{,}34 : 696{,}7 \approx \mathbf{30} : \mathbf{700} \approx 0{,}04$

110 Führe die Überschlagsrechnung für folgende Divisionen aus. Führe anschließend die Divisionen aus. Runde dabei auf die zweite Nachkommastelle, falls die Division nicht davor glatt aufgeht.

a) $78{,}34 : 5{,}4$

b) $3{,}76 : 0{,}21$

c) $4\,598 : 3{,}2$

d) $45{,}92 : 32{,}1$

e) $0{,}35 : 0{,}72$

f) $2{,}87 : 0{,}015$

g) $34{,}5 : 3{,}21$

h) $92{,}54 : 1{,}7$

111 Die Ergebnisse der folgenden Divisionen sind periodische Dezimalzahlen. Gib diese in der Schreibweise mit dem Querstrich an.

a) $470 : 6{,}6$ b) $25{,}3 : 3{,}6$

c) $340 : 0{,}99$ d) $7{,}85 : 4{,}5$

112 Der Flächeninhalt eines Raumes beträgt 9,1 m^2. Man kennt seine Länge, die 3,25 m beträgt, aber nicht die Breite.
Wie breit ist dieser Raum?

113 Pia sammelt Fußballkarten während der Weltmeisterschaft. Ein Päckchen kostet 45 Cent. Sie hat 13,44 € gespart.
Wie viele Päckchen kann sie davon kaufen? Wie viel Geld bleibt übrig?

114 Wie viele Becher, die 0,25 Liter fassen, kann man mit 7,8 Litern ganz füllen? Wie viel bleibt für einen weiteren Becher übrig?

5 Vorteilhaftes Rechnen – Umwandeln in vorteilhafte Darstellung

Eva und Marion rechnen ihre Hausaufgaben. „Das dauert ja ewig!“, beschwert sich Marion. Marion fragt sich, wie Eva es bloß geschafft hat, so viel schneller als sie zu sein?

Man spart oft Zeit, wenn man Brüche in Dezimalzahlen und umgekehrt umwandelt. Man kann auch **periodische Dezimalzahlen** in Brüche umwandeln.

> Wenn die Periode direkt nach dem Komma beginnt, gibt die Länge der Periode die Anzahl der **Ziffer 9 im Nenner** an.

Beispiele

1. $1,\overline{8} = 1\frac{8}{\mathbf{9}} = \frac{17}{9}$

Periodenlänge 1: Hier ist der Nenner 9, der Zähler ergibt sich aus der Periode.

2. $2,\overline{32} = 2\frac{32}{\mathbf{99}} = \frac{230}{99}$

Periodenlänge 2: Hier ist der Nenner 99, der Zähler ergibt sich aus der Periode.

> - **Addition** und **Subtraktion** lassen sich leichter für **Dezimalzahlen** berechnen.
> - **Multiplikation** und **Division** lassen sich leichter für **Brüche** berechnen.

Beispiel

Eva und Marion müssen folgende Terme berechnen.
Wie geht es am schnellsten?

a) $7\frac{1}{4} + \frac{5}{3} - 21\,\% - 2,45$

b) $5,43 : 2,5 - 45\,\% \cdot \frac{2}{9}$

Lösung:

a) $7\frac{1}{4} + \frac{5}{3} - 21\,\% - 2,45$

$= \mathbf{7,25} + \mathbf{1,\overline{6}} - \mathbf{0,21} - 2,45$

$= 8,91\overline{6} - 2,66$

$= 6,25\overline{6}$

Additionen und Subtraktionen lassen sich schnell in Dezimalschreibweise lösen.

b) $5{,}43 : 2{,}5 - 45\,\% \cdot \frac{2}{9} = \mathbf{\frac{543}{100}} : \mathbf{\frac{25}{10}} - \mathbf{\frac{45}{100}} \cdot \frac{2}{9}$

$= \frac{543}{100} \cdot \frac{10}{25} - \frac{5}{100} \cdot \frac{2}{1}$

$= \frac{543}{250} - \frac{10}{100}$

$= \frac{2\,172}{1\,000} - \frac{1}{10}$

$= \mathbf{2{,}172 - 0{,}1}$

$= 2{,}072$

Multiplikationen und Divisionen lassen sich schnell in Bruchschreibweise lösen.

Die anschließende Subtraktion bietet sich in Dezimalschreibweise an.

115 Wandle die periodischen Dezimalzahlen in einen Bruch um.

a) $7{,}\overline{23}$ b) $2{,}\overline{5}$

c) $2{,}\overline{14}$ d) $3{,}\overline{212}$

116 Berechne die folgenden Additionen und Subtraktionen möglichst vorteilhaft.

a) $\frac{2}{9} - \frac{5}{4} + 178\,\%$ b) $\frac{7}{20} - \frac{5}{33}$

c) $\frac{59}{8} - 3{,}5 + \frac{1}{5}$ d) $14\,\% + \frac{5}{6} - \frac{1}{12}$

117 Berechne die folgenden Multiplikationen und Divisionen möglichst vorteilhaft.

a) $3{,}4 \cdot \frac{5}{17}$ b) $5{,}1 : \frac{17}{2}$

c) $34\,\% : \frac{2}{5}$ d) $\frac{7}{8} \cdot 3{,}2$

118 Berechne folgende Rechnungen möglichst vorteilhaft.

a) Was hättest du lieber als Taschengeld: zwei Drittel von 33 € oder drei Siebtel von 49 €?

✳ b) „Von unseren Keks-Packungen haben wir erst ein Viertel, dann ein Zehntel und schließlich drei Fünftel verbraucht. Nun sind nur noch 2 Packungen übrig!“, bemerkt Thomas im Skilager.
Wie viele Packungen waren es ursprünglich?

✳ c) Ein Quadrat hat die Seitenlänge $s = 4{,}5$ cm.
Wie groß ist sein Flächeninhalt? Wie viel kleiner ist der Flächeninhalt eines Rechtecks, das entsteht, wenn man eine Seite des Quadrats um ein Drittel verkürzt und die andere um ein Viertel verlängert?

6 Vermischte Aufgaben

119 Berechne die Produkte.

a) $\frac{14}{15} \cdot \frac{20}{21}$

b) $\frac{5}{14} \cdot 32\,\%$

c) $2{,}8 \cdot \frac{15}{49}$

d) $2{,}76 \cdot 3{,}7$

120 Berechne die Quotienten.

a) $\frac{14}{15} : \frac{20}{21}$

b) $\frac{21}{25} : 35\,\%$

c) $2{,}1 : \frac{14}{48}$

d) $2{,}76 : 3{,}2$

121 Berechne folgende Terme vorteilhaft.

a) $3\frac{1}{4} \cdot \left(\frac{1}{26} + 0{,}5\right) : \frac{5}{6}$

b) $2 \cdot \frac{5}{4} \cdot \left[\left(\frac{2}{3}\right)^2 + \frac{2^2}{3}\right]$

c) $2{,}4 \cdot \frac{7}{18} + 5{,}726$

d) $17\,\% \cdot \frac{5}{34} + 8{,}92$

122 Überlege und berechne.

a) Das Produkt zweier Brüche ist $\frac{9}{7}$. Ein Faktor ist $\frac{3}{4}$. Welcher Bruch ist der andere Faktor?

b) Der Quotient zweier Brüche ist $\frac{1}{10}$, der Dividend ist $\frac{3}{4}$. Welcher Bruch ist der Divisor?

c) Das Produkt zweier Dezimalzahlen ist 23,358. Ein Faktor ist 3,4. Was ist der andere Faktor?

d) Der Quotient zweier Dezimalzahlen ist 3,76, dabei war der Divisor 2,5. Welche Zahl war der Dividend?

123 Im Supermarkt liegt ein $2\frac{1}{4}$ kg schweres Stück Rindfleisch. Der Verkäufer schneidet ein Drittel davon ab und schneidet das in 6 gleich schwere Teile. 1 kg dieses Fleisches kostet € 18,90. Frau Huber nimmt 4 von den sechs Stücken. Wie viel muss sie bezahlen?

Rationale Zahlen

1 Die Menge der rationalen Zahlen

Maria unterhält sich mit ihrem kleinen Bruder Tom, der in die fünfte Klasse geht. Er erzählt voller Stolz: „Ich kenne jetzt schon zwei Zahlenmengen: die natürlichen Zahlen und die ganzen Zahlen! Du kennst sicher auch nicht mehr!“ Maria denkt an die Brüche und die Dezimalzahlen.

- Die Menge aller Zahlen, die man als Bruch darstellen kann, bezeichnet man als **rationale Zahlen**.
- Zu den rationalen Zahlen gehören ebenfalls alle natürlichen Zahlen, alle ganzen Zahlen sowie alle endlichen und periodischen Dezimalzahlen.
- Von zwei rationalen Zahlen ist immer diejenige größer, die am Zahlenstrahl weiter rechts steht.

Beispiel

Welche Zahlen sind größer?

a) $\frac{7}{9}$ oder 0,78?

b) 268 % oder $\frac{68}{25}$?

c) −3,5 oder $-\frac{26}{8}$?

Lösung:
Zuerst überlegt man, welche Darstellungsform für die Zahlen geschickt gewählt werden sollte. Generell ist die **Darstellung als Dezimalzahl** einfacher für Größenvergleiche.
Dann wandelt man alle Zahlen in Dezimalzahlen um. Beim Vergleich von Dezimalzahlen reicht es, die **erste unterschiedliche Ziffer** zu vergleichen.

a) $\frac{7}{9} = 0,\overline{7} = 0,77\ldots$

$0,77\ldots < 0,78$

Daher gilt:

$\frac{7}{9} < 0,78$

Bei positiven Zahlen ist jene größer, die weiter von 0 entfernt ist, also weiter rechts steht.

b) $268\,\% = 2{,}68$

$\frac{68}{25} = 2\frac{18}{25} = 2\frac{72}{100} = 2{,}72$

$2{,}68 < 2{,}72$

Daher gilt:

$268\,\% < \frac{68}{25}$

c) $-\frac{26}{8} = -3\frac{2}{8} = -3\frac{1}{4} = -3{,}25$

$-3{,}5 < -3{,}25$

Daher gilt:

$-3{,}5 < -\frac{26}{8}$

Bei negativen Zahlen ist jene größer, die weniger weit von 0 entfernt ist, also weiter rechts steht.

124 Welche der folgenden rationalen Zahlen sind ganze Zahlen, welche davon sind auch natürliche Zahlen?

$-\frac{15}{3}$; $-2{,}5$; $-200\,\%$; $\frac{0}{12}$; $\frac{7}{2}$; $\frac{24}{8}$; $\frac{40}{10}$; $\frac{60}{5}$; $7{,}8$

125 Ordne die folgenden Zahlen der Größe nach. Beginne mit der kleinsten Zahl und du erhältst jeweils ein Lösungswort.

a)

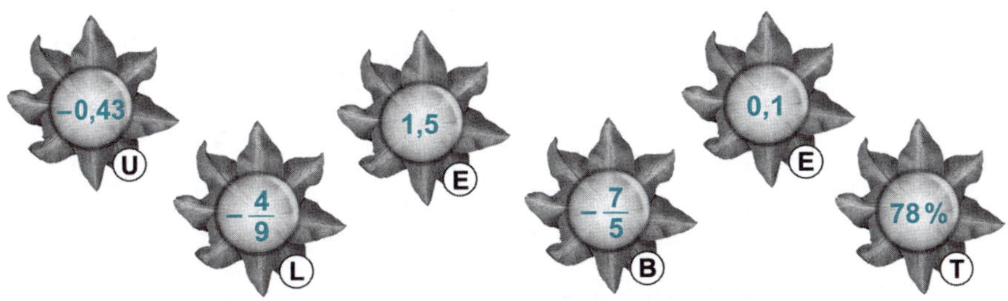

b)

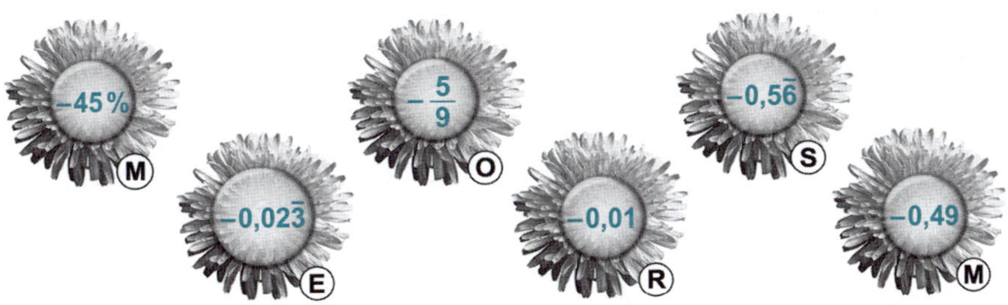

126 Gib jeweils eine Zahl an, die zwischen den beiden genannten Zahlen liegt.

a)

b)

c)

d)

127 Gib jeweils die nächste ganze Zahl an, die kleiner als die gegebene Zahl ist.

a) 3,45
b) –5,6
c) $-\frac{63}{2}$
d) 45 %

128 Gib jeweils die nächste ganze Zahl an, die größer als die gegebene Zahl ist.

a) –2,45
b) 4,6
c) $-\frac{39}{2}$
d) –86 %

129 Trage die folgenden Zahlen auf einem Zahlenstrahl ein. Wähle dazu einen geeigneten Maßstab.

a) –3,4; –1,5; 1,8
b) 5,233; 5,23; 5,235

2 Rechnen mit rationalen Zahlen

Maria grinst ihren kleinen Bruder Tom an: „Stimmt nicht, ich kenne eine Menge mehr: die rationalen Zahlen!" „Und was kannst du mit denen groß machen, was ich nicht auch kann?", fragt Tom. „Dividieren ohne Rest!", antwortet Maria schlagfertig.

Für das Rechnen mit rationalen Zahlen gelten dieselben Rechenregeln wie für das Rechnen mit ganzen Zahlen.

Addition und Subtraktion

- Zwei rationale Zahlen mit **demselben Vorzeichen** werden addiert, indem man ihre Beträge addiert und das Vorzeichen übernimmt.
- Zwei rationale Zahlen mit **unterschiedlichen Vorzeichen** werden addiert, indem man den kleineren Betrag vom größeren subtrahiert und das Vorzeichen des größeren Betrags übernimmt.
- Eine rationale Zahl subtrahiert man, indem man ihre **Gegenzahl addiert**.

Beispiele

1. $\frac{7}{9}+\frac{4}{3}=\left(+\frac{7}{9}\right)+\left(+\frac{4}{3}\right)=+\left(\frac{7}{9}+\frac{12}{9}\right)=+\frac{19}{9}$
2. $-5{,}32+(-1{,}4)=(-5{,}32)+(-1{,}4)=-(5{,}32+1{,}4)=-6{,}72$
3. $\frac{1}{4}+\left(-\frac{3}{8}\right)=\left(+\frac{1}{4}\right)+\left(-\frac{3}{8}\right)=-\left(\frac{3}{8}-\frac{2}{8}\right)=-\frac{1}{8}$
4. $-1{,}2+1{,}8=(-1{,}2)+(+1{,}8)=+(1{,}8-1{,}2)=+0{,}6$
5. $3{,}45-(-4{,}5)=(+3{,}45)-(-4{,}5)=(+3{,}45)+(+4{,}5)=+7{,}95$
6. $6{,}2-(+2{,}4)=(+6{,}2)-(+2{,}4)=(+6{,}2)+(-2{,}4)=+(6{,}2-2{,}4)=3{,}8$

Multiplikation und Division

- Zwei rationale Zahlen multipliziert/dividiert man, indem man ihre **Beträge multipliziert/dividiert** und die Vorzeichenregel beachtet:
  Bei **gleichen Vorzeichen** erhält das Produkt/der Quotient das Vorzeichen +, bei **unterschiedlichen Vorzeichen** setzt man im Ergebnis ein –.
- **Doppelbrüche** sind eine Möglichkeit, eine Division von rationalen Zahlen aufzuschreiben, die Vorzeichenregel gilt auch hier.

Beispiele

1. $\frac{4}{7}\cdot\frac{3}{2}=\left(+\frac{4}{7}\right)\cdot\left(+\frac{3}{2}\right)=+\frac{6}{7}$

2. $-5{,}1\cdot 2{,}2=(-5{,}1)\cdot(+2{,}2)=-11{,}22$

3. $-\frac{4}{3}:(-6)=\left(-\frac{4}{3}\right):(-6)=\left(-\frac{4}{3}\right)\cdot\left(-\frac{1}{6}\right)=+\frac{2}{9}$

4. $5{,}1:(-0{,}17)=(+5{,}1):(-0{,}17)=-30$

5. $\frac{-\frac{3}{4}}{-\frac{5}{6}}=\left(-\frac{3}{4}\right):\left(-\frac{5}{6}\right)=\left(-\frac{3}{4}\right)\cdot\left(-\frac{6}{5}\right)=+\frac{9}{10}$

6. $\frac{\frac{5}{7}}{-2}=\frac{5}{7}:(-2)=\frac{5}{7}\cdot\left(-\frac{1}{2}\right)=-\frac{5}{14}$

7. $\frac{9}{\frac{3}{2}}=9:\frac{3}{2}=9\cdot\frac{2}{3}=+6$

Beim Rechnen mit rationalen Zahlen gelten ebenfalls die Rechengesetze wie bei den ganzen Zahlen. Dadurch können eventuelle Rechenvorteile genutzt werden.

- **Kommutativgesetz**:
  $a+b=b+a$ Spezialfall: $a-b=-b+a$
  $a\cdot b=b\cdot a$
- **Assoziativgesetz**:
  $(a+b)+c=a+(b+c)$
  $(a\cdot b)\cdot c=a\cdot(b\cdot c)$
- **Distributivgesetz**:
  $a\cdot(b+c)=a\cdot b+a\cdot c$ $(a+b)\cdot c=a\cdot c+b\cdot c$
  $a\cdot(b-c)=a\cdot b-a\cdot c$ $(a-b)\cdot c=a\cdot c-b\cdot c$
  $(a+b):c=a:c+b:c$
  $(a-b):c=a:c-b:c$

Beispiele

1. $4{,}5+7{,}2=\mathbf{7{,}2}+\mathbf{4{,}5}=11{,}7$

2. $\left(\frac{9}{4}\right)\cdot\left(-\frac{7}{6}\right)=\left(-\frac{7}{6}\right)\cdot\left(\frac{9}{4}\right)=-\frac{21}{8}$

3. $\frac{5}{7}-3{,}5+\frac{2}{7}-4{,}5=\frac{5}{7}+\frac{2}{7}\mathbf{-3{,}5-4{,}5}=\left(\frac{5}{7}+\frac{2}{7}\right)-3{,}5-4{,}5=1-8=-7$

4. $(3{,}2+1{,}6)\mathbf{:0{,}8}=3{,}2\mathbf{:0{,}8}+1{,}6\mathbf{:0{,}8}=4+2=6$

5. $\left(\frac{4}{5}-\frac{1}{3}\right)\cdot 15=\frac{4}{5}\mathbf{\cdot 15}-\frac{1}{3}\mathbf{\cdot 15}=12-5=7$

6. Dividiere die Summe aus $-\frac{3}{4}$, $\frac{5}{6}$ und $-\frac{3}{2}$ durch die Differenz von 3,2 und −1,8.

Lösung:

$\left(-\frac{3}{4}+\frac{5}{6}-\frac{3}{2}\right):(3{,}2-(-1{,}8))$ Ordne die Glieder. Achte auf die Rechenzeichen.

$=\left(\frac{5}{6}\mathbf{-\frac{3}{4}}-\frac{3}{2}\right):(3{,}2-(-1{,}8))$ Bringe die Nenner auf den Hauptnenner.

$=\left(\frac{10}{\mathbf{12}}-\frac{9}{\mathbf{12}}-\frac{18}{\mathbf{12}}\right):\left(\frac{32}{\mathbf{10}}-\left(-\frac{18}{\mathbf{10}}\right)\right)$ Eine rationale Zahl wird subtrahiert, indem die Gegenzahl addiert wird.

$=\left(\frac{10}{12}-\frac{9}{12}-\frac{18}{12}\right):\left(\frac{32}{10}\mathbf{+}\frac{18}{10}\right)$ Berechne die Subtraktion bzw. Addition in den Klammern.

$=\mathbf{-\frac{17}{12}}:\mathbf{\frac{50}{10}}$ Führe die Division aus, indem du mit dem Kehrbruch multiplizierst.

$=-\frac{17}{12}\mathbf{\cdot}\frac{10}{50}$ Kürze.

$=-\frac{17}{12}\cdot\frac{1}{5}$

$=-\frac{17}{60}$

130 Berechne die folgenden Terme. Beachte dabei die Vorzeichenregel der Strichrechnung.

a) $5{,}78-9{,}34$

b) $\frac{12}{35}+\frac{2}{3}-\frac{5}{7}-\frac{5}{6}$

c) $-2-\left(-\frac{7}{8}+\frac{4}{5}\right)$

d) $\frac{5}{7}-1+\frac{9}{7}$

e) $35\,\%+8{,}02-\frac{9}{8}$

f) $\frac{6}{35}-0{,}5+25\,\%$

131 Berechne die folgenden Terme. Beachte dabei die Vorzeichenregel der Punktrechnung.

a) $\frac{-7}{5} : \frac{8}{-15}$

b) $\frac{-15}{-4} \cdot \frac{8}{-25}$

c) $\frac{-\frac{5}{8}}{25}$

d) $\frac{-7}{-\frac{4}{3}}$

e) $\frac{\frac{-2}{3}}{\frac{5}{-6}}$

f) $0{,}25 \cdot (-2{,}5)$

g) $-7{,}8 : (-0{,}25)$

h) $\frac{3}{4} : (-0{,}2)$

132 Beachte die Rechengesetze und rechne geschickt.

a) $\frac{8}{31}-\frac{5}{32}-\frac{8}{31}$

b) $5\frac{3}{4}-\left(4{,}35-\frac{23}{25}\right):(-0{,}05)$

c) $-0{,}4\cdot\left(-\frac{5}{8}+28\ \%\right)-3\frac{1}{2}$

d) $-12:\left(3-\frac{5}{4}:3\right)$

✳ **133** Löse folgende Aufgaben.

a) Welche Zahl muss man von 4,5 subtrahieren, damit man das Ergebnis $-\frac{3}{4}$ erhält?

b) Welche Zahl muss man zu 5,2 addieren, damit die Summe der beiden Zahlen $-1\frac{2}{5}$ ist?

c) Durch welche Zahl muss man 3 dividieren, damit sich der Quotient $-\frac{5}{6}$ ergibt?

d) Mit welcher Zahl wird –5,6 multipliziert, wenn das Produkt $\frac{3}{5}$ ist?

✳ **134** Welche Zahl wird vom Tintenklecks bedeckt?

a) $-\frac{2}{3}\cdot(1{,}5+\quad\quad)=-\frac{2}{3}$

b) $\left(\frac{1}{4}-\frac{4}{9}\right)\cdot\left(\frac{2}{3}-\quad\quad\right)=0$

c) $5{,}2-\frac{4}{5}:\left(\quad\quad+\frac{7}{8}\right)=4{,}2$

d) $2{,}5+\quad\quad\cdot\left(\frac{2}{3}+\frac{3}{4}\right)=3{,}5$

3 Vermischte Aufgaben

135 Führe folgende Rechnungen im Kopf aus.

a) 25 % von $\frac{8}{15}$

b) $\frac{2}{3}$ von 6 h

c) $\frac{5}{8}$ von 8,8 kg

d) $\frac{4}{7}$ von 35 Minuten

136 Berechne schriftlich.

a) $\left(-\frac{5}{12}\right)\cdot\left(\frac{4}{-7}\right)$

b) $\frac{\frac{5}{-2}}{\frac{-35}{6}}$

c) $\frac{7}{3}:21\,\%$

d) $-15-25\cdot\left(\frac{3}{-5}\right)$

e) $\left(-\frac{5}{3}\right)^2-\frac{5^2}{3}$

f) $\left(-\frac{6}{25}\right):\left[\left(\frac{2}{5}\right)^2+\frac{3}{5}\right]$

137 Was ist größer bzw. mehr?

a) $\frac{2}{3}$ von –36 oder $-\frac{4}{5}$ von 35?

b) 35 % von 81 € oder $\frac{5}{9}$ von 51 €?

c) Das Dreifache von $\frac{7}{-5}$ oder das Doppelte von $\frac{-22}{9}$?

138 Beantworte die Fragen.

a) Liegt $\frac{5}{7}$ zwischen $\frac{1}{4}$ und 68 %?

b) Ist der um $\frac{2}{5}$ vermehrte Kehrbruch von $\frac{9}{4}$ größer als 0,89?

c) Welcher der Doppelbrüche hat den größten Wert: $\frac{\frac{-6}{7}}{15}$, $\frac{5}{\frac{-2}{3}}$, $\frac{-\frac{8}{5}}{\frac{2}{7}}$

* **139** „Wenn ich ein Drittel meiner Schulden und zwei Fünftel meiner Schulden bezahlt habe, dann muss ich noch immer 12 € zurückzahlen!", meint Cornelia. Wie hoch waren ihre Schulden anfangs?

Flächenberechnungen

1 Flächeninhalte von Quadrat und Rechteck

Martin möchte sein Zimmer komplett neu gestalten. Da er begeisterter Fußballfan ist, hätte er gerne den Boden seines Zimmers in den Farben seines Lieblingsvereins. Dazu möchte er rote und weiße Filzquadrate auslegen. Bevor er sich auf den Weg in den Baumarkt macht, überlegt Martin, wie viele solcher Quadrate er dafür braucht.

- Der Flächeninhalt eines **Quadrates** mit der Seitenlänge s beträgt $\mathbf{A = s^2}$.
- Der Flächeninhalt eines **Rechtecks** mit den Seitenlängen a und b beträgt $\mathbf{A = a \cdot b}$.

Beispiele

1. Die **Seitenlänge** des Quadrates beträgt $s = \mathbf{2\ cm}$.
   Für den Flächeninhalt des Quadrates gilt daher:
   $A = \mathbf{2\ cm \cdot 2\ cm} = 2 \cdot 2\ cm^2 = 4\ cm^2$

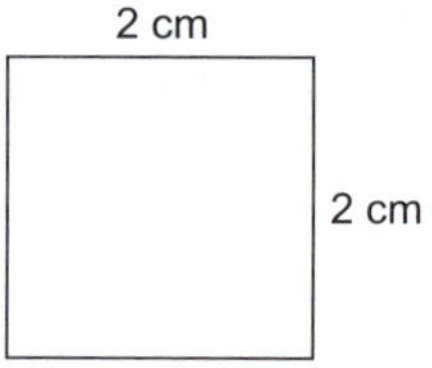

2. Die **Seiten** des Rechtecks sind **1,5 cm** und **3 cm** lang.
   Für den Flächeninhalt des Rechtecks gilt daher:
   $A = \mathbf{1{,}5\ cm \cdot 3\ cm} = 1{,}5 \cdot 3\ cm^2 = 4{,}5\ cm^2$

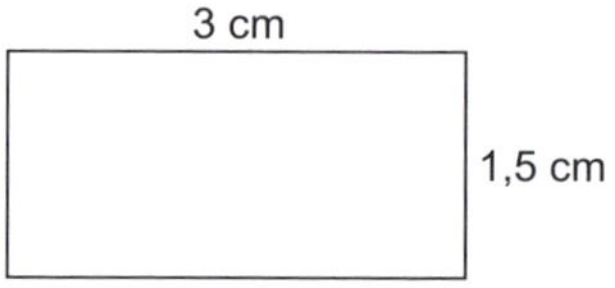

3. Martins Zimmer ist 3,5 m lang und 2,75 m breit. Jedes Quadrat hat einen Flächeninhalt von 4 dm^2.
   Wie viele rote und weiße Filzquadrate braucht Martin?

   Lösung:
   Zuerst muss berechnet werden, wie groß die **Seitenlänge eines Filzquadrates** ist. Es gilt:
   $A = s^2$
   Welche Zahl s ergibt das gesuchte s^2?
   $\mathbf{s^2 = 4\ dm^2}$
   $s = 2\ dm$ $\quad 2 \cdot 2 = 4$

Dann muss ermittelt werden, **wie viele Quadrate** in eine Reihe gelegt werden müssen, um die **Breite des Zimmers** genau auszulegen. Hierfür wird die Breite des Zimmers durch die Breite eines einzelnen Quadrats dividiert.

$2{,}75\text{ m} = 275\text{ cm}$
$2\text{ dm} = 20\text{ cm}$

Wandle die Einheiten passend um.

$\mathbf{275 : 20} = 13{,}75$

Für eine Reihe braucht Martin also 14 Quadrate, wobei beim letzten ein Rest übrig bleibt.

Anschließend wird berechnet, **wie viele solcher Reihen** er braucht, damit der Boden ganz mit Filzquadraten bedeckt ist. Dazu wird die Länge des Raumes durch die Länge eines Quadrates dividiert.

$3{,}5\text{ m} = 350\text{ cm}$ und $2\text{ dm} = 20\text{ cm}$

Auch hier musst du die Einheiten umwandeln.

$\mathbf{350 : 20} = 17{,}5$

Martin braucht also **17 ganze Reihen**. Für die **letzte Reihe halbiert** er jedes Quadrat, sodass er hier nur **7 Quadrate** braucht.

Die Anzahl der **insgesamt benötigten Quadrate** erhält man, indem man die Anzahl, die man für eine Reihe braucht, mit der Anzahl der Reihen multipliziert und die sieben Quadrate der letzten Reihe addiert.

$14 \cdot 17 + 7 = 238 + 7 = 245$

Er braucht insgesamt 245 Quadrate.

Das sind 123 weiße und 123 rote Quadrate (da er keine halben Quadrate kaufen kann).

Jeweils die Hälfte sind weiß bzw. rot.

140 Berechne den Flächeninhalt der folgenden Quadrate mit der Seitenlänge s.

a) $s = 0{,}5\text{ m}$ b) $s = 5{,}4\text{ cm}$

c) $s = 3\frac{1}{2}\text{ dm}$ d) $s = \frac{4}{3}\text{ m}$

141 Wie lang ist die Seitenlänge eines Quadrats, das den folgenden Flächeninhalt besitzt?

a) 144 cm^2 b) 81 mm^2

c) 49 m^2 d) 121 dm^2

142 Berechne den Flächeninhalt der folgenden Rechtecke.

a) $a = 4\text{ cm}, b = 7\text{ cm}$ b) $\ell = 2{,}5\text{ m}, b = 3\text{ m}$

c) $a = 17\text{ cm}, b = 2\text{ dm}$ d) $\ell = 25\text{ mm}, b = 1{,}2\text{ cm}$

143 Man weiß, dass ein Raum 12 m^2 groß ist.
Wie lang und wie breit könnte er sein, wenn man auch weiß, dass sowohl die Länge als auch die Breite ganzzahlig in Metern sind?

144 Ein Quadrat hat die Seitenlänge von 6 cm.
Gib dazu zwei Möglichkeiten für die Abmessungen eines Rechtecks an, dessen Flächeninhalt gleich groß ist.

145 Seraps Zimmer ist 4,2 m lang und 3,6 m breit. Sie möchte es abwechselnd mit Filzquadraten in rosa und hellgrau auslegen, wobei jedes Filzquadrat 9 dm^2 Flächeninhalt hat.
Wie viele Filzquadrate braucht sie von jeder Farbe?

2 Flächeninhalt des Parallelogramms

Emma und Mia machen in Hamburg Urlaub. Auf einer Hafenrundfahrt sehen sie Dockland, ein Bürogebäude, das in den Hamburger Hafen hineinragt. Die Seitenflächen haben die Form eines Parallelogramms und bestehen komplett aus Glas. „Was glaubst du, wie viele Quadratmeter Fensterglas müssen hier für diese Seite, die du siehst, geputzt werden?“, fragt Mia.

Um den Flächeninhalt eines Parallelogramms zu berechnen, stellt man folgende Überlegungen an:

Man legt ein Lot durch D auf die Seite a und zeichnet es genau zwischen der Seite a und c ein: Es ist die Höhe h_a auf die Seite a.

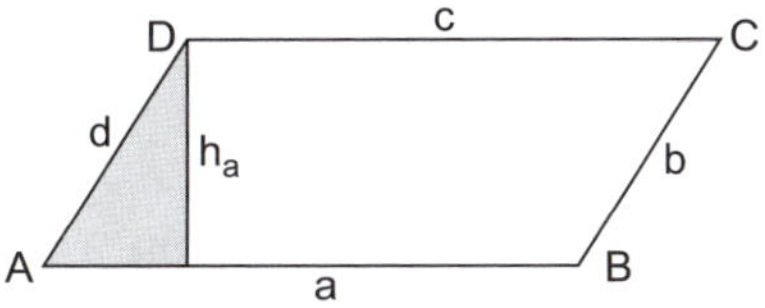

Man kann aus einem Parallelogramm leicht ein flächengleiches Rechteck machen.
Dazu muss man das grau gefärbte Dreieck links wegschneiden und rechts anfügen.
Das entstehende Rechteck ist farbig gekennzeichnet und hat den Flächeninhalt $A_{Rechteck} = a \cdot h_a$.

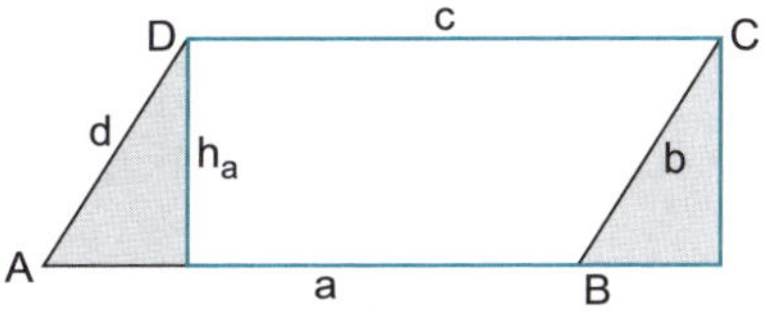

Für den Flächeninhalt des Parallelogramms gilt daher $A_{Parallelogramm} = a \cdot h_a$.
Durch ähnliche Betrachtungen erhält man auch $A_{Parallelogramm} = b \cdot h_b$.

Allgemein gilt für den Flächeninhalt eines Parallelogramms:
$A_{Parallelogramm}$ = Grundseite · Höhe

Beispiel

Im Prospekt stehen folgende Angaben: Dockland ist ein 25 m hohes Gebäude, das die die Form eines Parallelogramms hat. Am Boden ist es 92 m lang. Wie groß ist eine der beiden Seitenflächen?

Lösung:

$\mathbf{A = a \cdot h_a}$

Wenn du eine Fläche berechnen möchtest, schreibe erst die allgemeine Formel auf.

Einsetzen der Maße ergibt:

$A = \mathbf{92\ m \cdot 25\ m} = 2\,300\ m^2$

Die großen Seiten von Dockland, die die Form eines Parallelogramms haben, bestehen also aus einer $2\,300\ m^2$ großen Glasfläche.

146 Berechne den Flächeninhalt der folgenden Parallelogramme.

a) $a = 6$ cm, $h_a = 5{,}7$ cm

b) $b = 3{,}2$ dm, $h_b = 1{,}5$ cm

c) $a = 1{,}6$ m, $h_a = 8$ dm

d) $b = 4{,}2$ cm, $h_b = 28$ mm

147 Zeichne die Punkte A(–2 | –2), B(3 | –2), C(1 | 2) und D(–4 | 2) in ein Koordinatensystem.
Verbinde sie zu einem Parallelogramm und berechne dessen Flächeninhalt nach der Formel $A = a \cdot h_a$.

148 Zeichne folgendes Parallelogramm: $a = 6$ cm, $\alpha = 30°$, $b = 8$ cm. Zeichne die Höhe h_a durch den Punkt B ein und miss sie ab.
Berechne den Flächeninhalt des Parallelogramms.

149 Zeichne folgendes Parallelogramm: $a = 4$ cm, $\alpha = 120°$, $b = 7$ cm. Zeichne die Höhe h_b durch den Punkt A ein und miss sie ab.
Berechne den Flächeninhalt des Parallelogramms.

150 Zeichne zwei Parallelogramme mit $a = 5$ cm und $b = 7$ cm. Bei dem einen ist $\alpha = 40°$ und bei dem anderen $\alpha = 85°$.
Schätze, welches Parallelogramm den größeren Flächeninhalt hat.
Zeichne in beide Parallelogramme die Höhe h_a durch D ein und miss sie jeweils ab.
Berechne die beiden Flächeninhalte und vergleiche.

3 Flächeninhalte von Dreieck und Trapez

Im Hamburger Hafen sehen Mia und Emma auch die Regina Maris, einen beeindruckenden Dreimaster. Die Reiseleitung erzählt ihnen, dass die Regina Maris 600 m^2 Segelfläche vor den Wind bringt. Erstaunt stellen sie fest, dass das Schiff dreieckige Segel hat, aber auch solche, die trapezförmig sind.

Um den Flächeninhalt eines Dreiecks zu berechnen, genügt eine einfache Überlegung:
Jedes Dreieck ist ein halbes Parallelogramm, wie man an den Zeichnungen gut erkennen kann.

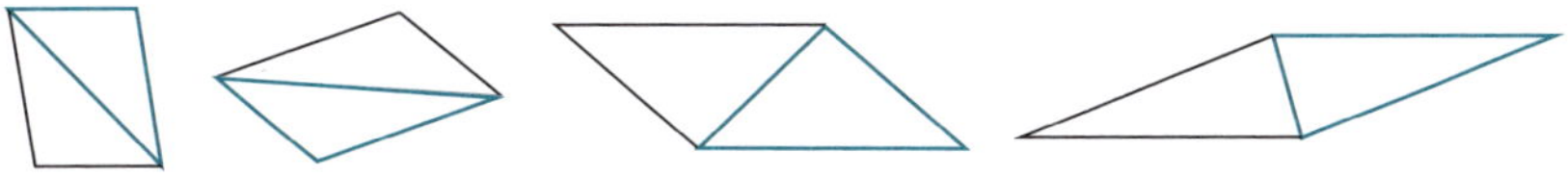

Für den Flächeninhalt eines Dreiecks gilt:

$$A_{Dreieck} = \frac{1}{2} \cdot \text{Grundseite} \cdot \text{Höhe}$$

Man kann jede Seite mit ihrer dazugehörigen Höhe kombinieren. So erhält man drei Flächenformeln und kann immer diejenige anwenden, die man möchte.

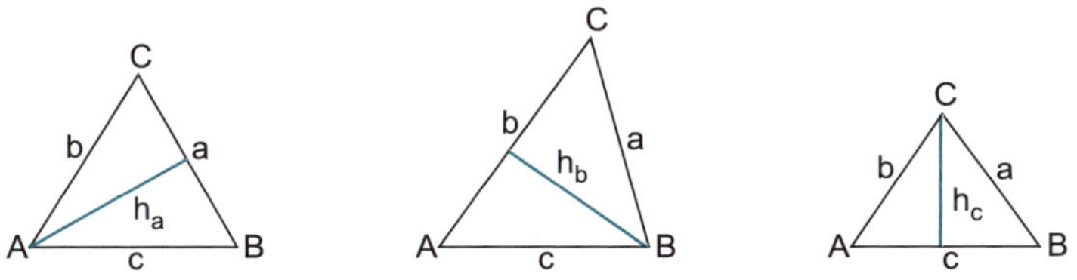

$A_{Dreieck} = \frac{1}{2} \cdot a \cdot h_a$ $A_{Dreieck} = \frac{1}{2} \cdot b \cdot h_b$ $A_{Dreieck} = \frac{1}{2} \cdot c \cdot h_c$

Auch das Trapez ist ein halbes Parallelogramm, was die folgende Überlegung zeigt:

Man fügt das Trapez auf den Kopf gestellt an sich selbst an, wodurch ein Parallelogramm entsteht. Die Höhe des Parallelogramms ist h. Dieses Parallelogramm hat die zugehörige Grundseitenlänge a + c.

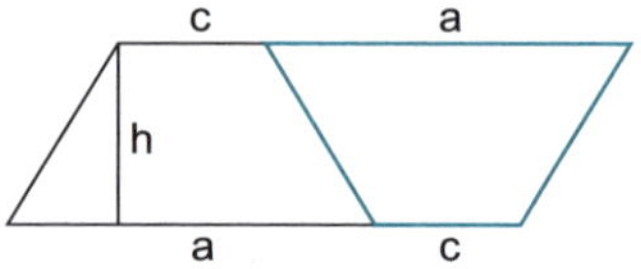

Für den Flächeninhalt eines Trapezes mit den parallelen Seiten a und c gilt:

$$A_{Trapez} = \frac{(a+c) \cdot h}{2}$$

Beispiele

1. Zeichne ein Dreieck mit den Eckpunkten A(–4 | –2), B(3 | –1) und C(1 | 3) und die Höhe h_c ins Koordinatensystem. Miss die wichtigen Längen ab und berechne den Flächeninhalt des Dreiecks.

   Lösung:

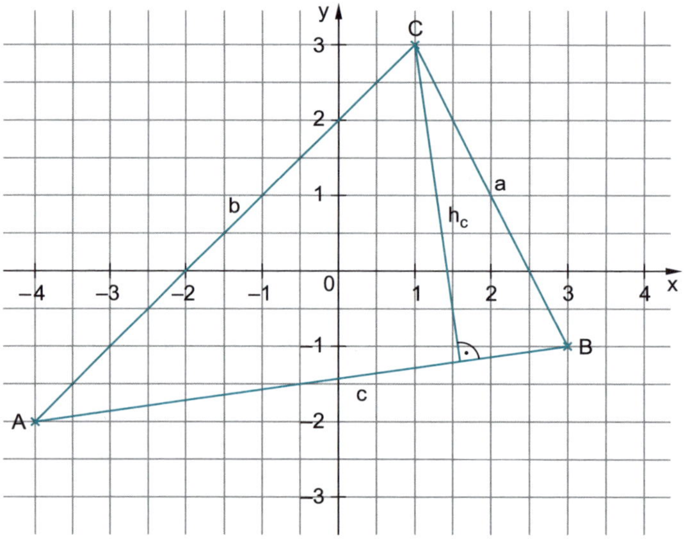

$$A = \frac{1}{2} \cdot c \cdot h_c = \frac{1}{2} \cdot 7{,}1\,\text{cm} \cdot 4{,}2\,\text{cm} = \frac{1}{2} \cdot 29{,}82\,\text{cm}^2 = 14{,}91\,\text{cm}^2$$

2. Zeichne ein Trapez mit den Eckpunkten A(–4 | –3), B(2 | –3), C(1 | 2) und D(–2 | 2) ins Koordinatensystem. Miss die wichtigen Längen ab und berechne den Flächeninhalt des Trapezes.

Lösung:

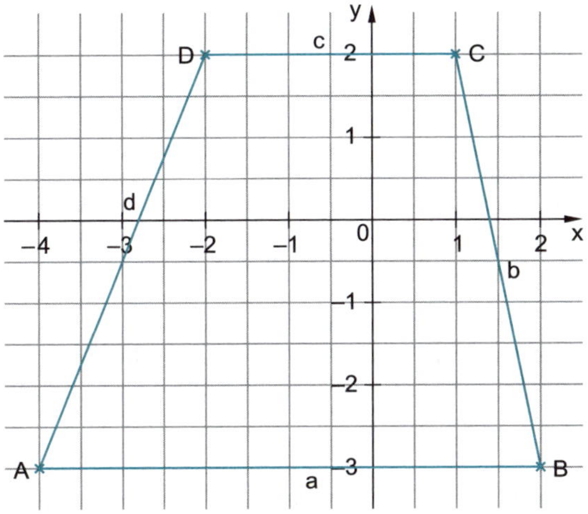

Abmessen der Längen ergibt:
$a = 6\text{ cm}, c = 3\text{ cm}, h = 5\text{ cm}$

Durch Einsetzen in die Formel erhält man den Flächeninhalt:

$$A = \frac{(\mathbf{6\ cm + 3\ cm}) \cdot \mathbf{5\ cm}}{2} = \frac{9\text{ cm} \cdot 5\text{ cm}}{2} = \frac{45}{2}\text{ cm}^2 = 22{,}5\text{ cm}^2$$

151 Schreibe die Formel, die du brauchst, auf und berechne den Flächeninhalt des Dreiecks aus den jeweiligen Abmessungen.

a) $a = 5\text{ cm}, h_a = 3\text{ cm}$

b) $c = 5{,}2\text{ dm}, h_c = 2{,}7\text{ dm}$

c) $b = 28\text{ mm}, h_b = 2{,}4\text{ cm}$

152 Zeichne das Dreieck ABC in ein Koordinatensystem (1 LE ≙ 1 cm), miss die gefragten Längen ab und berechne den Flächeninhalt des Dreiecks.

a) A(–2 | –4), B(2 | –4) und C(1 | 3), gesucht sind die Längen der Seite c und der Höhe h_c.

b) A(–1 | –2), B(3 | –3) und C(3 | 2), gesucht sind die Längen der Seite a und der Höhe h_a.

c) A(–2 | 1), B(3 | 2) und C(–2 | 4), gesucht sind die Längen der Seite b und der Höhe h_b.

153 Berechne jeweils den Flächeninhalt eines Trapezes mit den folgenden Abmessungen.

a) $a = 45$ mm, $c = 2{,}3$ cm, $h = 4$ cm

b) $a = 56$ dm, $c = 3{,}8$ m, $h = 480$ cm

154 Emma und Mia kennen Segelschiffe auch vom Ammersee. Dort hat das Boot ihrer Freunde ein trapezförmiges Segel mit den Maßen $a = 3{,}5$ m, $c = 2{,}5$ m und $h = 3$ m.
Wie groß ist die Segelfläche dieses Bootes?

155 Von einem Dreieck kennt man die Längen der Seiten $a = 5$ cm, $b = 3$ cm, den Umfang $U = 12$ cm und den Flächeninhalt $A = 6\ \text{cm}^2$.
Berechne die Seite c und die drei Höhen.

156 Von einem Trapez kennt man den Flächeninhalt $A = 14\ \text{cm}^2$, a ist 5,8 cm lang, c nur 2,2 cm.
Wie lang muss die Höhe von diesem Trapez sein?

4 Schrägbilder und Netze

Jule zeichnet ein Haus, als ihr ihre jüngere Schwester Finja über die Schulter schaut. „So toll möchte ich auch zeichnen können!“, meint Finja. Jule freut sich über die Bewunderung, mit der ihre Schwester sie anschaut. Da macht es auch gleich noch einmal so viel Spaß, das Haus schön anzumalen.

Schrägbild

- Wenn man ein Schrägbild zeichnet, werden Länge und Höhe in ihrer wahren Länge waagrecht und senkrecht gezeichnet.
- Die Breite wird schräg nach hinten, sehr häufig in einem Winkel von 45°, und etwas kürzer eingezeichnet. Dadurch entsteht der räumliche Eindruck.
- Zusätzlich werden nicht sichtbare Seiten gestrichelt eingezeichnet.
- Wenn kein anderes Verkürzungsverhältnis angegeben ist, können die Karos im Heft zu Hilfe genommen werden: für jeden Zentimeter der Länge b geht man quer durch ein Kästchen.

Netz

- Wenn man das Netz eines Körpers zeichnen soll, denkt man sich diesen entlang der Kanten so aufgeschnitten, dass man alle seine Seiten in die Zeichenebene klappen kann.
- Man zeichnet für das Netz alle Seiten in wahrer Länge.

Beispiele

1. Zeichne das Schrägbild und das Netz eines Quaders mit $\ell = 2$ cm, $b = 1$ cm und $h = 1{,}5$ cm.

   Lösung:
   Schrägbild:
   Die **Länge** und die **Höhe** werden in **wahrer Länge** eingezeichnet.
   Die **Breite** wird um 45° nach hinten geneigt eingezeichnet und hat die Länge **einer Diagonalen der Karos**.

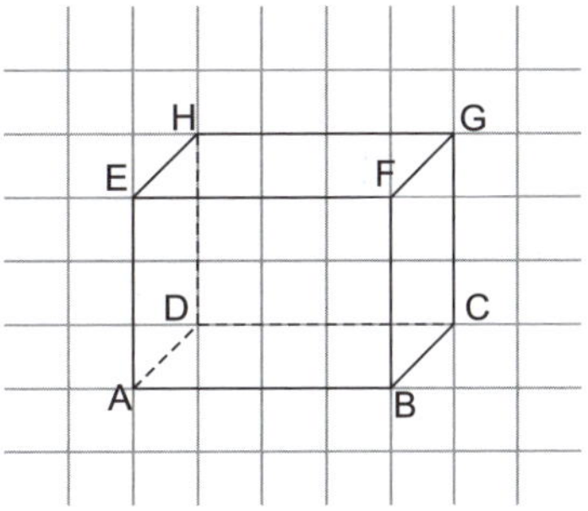

Netz:
Der Körper kann entlang seiner Kanten aufgeklappt werden:

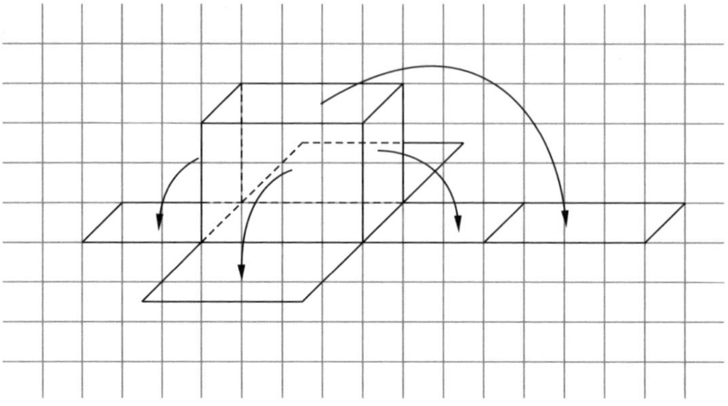

Damit erhält man das Netz des Quaders:

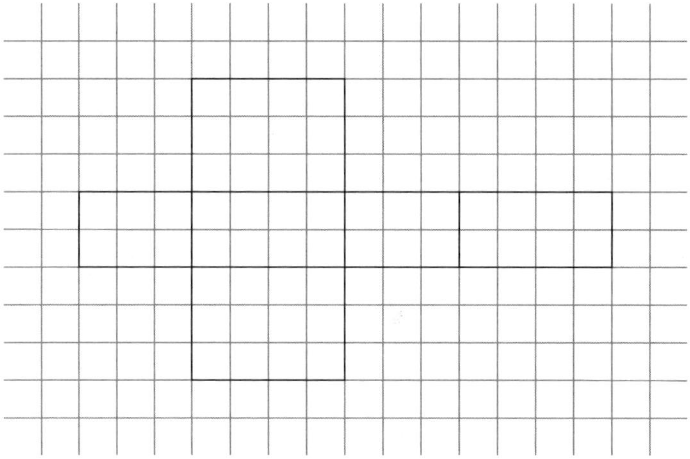

2. Hier siehst du einen Körper von vorne und von der Seite.
Zeichne sein Schrägbild und sein Netz.

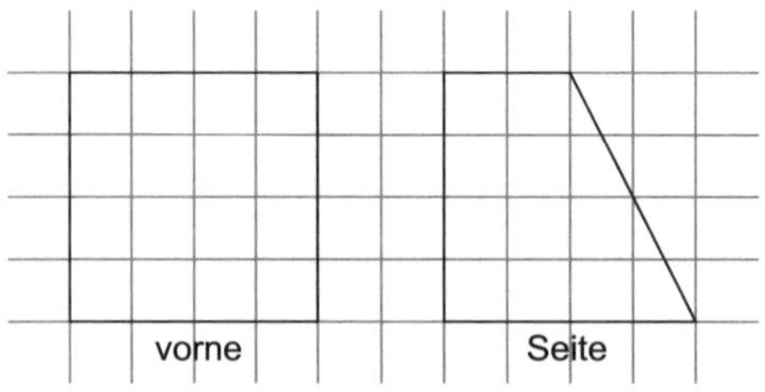

Lösung:
Das Schrägbild wird gezeichnet, indem man die **Vorderansicht übernimmt** und die **Seitenansicht schräg und verkürzt** zeichnet.

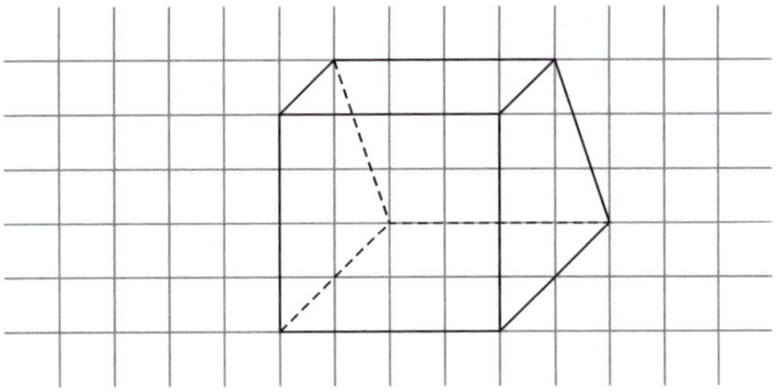

Für das Netz stellt man sich alle Seiten in die Zeichenebene geklappt vor, alle Längen werden in **wahrer Größe** gezeichnet.
Die **Länge der schrägen Kante** der Rückseite muss **abgemessen** werden.

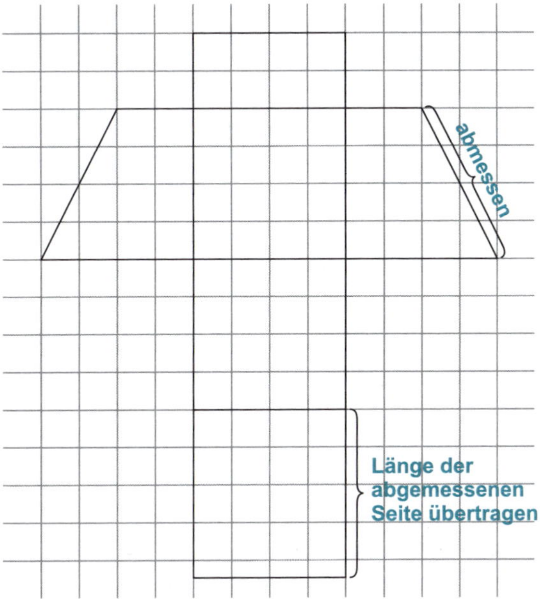

157 Zeichne folgende Schrägbilder.

a) Ein Würfel hat eine Kantenlänge von s = 3 cm.

b) Ein Quader hat die Länge a = 4 cm, die Breite b = 3 cm und die Höhe h = 2,5 cm.

c) Eine Pyramide hat eine quadratische Grundfläche mit s = 3 cm und die Höhe von h = 4 cm.

158 Zeichne von folgenden Figuren, die man hier von vorne und von der Seite sieht, ein Schrägbild.

a)

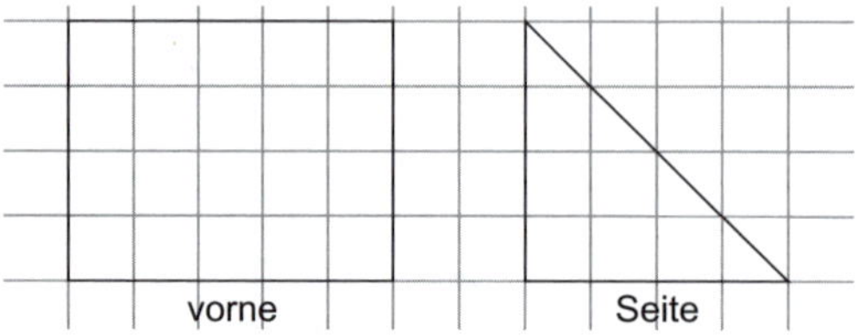

b)

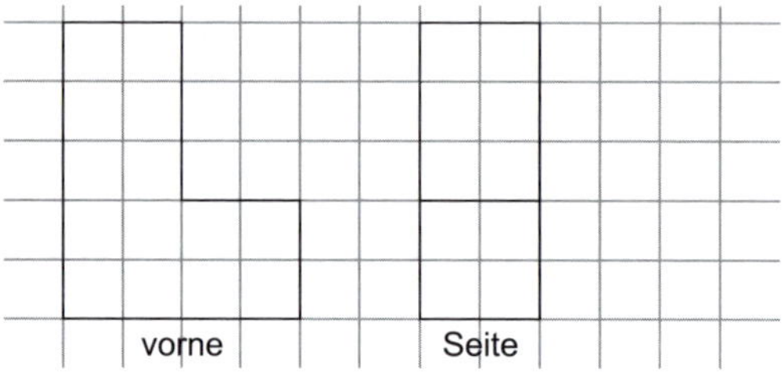

c)

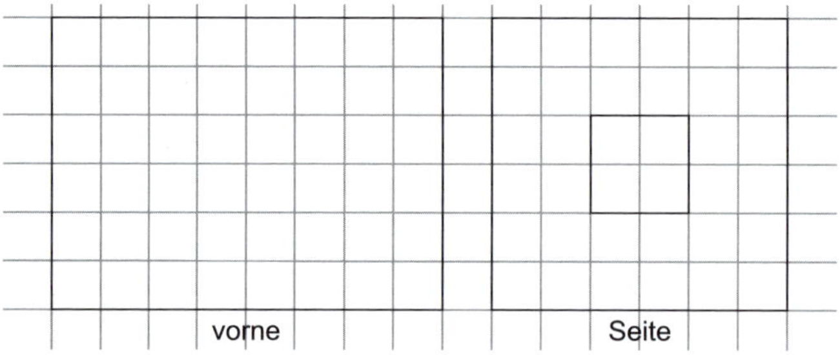

159 Zeichne folgende Netze.

a) Würfel mit Kantenlänge s = 1,5 cm

b) Quader mit Länge a = 3 cm, Breite b = 3,5 cm und Höhe h = 2,5 cm

160 Man sieht hier das Netz von Körpern. Zeichne ihr Schrägbild.

a)

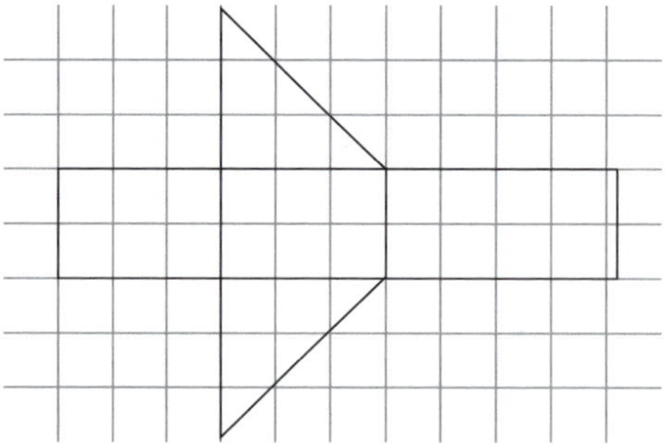

b)

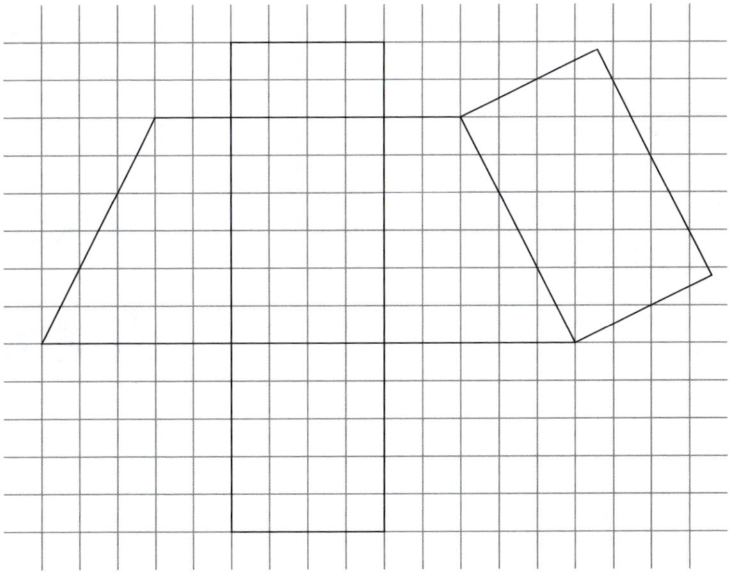

161 Folgende Körper sieht man hier von vorne und von der Seite.
Zeichne ein Schrägbild von ihnen und zeichne ihr Netz.

a)

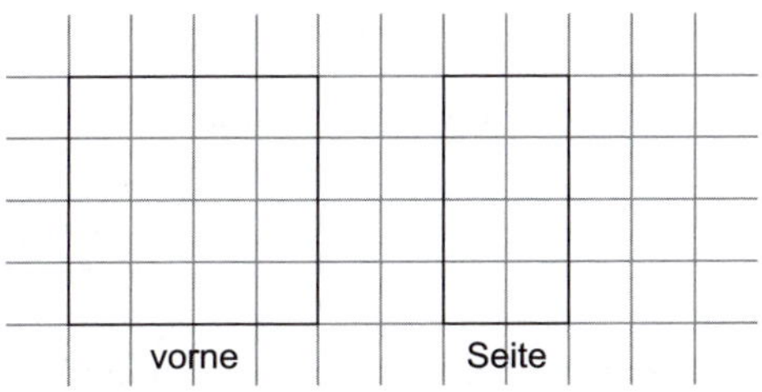

b)

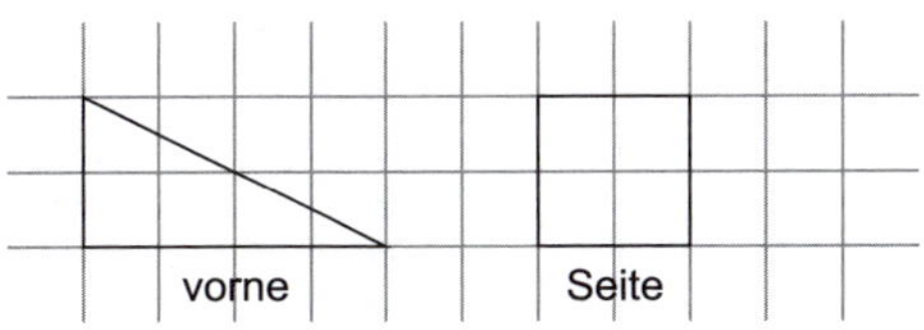

c)

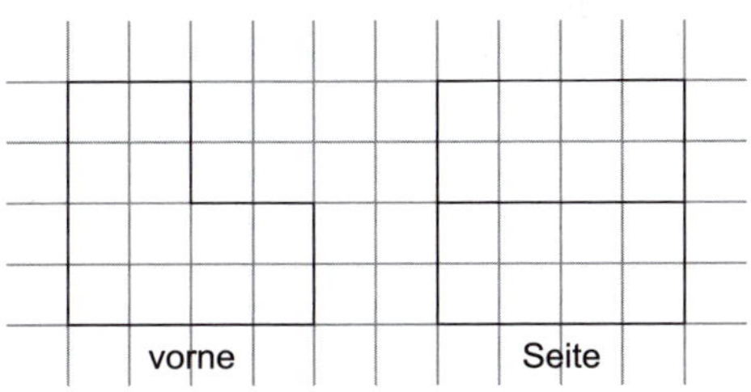

5 Ausgewählte Oberflächeninhalte

Anna und Sladjana wollen ihrer Freundin Edita zum Geburtstag ein ganz besonderes Geschenk machen. Sie haben zwei Karaoke-Mikrofone und Karaoke-Software für Editas Spielekonsole gekauft. Das muss natürlich auch eine ganz besondere Verpackung haben. Deshalb haben die beiden einen Schuhkarton gefunden, in den alles hineinpasst. Nun muss dessen ganze Oberfläche noch über und über mit ausgeschnittenen Bildern von Stars beklebt werden… Puhhh, ganz schön viel Arbeit!

- Um einen **Oberflächeninhalt** zu berechnen, geht man am besten vom **Netz** eines Körpers aus. Man berechnet den Flächeninhalt jeder einzelnen **Teilfläche** und **addiert** diese Flächeninhalte.
- Manche Oberflächeninhalte kommen so oft vor, dass man für sie feststehende Formeln hat. Besonders häufig braucht man den Oberflächeninhalt von Würfel und Quader.
  $\mathbf{O_{Würfel} = 6 \cdot s^2}$
  $\mathbf{O_{Quader} = 2 \cdot (\ell \cdot b + \ell \cdot h + b \cdot h)}$

Beispiele

1. Berechne den Oberflächeninhalt eines Würfels mit $s = 2$ cm.

   Lösung:

   $O_{Würfel} = 6 \cdot s^2 = 6 \cdot (2\text{ cm})^2 = 6 \cdot 4\text{ cm}^2 = 24\text{ cm}^2$

   Setze $s = 2$ cm in die Formel für den Würfel ein.

2. Berechne den Oberflächeninhalt des Schuhkartons, den Anna und Sladjana bekleben möchten. Seine Maße sind $\ell = 32$ cm, $b = 20$ cm und $h = 12$ cm.

   Lösung:

   $$\begin{aligned} O_{Quader} &= 2 \cdot (\ell \cdot b + \ell \cdot h + b \cdot h) \\ &= 2 \cdot (32\text{ cm} \cdot 20\text{ cm} + 32\text{ cm} \cdot 12\text{ cm} \\ &\quad + 20\text{ cm} \cdot 12\text{ cm}) \\ &= 2 \cdot (640\text{ cm}^2 + 384\text{ cm}^2 + 240\text{ cm}^2) \\ &= 2 \cdot 1\,264\text{ cm}^2 \\ &= 2\,528\text{ cm}^2 \\ &= 25{,}28\text{ dm}^2 \\ &= 0{,}2528\text{ m}^2 \end{aligned}$$

   Setze $\ell = 32$ cm, $b = 20$ cm und $h = 12$ cm in die Formel für den Quader ein.

3. Berechne die Oberfläche dieses Prismas.

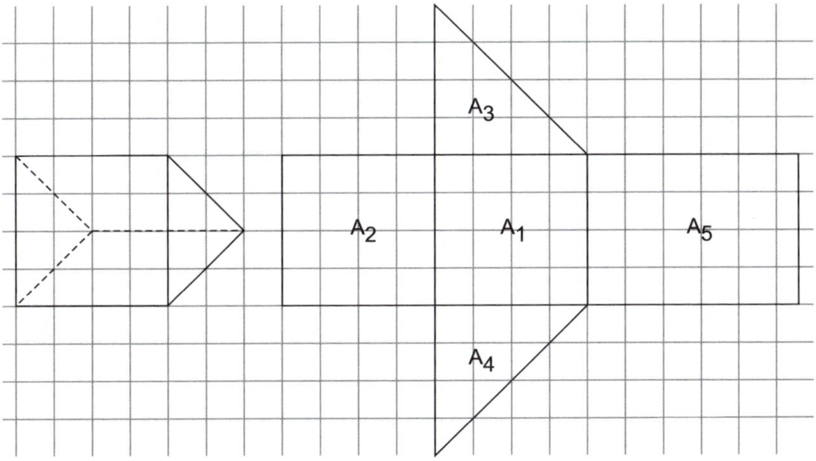

Lösung:
Zuerst werden die Inhalte der einzelnen **Teilflächen** berechnet. Dabei werden die Maße aus der Zeichnung entnommen.

$\mathbf{A_1 = A_2} = 2\text{ cm} \cdot 2\text{ cm} = 4\text{ cm}^2$

$\mathbf{A_3 = A_4} = \frac{1}{2} \cdot 2\text{ cm} \cdot 2\text{ cm} = 2\text{ cm}^2$

$\mathbf{A_5} = 2\text{ cm} \cdot 2{,}8\text{ cm} = 5{,}6\text{ cm}^2$

A_1 und A_2 bzw. A_3 und A_4 sind deckungsgleiche Flächen.

Den **Oberflächeninhalt** erhält man durch Addition der einzelnen Flächeninhalte:

$$O = \mathbf{A_1} + \mathbf{A_2} + \mathbf{A_3} + \mathbf{A_4} + \mathbf{A_5}$$
$$= 4\text{ cm}^2 + 4\text{ cm}^2 + 2\text{ cm}^2 + 2\text{ cm}^2 + 5{,}6\text{ cm}^2$$
$$= 17{,}6\text{ cm}^2$$

162 Berechne den Oberflächeninhalt der folgenden Würfel.

a) s = 50 mm b) s = 12 dm
c) s = 3,4 m d) s = 4,5 cm

163 Wie lang sind die Kanten der folgenden Würfel?

a) $O = 96\text{ cm}^2$ b) $O = 294\text{ dm}^2$
c) $O = 600\text{ mm}^2$ d) $O = 150\text{ cm}^2$

164 Berechne den Oberflächeninhalt der folgenden Quader.

a) $\ell = 2{,}5$ cm, $b = 15$ mm, $h = 3$ cm

b) $a = 4{,}5$ dm, $b = 27$ cm, $c = 3$ dm

165 Berechne den Oberflächeninhalt der folgenden Würfel, deren Schrägbilder du hier siehst.

a)

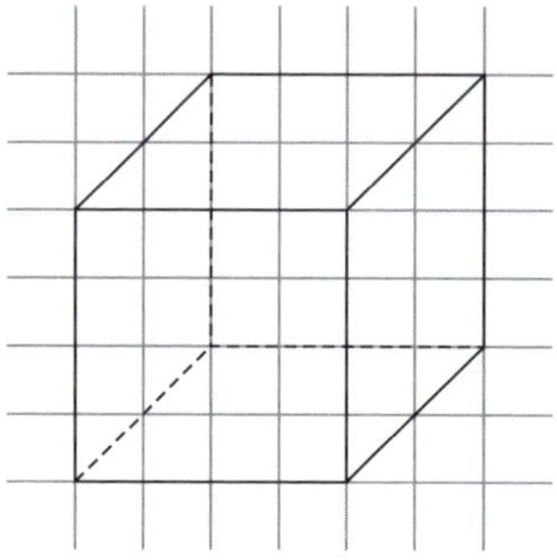

b)

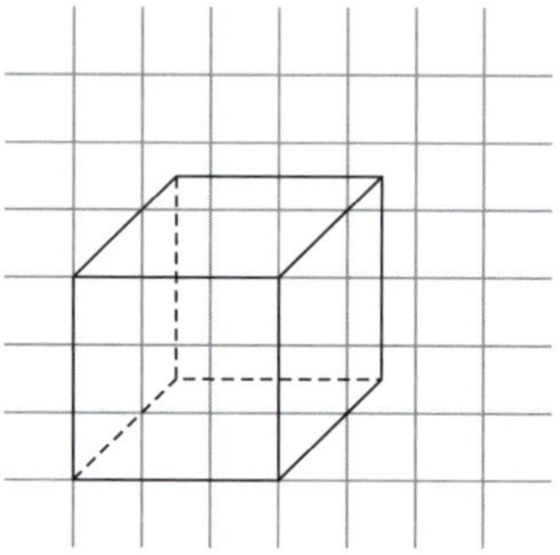

166 Zeichne das Netz der folgenden Körper und berechne anschließend jeweils den Oberflächeninhalt.

a)

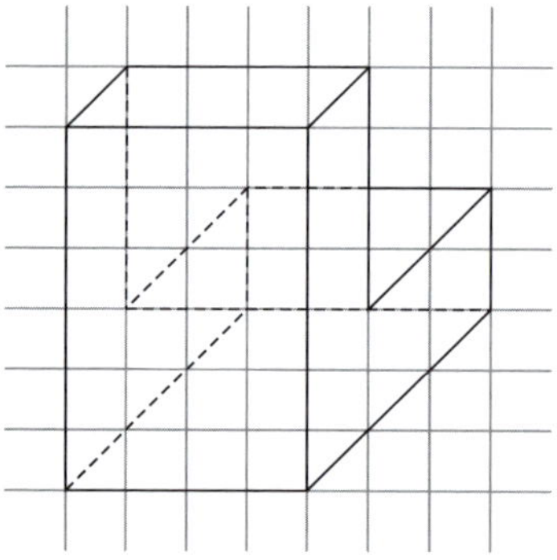

b)

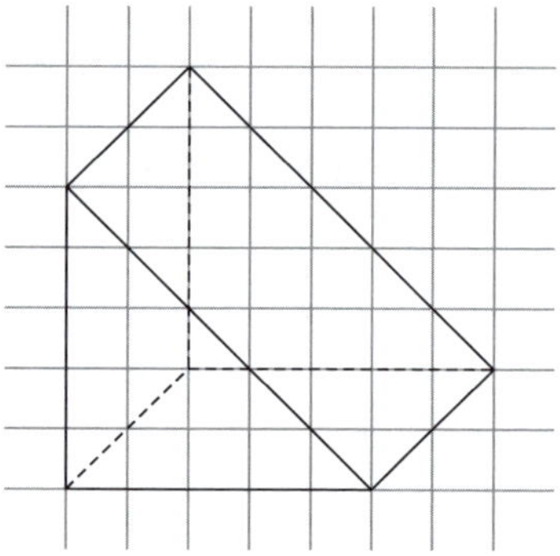

* **167** Berechne den Oberflächeninhalt des Körpers, ohne ein Netz zu zeichnen.

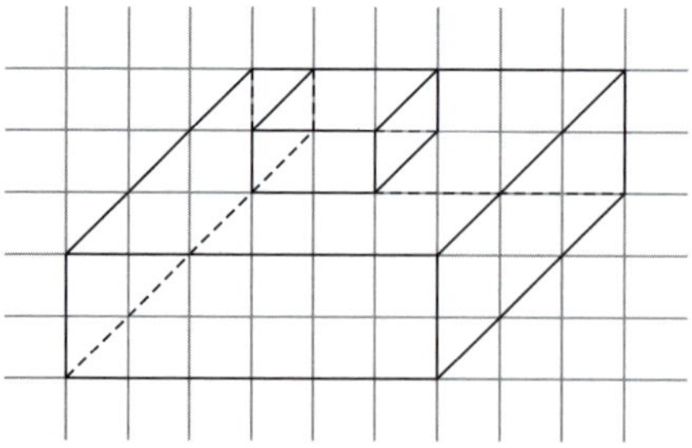

6 Vermischte Aufgaben

168 Berechne den Flächeninhalt folgender Figuren.

a)

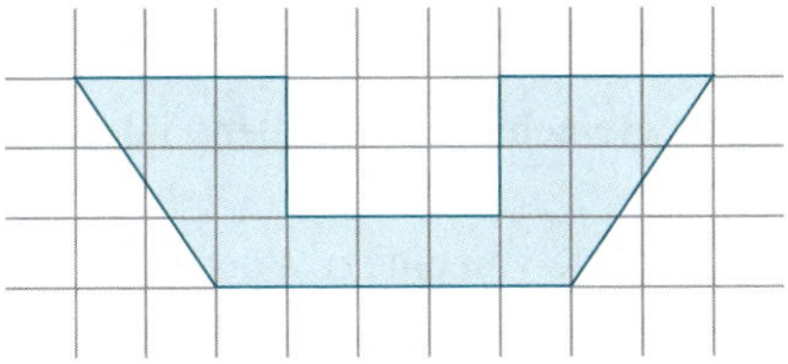

b)

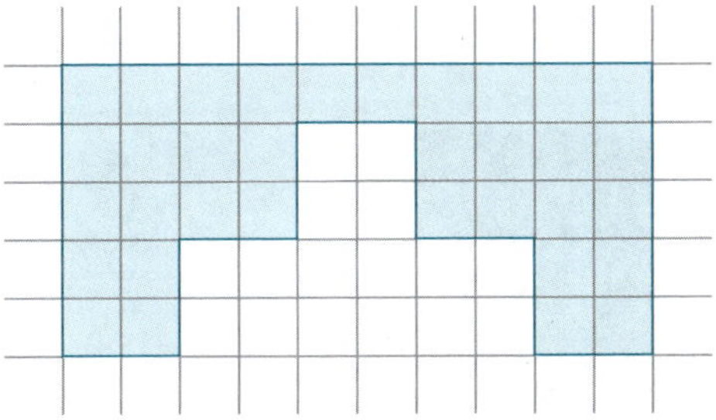

c)

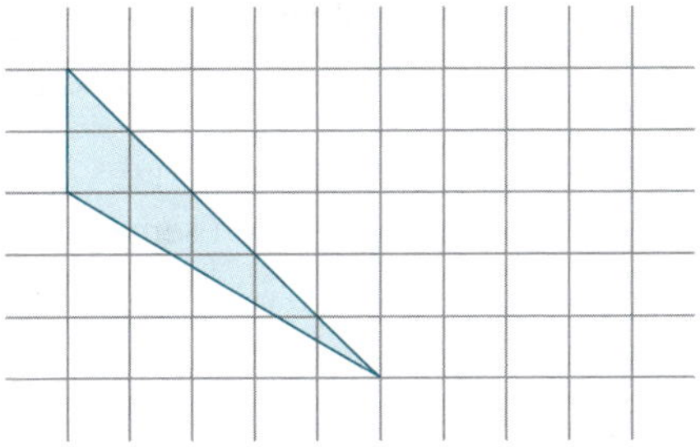

169 Welche der abgebildeten Figuren kann das Netz eines Körpers sein?

a)

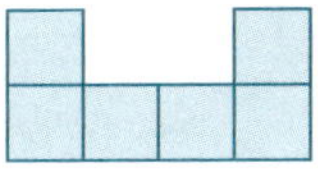

b)

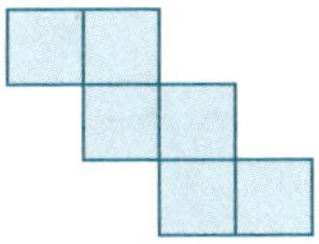

c)

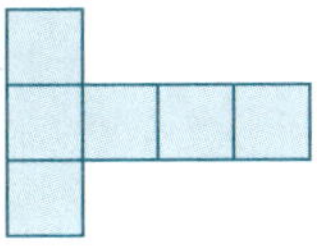

d)

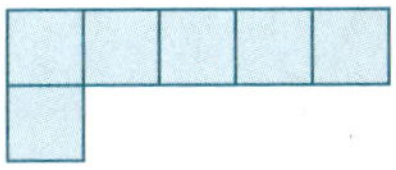

170 Zeichne die folgenden Figuren jeweils in ein eigenes Koordinatensystem und berechne anschließend ihren Flächeninhalt:

a) A(−3 | −4), B(2 | 3), C(5 | 2), D(−5 | 0)

b) A(1 | 1), B(4 | −2), C(5 | 3), D(2 | 6)

171 Zeichne ein Schrägbild der folgenden Körper. Berechne anschließend ihren Oberflächeninhalt.

a) Ein Würfel mit s = 1 cm steht genau in der Mitte von einem Würfel mit s = 3 cm auf der Deckfläche.

b) Aus einem Quader mit a = 4 cm, b = 2 cm und c = 3 cm ist an der linken vorderen Ecke ein Würfel mit s = 1 cm herausgeschnitten.

172 Silvio möchte die Wände und die Decke seines Zimmers streichen. Der Raum hat eine Länge von 3,4 m, eine Breite von 4,2 m und eine Höhe von 2,7 m. Das Fenster hat eine Breite von 1,5 m und eine Höhe von 1,2 m, die Türe hat eine Breite von 95 cm und eine Höhe von 2,1 m.

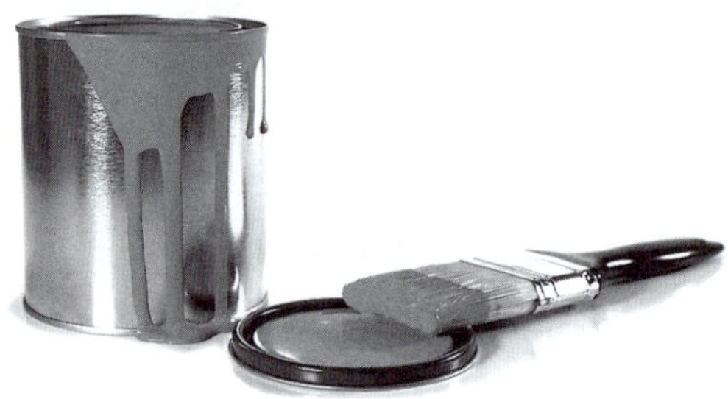

Für wie viele Quadratmeter muss Silvio Farbe kaufen?

* **173** Ein Quader hat den Oberflächeninhalt von O = 126 cm^2, man kennt seine Länge von 6 cm und die Breite von 3 cm.
Wie hoch ist dieser Quader?

Volumenberechnungen

1 Volumeneinheiten

Emil und Max fahren ins Zeltlager. Sie überlegen, was sie dort brauchen: Fußball, Fußballschuhe, Badehose, Luftmatratze, aufblasbares Gummiboot … Wo passt das nur alles hinein?

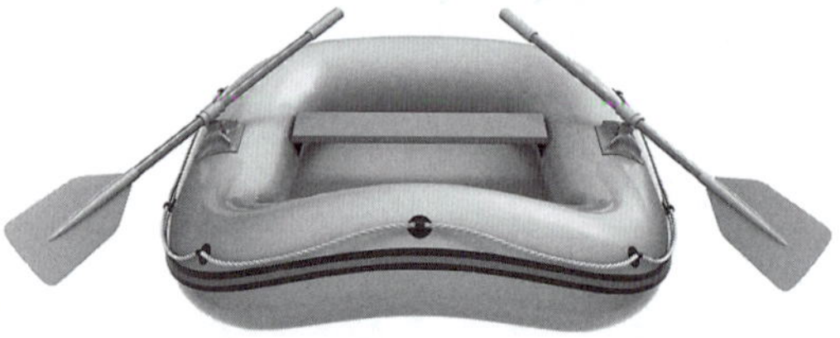

Wenn man davon spricht, wo etwas hineinpasst, braucht man eine mathematische Einheit. Der **Rauminhalt** (Fachbegriff: das **Volumen**) gibt an, wie viel in einen beliebigen Körper passt.
Dafür stellt man sich kleine Würfel vor, die eine vorgegebene Kantenlänge haben. Man erhält so die **Einheiten** für das Volumen.

In der nebenstehenden, nicht maßstäblichen Abbildung stellt der kleine Würfel einen Kubikmillimeter dar, man schreibt: 1 mm^3
Der große Würfel stellt einen Kubikzentimeter dar, man schreibt: 1 cm^3

Auf diese Weise definiert man auch 1 dm^3 oder 1 m^3. Sehr selten wird 1 km^3 verwendet.

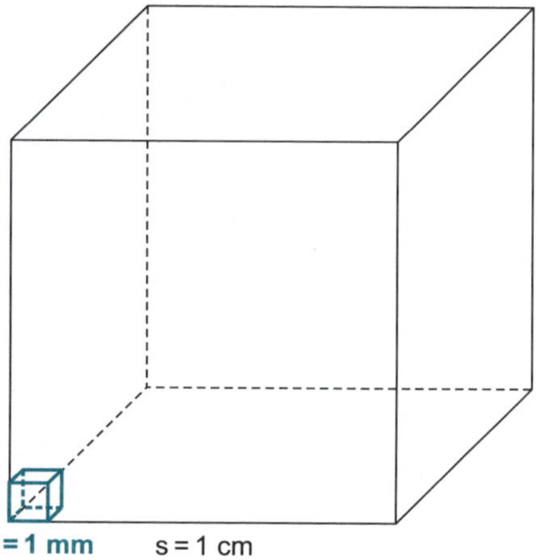

Bei Volumeneinheiten ist die Umrechnungszahl **1 000**.

$1\,m^3 = 1\,000\,dm^3$

$1\,dm^3 = 1\,000\,cm^3$

$1\,cm^3 = 1\,000\,mm^3$

Körper sind **drei**dimensional, so kann man sich gut merken, dass die Umrechnungszahl **drei** Nullen hat.

Zwischen diesen Einheiten und der Einheit „Liter“ gibt es einen Zusammenhang:
$1\,dm^3 = 1\,\ell$

Auch für Liter gibt es Umrechnungszahlen:

1 $h\ell$ (= **Hektoliter**) = 100 ℓ (Liter)

1 ℓ (Liter) = 1 000 $m\ell$ (**Milliliter**)

Beispiele

1. Bestimme das Volumen des nebenstehenden Körpers. (Maßstab 1 : 2)

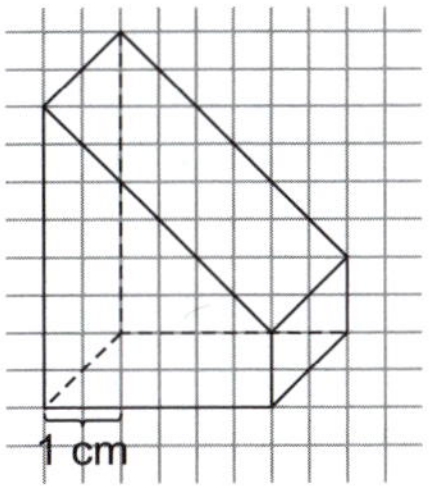

Lösung:
Man überlegt jeweils, wie viele Würfel mit dem Volumen von 1 cm^3 in diesen Körper passen.

In die untere Reihe können **sechs ganze Würfel** gelegt werden.

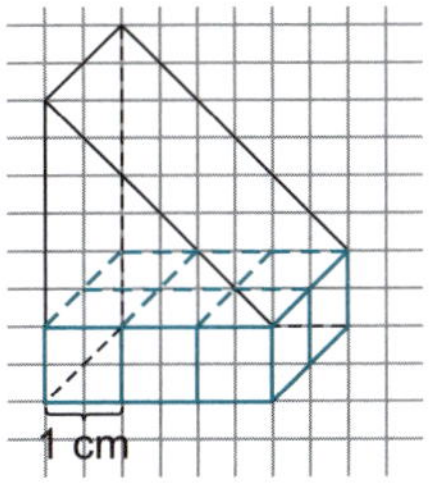

Der schräge Teil ist genau die **Hälfte eines Quaders**. Dieser besteht aus **drei Lagen** mit **jeweils sechs Würfeln**. Der Quader hat also 18 Würfel. In den schrägen Teil passen daher $18 : 2 =$ **9 Würfel**.
Insgesamt kann der Körper mit $6 + 9 = 15$ solchen Würfeln gefüllt werden. Das Volumen beträgt also 15 cm^3.

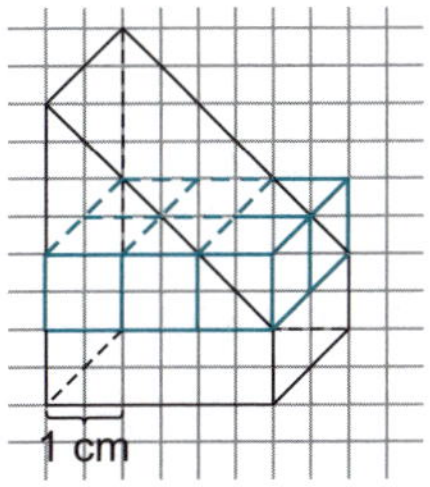

2. Tim, Simon und Severin helfen bei der Instandsetzung eines Spielplatzes. Dazu muss der Sand in der Sandkiste erneuert werden. Der alte Sand wurde schon weggebracht. Nun geht es darum, den neuen Sand, der in einem Haufen abgeladen wurde, zur Sandkiste zu bringen. Simon und Severin nehmen dazu die Schubkarre, in die man 80 dm^3 füllen kann, Tim hat zwei Eimer, in die jeweils 17 Liter passen. Zusammen wollen sie die Sandkiste mit 2,25 m^3 Sand füllen.
Wie viel Sand können sie auf einmal transportieren? Wie oft müssen sie den Weg zurücklegen, bis die Sandkiste voll ist?

Lösung:
Zuerst werden alle Angaben in die gleiche Einheit umgewandelt, am besten in **Kubikdezimeter**:
80 dm^3 sind schon in der richtigen Einheit angegeben.
17 Liter $= 17\ dm^3$
$2{,}25\ m^3 = 2{,}25 \cdot \mathbf{1\,000}\ dm^3 = 2\,250\ dm^3$

Dann wird berechnet, **wie viel Sand** sie auf einmal transportieren:
$\mathbf{80\ dm^3 + 2 \cdot 17\ dm^3} = 80\ dm^3 + 34\ dm^3 = 114\ dm^3$

Um zu wissen, **wie oft** sie gehen, muss man dividieren:
$2\,250 : \mathbf{114} \approx 19{,}74$
Sie müssen also zwanzigmal gehen, um die Sandkiste zu befüllen.

174 Rechne in die nächstkleinere Einheit um.

a) $5{,}34\ \text{m}^3$
b) $0{,}4\ \text{cm}^3$
c) $12{,}345\ \text{dm}^3$
d) $\frac{3}{4}\ \text{m}^3$
e) $\frac{2}{50}\ \text{cm}^3$
f) $5\frac{1}{200}\ \text{dm}^3$

175 Schreibe in der nächstgrößeren Einheit als Dezimalzahl und als Bruch.

a) $25\ \text{cm}^3$
b) $125\ \text{dm}^3$
c) $4\ \text{mm}^3$
d) $2\,300\ \text{cm}^3$
e) $175\ \text{dm}^3$
f) $95\ \text{mm}^3$

176 Bestimme das Volumen der folgenden Körper.

a)
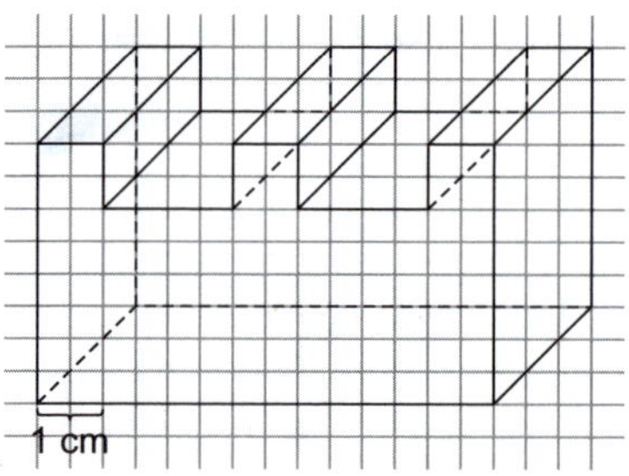

b)
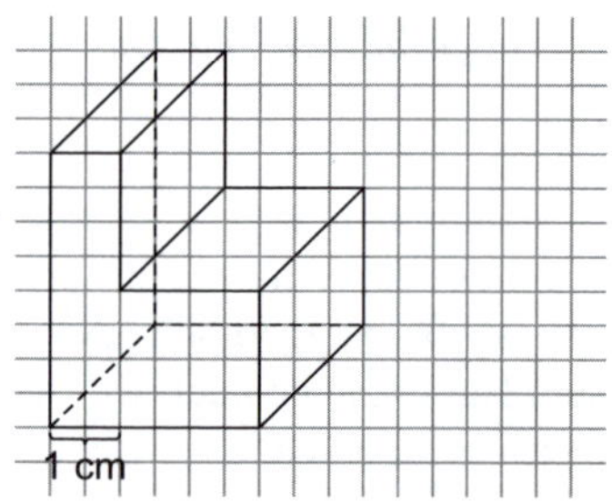

c)
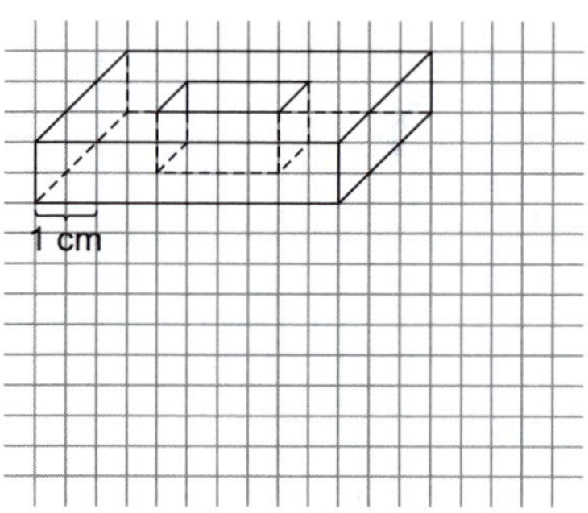

d)
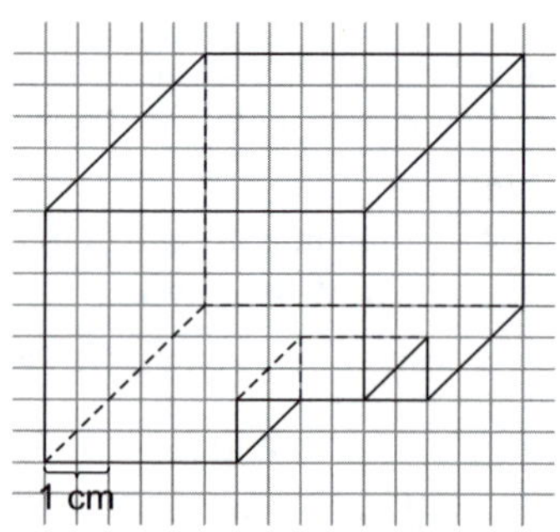

177 Berechne und gib das Ergebnis in cm^3 an.

a) $3{,}4\ \ell + 345\ mm^3 - 2{,}5\ cm^3$

b) $\frac{1}{2}\ cm^3 + 35\frac{4}{5}\ dm^3 - \frac{3}{10\,000}\ m^3$

c) $0{,}32\ h\ell + 578\frac{1}{2}\ cm^3 - 0{,}004\ m^3$

d) $4 \cdot \left(\frac{3}{5}\ dm^3 + 456\ m\ell - 2\ cm^3\right)$

178 Nach einer Geburtstagsparty stehen 4 offene Flaschen mit Apfelsaft in der Küche. Alle Flaschen fassen genau 1 ℓ. Die erste Flasche ist zu einem Viertel gefüllt, in der zweiten sind noch 20 cm^3 Saft, die dritte ist zu einem Fünftel gefüllt und die vierte Flasche enthält noch 0,3 ℓ Saft.
Würde der Saft in eine Flasche passen?

179 Daniel möchte die Spielwürfel seines kleinen Bruders Quirin in einen Pappkarton packen, weil sie in ihre neue Wohnung ziehen. Jeder Spielwürfel hat eine Kantenlänge von 5 cm.
Wie viele Spielwürfel kann er in die folgenden Kartons legen?

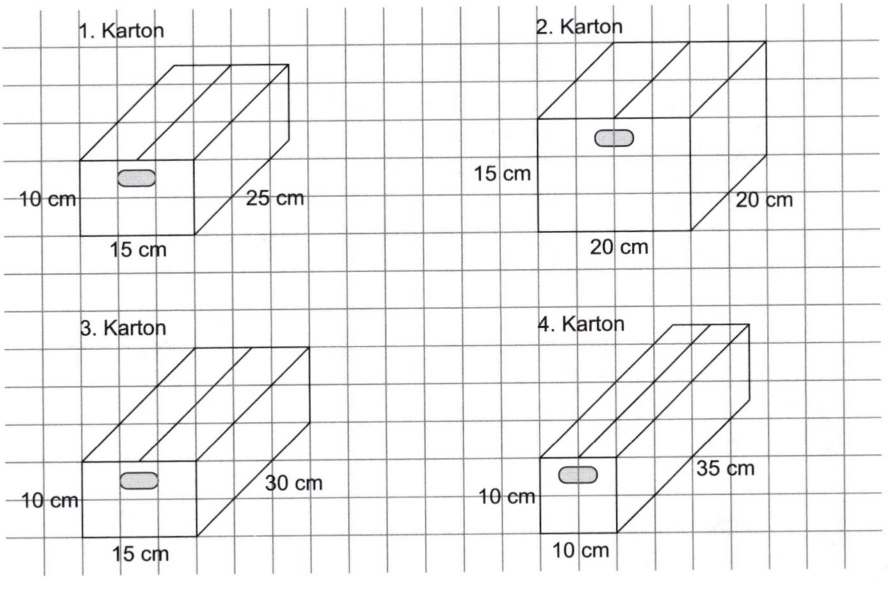

2 Volumen des Quaders und des Würfels

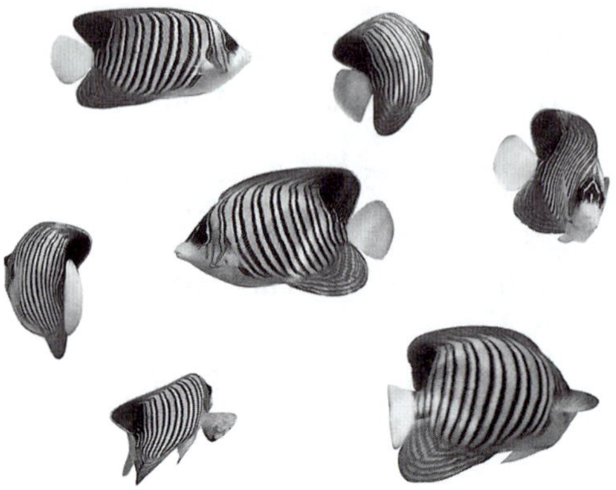

Charlotte hat im Zoogeschäft ein modernes Aquarium in Form eines Würfels entdeckt, das ideal in ihr Zimmer passen würde. Bisher hat sie ein quaderförmiges Aquarium und sie fragt sich nun, ob ihre Fische in dem neuen Aquarium genauso viel Platz hätten.

> Für das Volumen eines Quaders gilt:
> $V_{Quader} = \ell \cdot b \cdot h$ oder $V_{Quader} = a \cdot b \cdot c$
> Für das Volumen eines Würfels gilt:
> $V_{Würfel} = s \cdot s \cdot s = s^3$ oder $V_{Würfel} = a \cdot a \cdot a = a^3$

Beispiele

1. Berechne das Volumen des Quaders, der 4 cm lang, 2 cm breit und 3 cm hoch ist.

   Lösung:
   Mit $\ell = 4$ cm, $b = 2$ cm und $h = 3$ cm gilt:
   $V = \mathbf{4\ cm \cdot 2\ cm \cdot 3\ cm} = 24\ cm^3$

   Dies kann folgendermaßen veranschaulicht werden:
   Das Volumen eines Quaders kann berechnet werden, indem man ihn in Gedanken mit Einheitswürfeln (zum Beispiel mit 1-cm^3-Würfeln ausfüllt):
   Um eine **Reihe** zu befüllen, braucht man **4 Würfel**. Für eine **Platte** braucht man **2 Reihen**, also $2 \cdot 4$ Würfel. Der Quader besteht aus **3 Platten**, also aus $3 \cdot 2 \cdot 4 = 24$ Würfeln.

   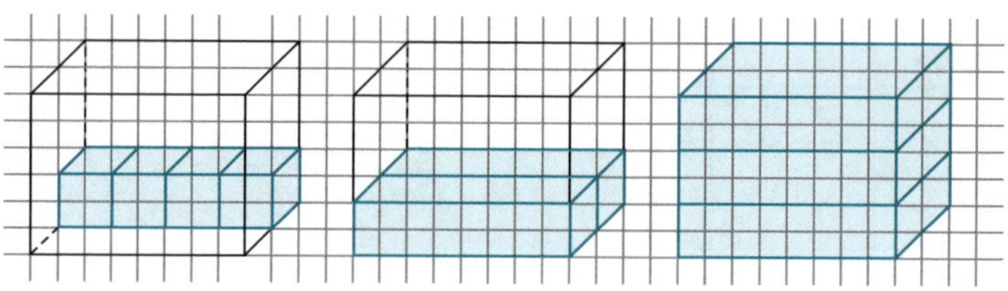

2. Charlottes bisheriges Aquarium ist 50 cm lang, 30 cm breit und 40 cm hoch. Das Aquarium, das die Form eines Würfels hat, hat eine Kantenlänge von 35 cm.
   Welches Aquarium hat das größere Volumen?

Lösung:
$V_{Quader} = \mathbf{50\ cm \cdot 30\ cm \cdot 40\ cm} = 60\,000\ cm^3$
$V_{Würfel} = \mathbf{35\ cm \cdot 35\ cm \cdot 35\ cm = (35\ cm)^3} = 42\,875\ cm^3$
Das quaderförmige Aquarium hat ein größeres Volumen und bietet daher mehr Platz für Charlottes Fische.

180 Berechne den Rauminhalt der folgenden Quader und Würfel.

a) $\ell = 4{,}5$ cm, $b = 2{,}3$ cm, $h = 5$ cm

b) $a = 6$ dm

c) $a = 4$ cm, $b = 0{,}7$ dm, $c = 30$ mm

d) $s = 5{,}5$ cm

181 Berechne das Volumen der folgenden Quader und Würfel. Runde auf zwei Nachkommastellen.

a) $a = 3\frac{2}{5}$ cm, $b = \frac{47}{4}$ cm, $c = 5{,}2$ cm [in cm^3]

b) $s = \frac{25}{4}$ dm [in dm^3]

c) $\ell = \frac{42}{5}$ mm, $b = \frac{5}{4}$ cm, $h = \frac{1}{20}$ dm [in mm^3]

d) $a = \frac{27}{50}$ m [in dm^3]

182 Martha hat einen Spielzeugwürfel mit der Kantenlänge 2 cm.

a) Wie würde sich das Volumen dieses Würfels verändern, falls die Seiten doppelt so lang wären?

b) Wie würde es sich verändern, wenn die Seiten dreimal so lang wären?

183 Gold hat ein Gewicht von 19,3 g pro cm^3, Silber wiegt pro cm^3 nur 10,5 g.
Um wie viel ist ein Goldbarren schwerer als ein Silberbarren? Beide haben dieselben Abmessungen: $a = 9$ cm, $b = 4$ cm und $c = 1{,}8$ cm.

✻ **184** Ein Karton hat das Volumen 128 cm^3. Er hat eine quadratische Grundfläche und seine Höhe ist doppelt so lang wie eine Seite der Grundfläche.
Wie lang, wie hoch und wie breit ist er?

3 Volumen zusammengesetzter Körper

Maximilian und Alexandra sind mit ihren Eltern in New York. Die Wolkenkratzer finden sie total beeindruckend – am besten gefällt den beiden das Flatiron Building, das 86 m hoch ist und dessen Grundriss fast ein rechtwinkliges Dreieck ist. So ein Gebäude haben die beiden noch nie gesehen! Sie finden es auch lustig, dass es wegen seiner Form „Flatiron", also Bügeleisen, genannt wird.

> Wenn man das Volumen anderer Körper berechnen möchte, dann muss man den Körper durch **Zerlegen** oder **Ergänzen** zu einem Quader machen. Dann kann man das Volumen des Quaders und damit auch das Volumen des Körpers berechnen.

Beispiele

1. Berechne das Volumen der Körper.

a)

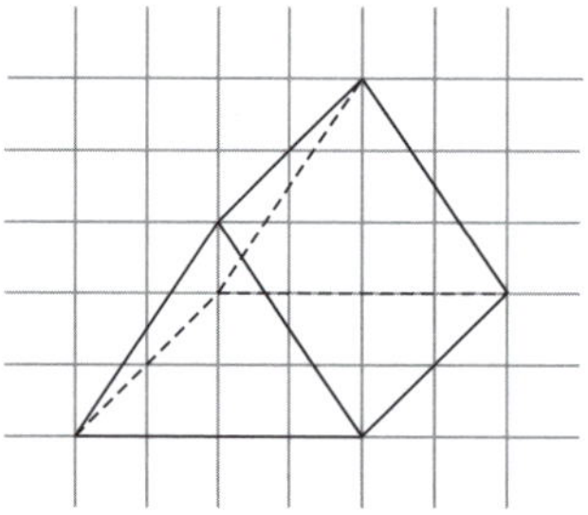

b)

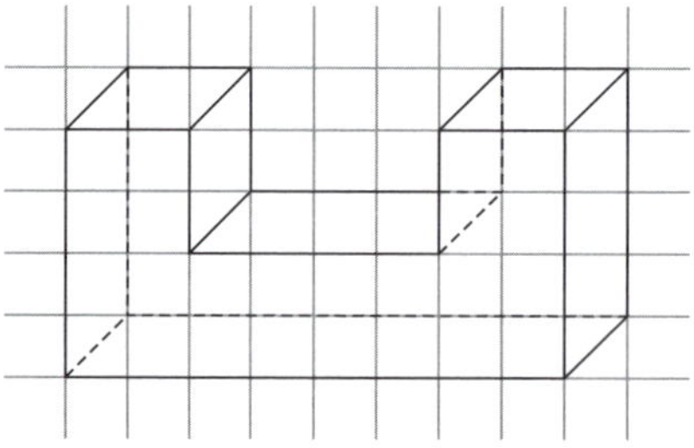

Lösung:

a) Das Prisma wird senkrecht in der Mitte **halbiert**. Der linke Teil kann dann so auf die schräge Seite rechts **versetzt** werden, dass ein Quader entsteht.

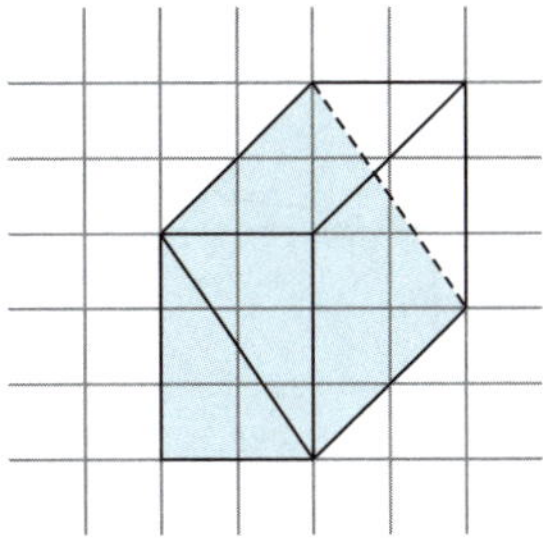

$V_{Quader} = 1\text{ cm} \cdot 2\text{ cm} \cdot 1{,}5\text{ cm}$
$= 3\text{ cm}^3$

Das Prisma hat **dasselbe Volumen** wie der Quader:

$V_{Prisma} = 3\text{ cm}^3$

b) Das Prisma wird wie nebenstehend zu einem Quader **ergänzt**.

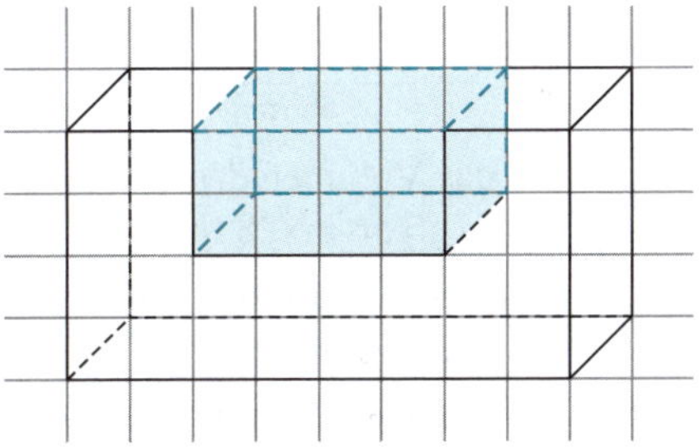

$V_{großer\ Quader}$
$= 4\text{ cm} \cdot 1\text{ cm} \cdot 2\text{ cm}$
$= 8\text{ cm}^3$

$V_{kleiner\ Quader}$
$= 2\text{ cm} \cdot 1\text{ cm} \cdot 1\text{ cm}$
$= 2\text{ cm}^3$

Das Volumen des Prismas wird berechnet, indem das Volumen des kleinen Quaders von dem des großen Quaders **abgezogen** wird:

$V_{Prisma} = V_{großer\ Quader} - V_{kleiner\ Quader} = 8\text{ cm}^3 - 2\text{ cm}^3 = 6\text{ cm}^3$

2. Alexandra möchte wissen, wie groß der Rauminhalt dieses Gebäudes ungefähr ist. Der Grundriss ist fast ein rechtwinkliges Dreieck, wobei die Seiten, die den rechten Winkel einschließen, 56 m und 28 m lang sind. Die Höhe des Gebäudes beträgt 86 m.

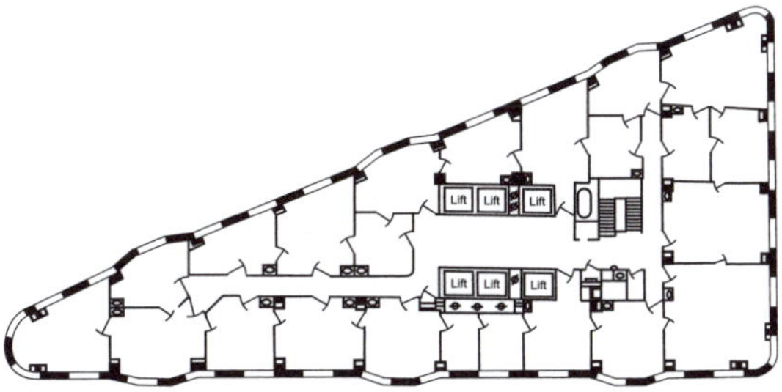

Lösung:
Um das Volumen des Flatiron Building zu berechnen, wird zunächst ein Schrägbild davon gezeichnet und anschließend zu einem Quader ergänzt.

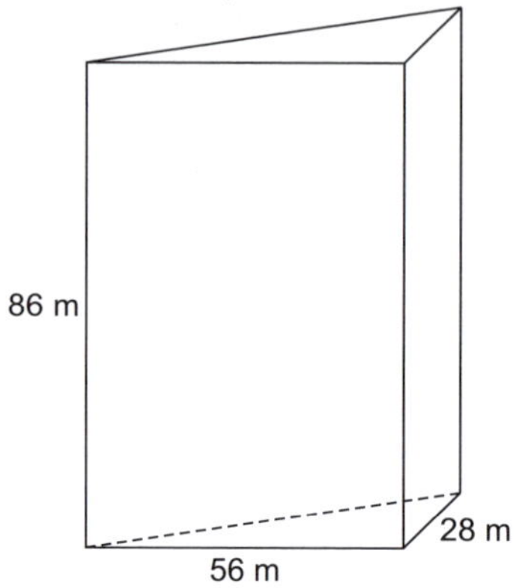

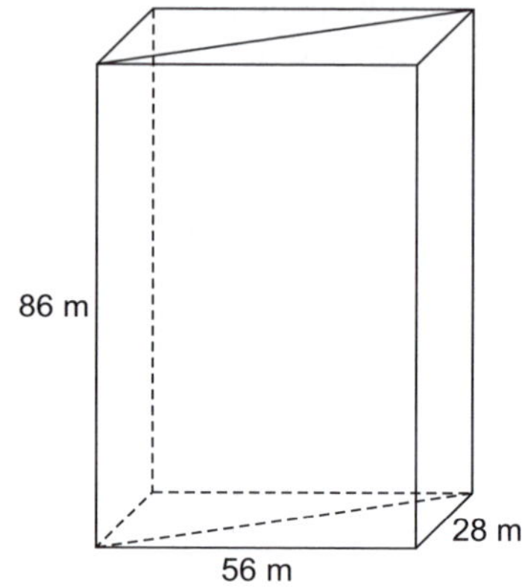

Für das Volumen des Quaders gilt:
$V_{Quader} = 56\text{ m} \cdot 28\text{ m} \cdot 86\text{ m} = 134\,848\text{ m}^3$
Das Flatiron Building hat nur das **halbe** Volumen des Quaders:
$V_{Flatiron} = 134\,848\text{ m}^3 : 2 = 67\,424\text{ m}^3$
Das Flatiron Building hat ungefähr ein Volumen von $67\,424\text{ m}^3$.

185 Berechne die Volumina der folgenden Körper.

a)

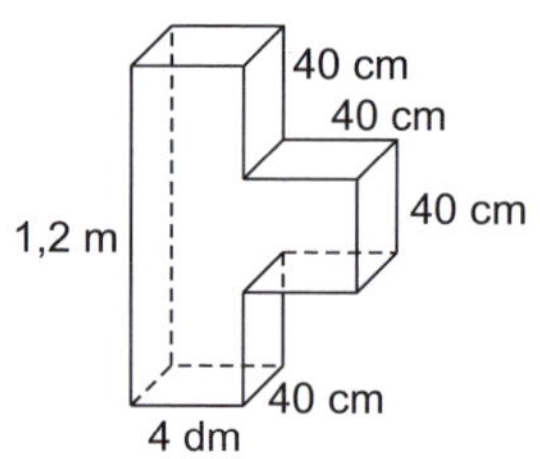

b)

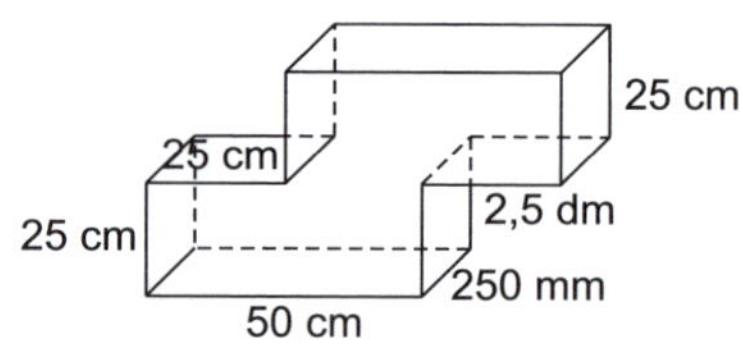

c)

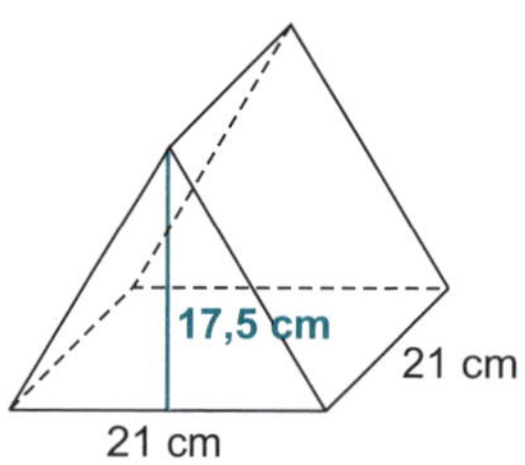

d)

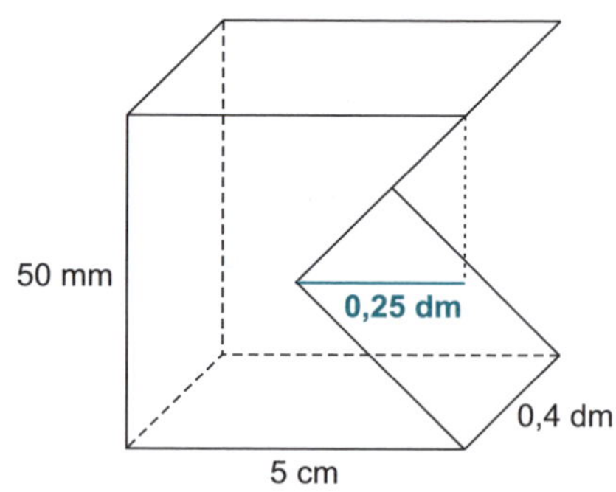

e)

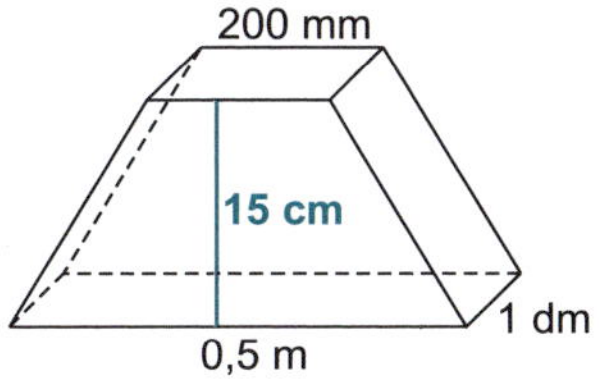

f)

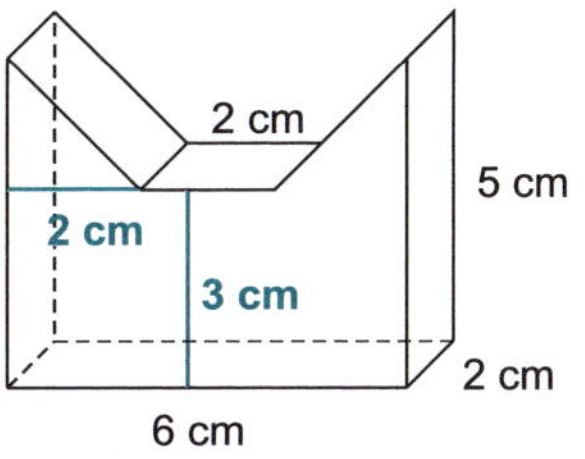

g)

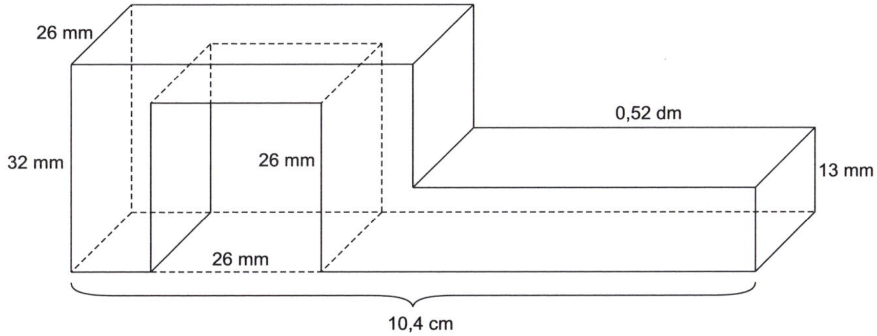

186 Du siehst hier die Netze verschiedener Prismen. Berechne ihre Volumina.

a)

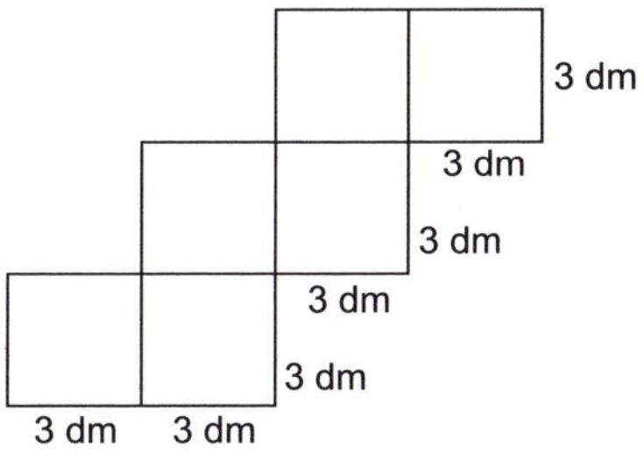

b)

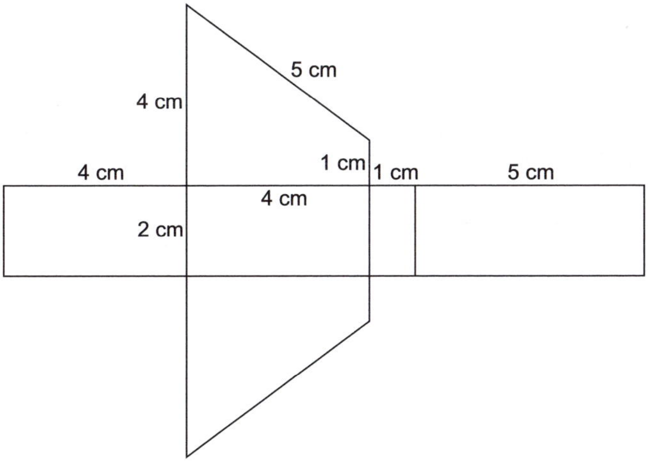

c)

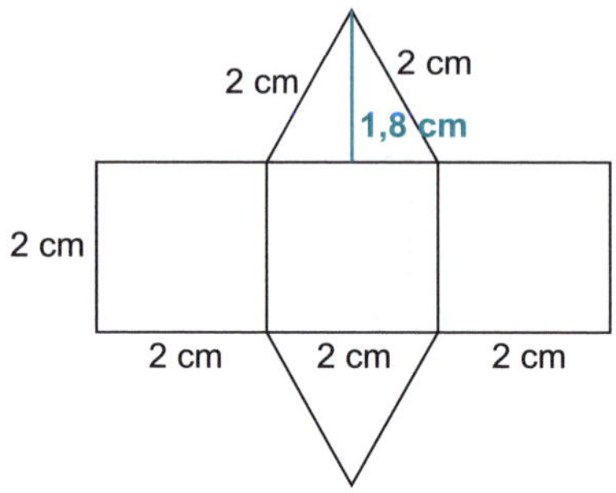

d)

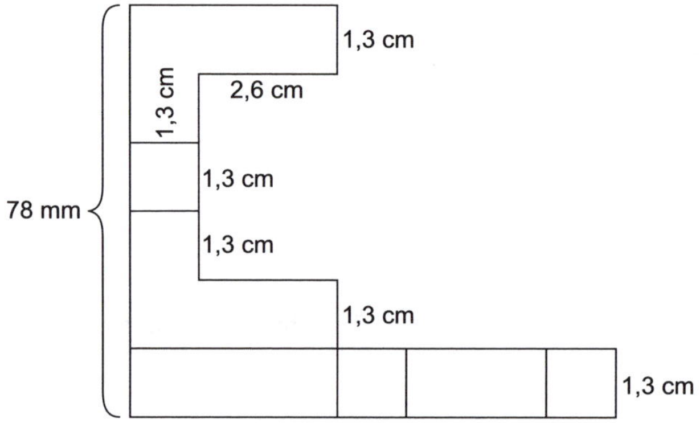

187 Ein Schwimmbecken ist 10 m breit. Es hat einen Schwimmer- und einen Nichtschwimmerbereich.
Berechne, wie viele Hektoliter Wasser man braucht, um das Schwimmbecken zu füllen. Hier siehst du den Längsschnitt des Schwimmbeckens:

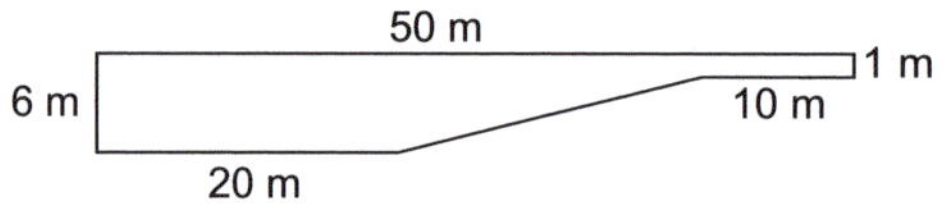

✻ **188** Um einen Bach gerade durch ein Dorf zu leiten, soll ein Kanal mit der Länge von 3 km ausgehoben werden. Hier kannst du einen Querschnitt des Kanals sehen:

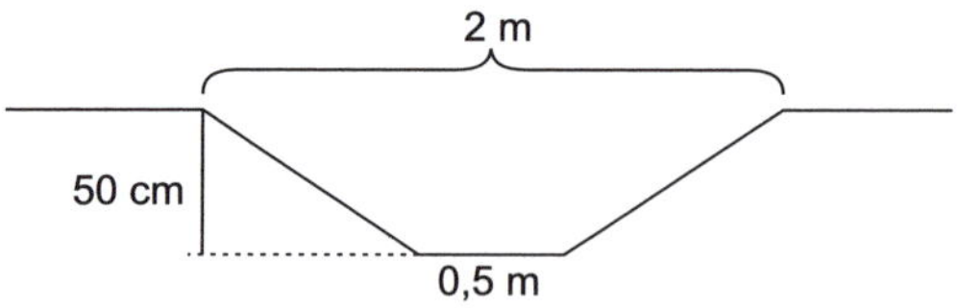

Ein Lkw-Kipplaster kann 15 Tonnen Erde transportieren.
Wie viele Fahrten muss jeder der 10 Lkw-Kipplaster zurücklegen, wenn 1 m^3 Erde ca. 1,5 Tonnen wiegt.

4 Vermischte Aufgaben

189 Ein Quader ist doppelt so lang wie breit und halb so hoch wie breit. Alle Kanten zusammen haben eine Länge von 56 cm.
Wie lang, breit und hoch ist der Quader? Wie groß ist sein Volumen?

190 Gibt es Würfel, für die die Zahl der Volumeneinheiten gleich der Zahl der Oberflächeneinheiten ist?
Wie lang kann ihre Kante dann sein?

191 Berechne das Volumen und den Oberflächeninhalt der folgenden Werkstücke.

a)

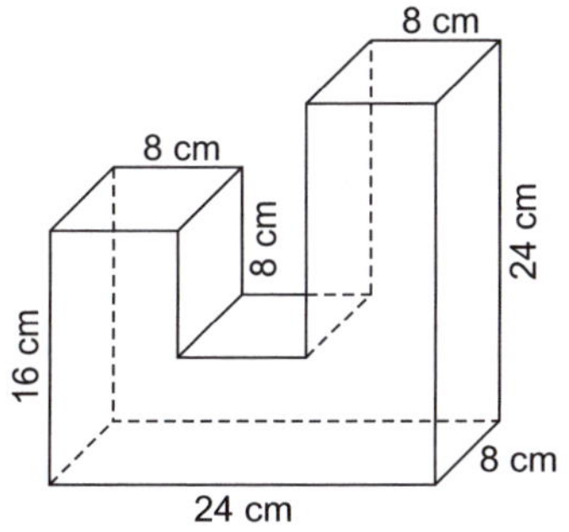

b)

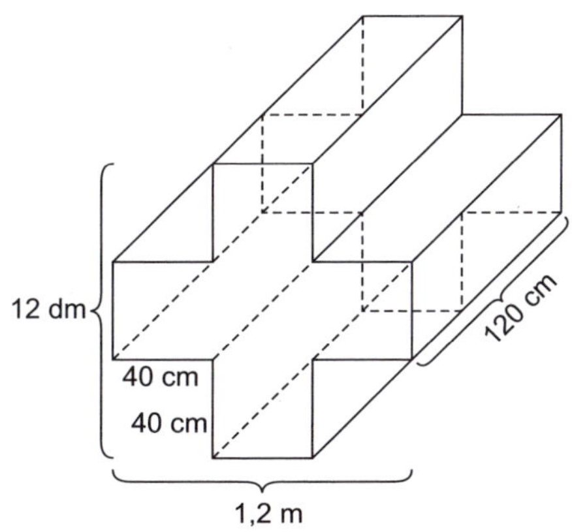

192 Zeichne ein Schrägbild, das zu den folgenden Netzen passt, und berechne anschließend das Volumen der entstehenden Körper und ihren Oberflächeninhalt. Wie viel wiegen diese Werkstücke, wenn sie aus Eichenholz hergestellt sind? Eiche hat ein spezifisches Gewicht von $0{,}65\,\frac{\text{g}}{\text{cm}^3}$, 1 cm^3 Eiche wiegt also 0,65 g.

a)

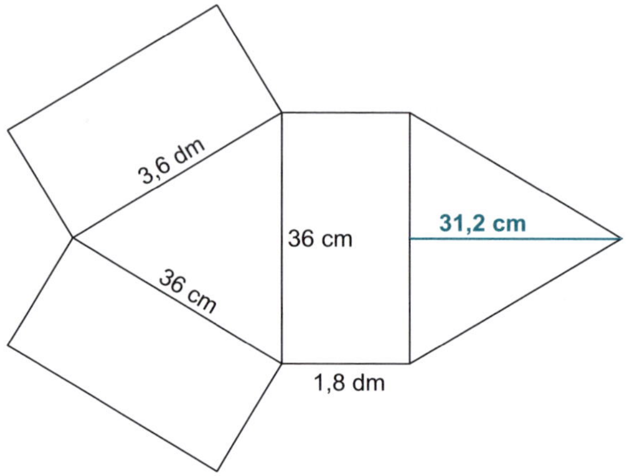

b)

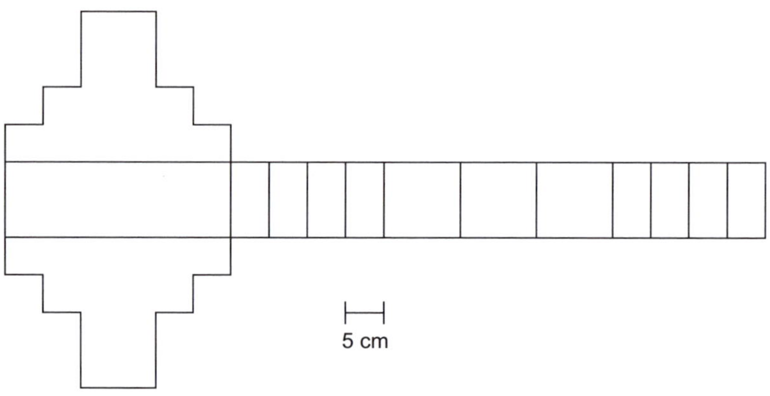

c)

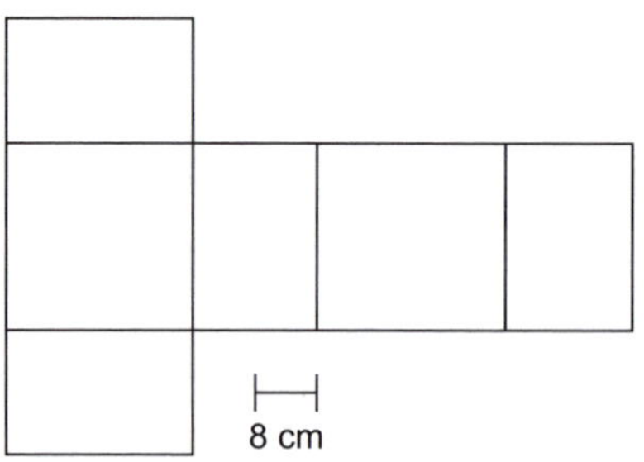

Prozentrechnung

1 Grundwert, Prozentwert, Prozentsatz

Melina möchte sich ein Mountainbike kaufen, für das sie schon viel gespart hat. Sie hat 450 € und fährt mit ihrer Freundin Alexandra zum Bikeshop, um ihr Wunschrad anzuschauen. Es kostet 549,90 €. Als sie vor der Auslage stehen, entdecken sie ein Schild auf dem Rad. Darauf steht: 18 % Rabatt.

> Eine Zahl mit %-Zeichen nennt man auch **Prozentsatz**. Sie gibt immer die Größe eines Anteils vom Ganzen an. Das Ganze, um das es geht, nennt man **Grundwert**. Den Anteil, über den man spricht, nennt man **Prozentwert**.

Beispiele

1. 30 % von 70 € sind 21 €.

   Prozentsatz (30 %) – Grundwert (70 €) – Prozentwert (21 €)

2. 25 Kinder gehen in die 6b. Davon sind 40 % Mädchen, das sind 10 Schülerinnen.

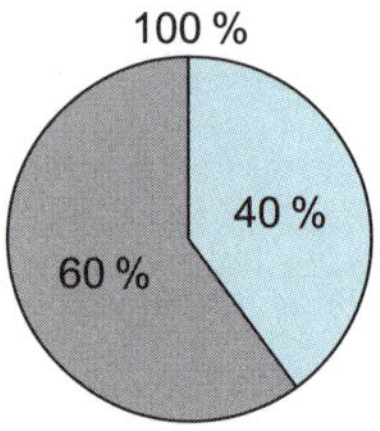

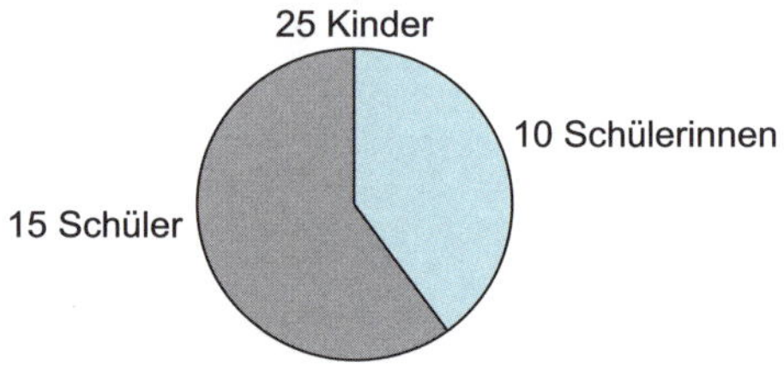

40 %: Prozentsatz

25 Kinder: Grundwert
10 Mädchen: Prozentwert

3. Ein T-Shirt, das 29,98 € kostet, wird um 15 % verbilligt. Das sind 4,50 €. Benenne den Grundwert, den Prozentwert und den zugehörigen Prozentsatz.

   Lösung:

   Der **alte Preis** ist der Grundwert.
   Grundwert: 29,98 €

   Der Grundwert ist immer der Wert, von dem du ausgehst, also das, was am Anfang vorhanden ist.

Der Rabatt, also die **Verbilligung**, hat sich **aus dem Grundwert** ergeben.
Prozentwert: 4,50 €

Der Prozentwert hat immer dieselbe Einheit wie der Grundwert (also Menschen, €, m, kg, etc.). Er ergibt sich durch eine Eigenschaft (z. B. Mädchen) oder ein Ereignis (z. B. Verbilligung) aus dem Grundwert.

Es geht um die **Verbilligung**, weil der Prozentwert ausdrückt, um wie viel das T-Shirt billiger wurde.
Prozentsatz: 15 %

Der Prozentsatz entspricht dem Prozentwert, aber er gibt immer den Anteil am Ganzen in Hundertstel an. Seine Einheit ist meistens Prozent (seltener Promille, also Tausendstel).

4. Ein T-Shirt, das 29,98 € kostet, wird um 15 % verbilligt. Jetzt kostet es 25,48 €.
   Benenne den Grundwert, den Prozentwert und den zugehörigen Prozentsatz.

   Lösung:
   Der **alte Preis** ist der Grundwert.
   Grundwert: 29,98 €
   Der neue Preis ist der **alte Preis abzüglich der Verbilligung**.
   Prozentwert: 25,48 €
   Hier geht es um den neuen Preis, also um das, was **nach Abzug des Rabatts** übrig bleibt:
   Prozentsatz: **100 % – 15 %** = 85 %

193 Benenne jeweils den Grundwert, den Prozentwert und den Prozentsatz.

a) Eine Reise auf die Malediven für 7 Tage kostet pro Person 1 300 €. Man kann mit dem Frühbucher-Bonus 12 % sparen, das sind 156 €.

b) 12 Mädchen befinden sich in einer Klasse von 32 Kindern. Das sind 37,5 %.

c) In einer Packung mit 140 Gummibären befinden sich 35 % rote. Paula zählt 49 rote Gummibären.

d) Im Bertold-Brecht-Gymnasium wird erhoben, wie die Kinder in der Unterstufe zur Schule kommen. 126 Kinder geben an, dass sie mit dem Rad fahren. Das sind 28 % der 450 Kinder, die die Unterstufe besuchen.

e) Nach einer Gehaltserhöhung von 2,5 % verdient Herr Plessing 2 562,50 €. Davor hat er 2 500 € verdient.

f) Nach einem Rabatt von 15 % muss Sevgi für den Chemiebaukasten 72,25 € statt 85 € bezahlen.

g) In einer Packung von 80 Bonbons gibt es 35 % mit Erdbeergeschmack. 52 Bonbons schmecken nicht nach Erdbeere.

h) Das ferngesteuerte Auto, das Emil sich wünscht, würde 125 € kosten, aber wegen eines Rabatts von 12 % muss er nur 110 € bezahlen.

2 Berechnen des Prozentwertes

Linda und Sophie spielen beim DJK Waldram Fußball, wo sie im Moment zweimal wöchentlich 90 Minuten lang trainieren. Ihr Trainer motiviert die Mädchen: „Wenn wir um 20 % mehr trainieren, dann können wir den FC Freiham schlagen!"

Die Zusammenhänge zwischen Prozentwert (PW), Grundwert (GW) und Prozentsatz (PS) lassen sich im **Dreieck der Prozentrechnung** veranschaulichen. Der Prozentsatz wird hier immer als Bruch mit dem Nenner 100 angegeben.

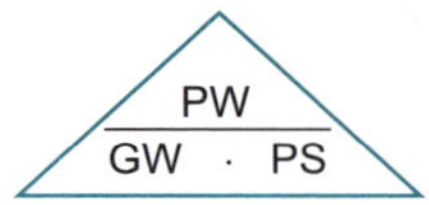

Um den **Prozentwert** auszurechnen, wird dieser im Dreieck der Prozentrechnung abgedeckt. Dadurch bleibt die Formel übrig, die zur Berechnung des Prozentwerts benötigt wird:
PW = GW · PS

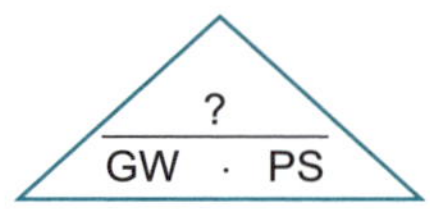

Beispiel

Wie lange trainieren die Mädchen des DJK Waldram, wenn sie ihr Training wirklich um 20 % steigern?

Lösung:

Der **Grundwert** ist die Dauer des Trainings im Moment:
GW = 2 · 90 = 180 Minuten

Als ersten Schritt überlegst du, welche Werte gegeben sind und welcher Wert gesucht ist.

Der **Prozentsatz** gehört zur Dauer des Trainings, nachdem es **um 20 % erhöht** wurde:
PS = **100 % + 20 %** = 120 % = 1,2

Gesucht ist der **Prozentwert**, also die Zeitdauer des verlängerten Trainings.
PW = GW · PS = **180 min · 1,2** = 216 min

Dann liest du die Formel aus dem Dreieck ab und setzt die Beträge ein.

Die Mädchen trainieren nun 216 Minuten.

194 Petra und Paula freuen sich auf den Ausritt am Samstag. Bisher sind sie immer 5 km ausgeritten, aber dieses Mal werden sie um 40 % weiter reiten. Welche Strecke werden sie dann reiten?

195 Patrick möchte fitter werden. Im Moment kann er am Stück 28 Klimmzüge machen.
Wie viele muss er zusätzlich machen, wenn er seine Leistung um 25 % steigern möchte?

196 Maria geht gerne ins Westbad. Ihre Eltern bezahlen für ihre Jahreskarte 260 €. Nun hat sie gehört, dass die Preise in einer Aktion um 12 % gesenkt werden. Schnell sagt sie es Eva, die noch keine Jahreskarte hat.
Um wie viel weniger müssten Evas Eltern zahlen, wenn sie die Aktion nutzen?

197 Herr Peransky verdient im Moment 3 500 € brutto. Er erhält eine Lohnerhöhung von 2,5 %.
Wie viel macht diese Erhöhung aus?

198 In einer Bonbonpackung befinden sich 64 Bonbons. 12,5 % davon sind grün.
Wie viele sind das?

199 In einer Klasse von 24 Kindern mögen 37,5 % am liebsten Kakao zum Frühstück.
Wie viele Kinder haben ein anderes Lieblingsgetränk?

200 Vor zwei Jahren kostete eine Netzfahrkarte für Erwachsene 58 €. Danach wurde ihr Preis erst um 2 % und nach einigen Monaten noch einmal um 2,5 % erhöht.
Wie teuer ist die Fahrkarte heute?

3 Berechnen des Prozentsatzes

Sebastian und Quirin unterhalten sich über die besten Fußballer der Saison 2012/13. Sebastian ist ein Fan von Bayern München. Er meint: „Meister, Pokalsieger und Sieger der Champions League – das soll einmal einer nachmachen!“ „Na ja“, kontert Quirin, „trotzdem hat der Torschützenkönig Stefan Kießling von Bayer Leverkusen um 67 % mehr Tore geschossen als der beste Spieler von Bayern, das war Mario Mandžukić.“

Um den **Prozentsatz** auszurechnen, wird dieser im Dreieck der Prozentrechnung abgedeckt. Dadurch bleibt die Formel übrig, die zur Berechnung des Prozentsatzes benötigt wird:

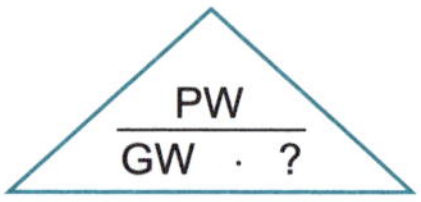

$$\mathbf{PS = \frac{PW}{GW}}$$

Beispiel

Sebastian trumpft auf: „Bayern hatte in dieser Saison das beste Mittelfeld. Das kannst du leicht erkennen, weil die ersten drei Spieler der Liga, die 2012/13 die meisten Assists hatten, bei Bayern spielten: Ribéry führt mit 14 Vorlagen vor Lahm und Müller mit je 11!“ „Stimmt“, muss Quirin zugeben, „Hiroshi Kiyotake vom FC Nürnberg war mit 10 Vorlagen der Vierte der Liste.“
Um wie viel Prozent mehr Vorlagen hat Ribéry im Vergleich zu Kiyotake geliefert?

Lösung:

Der **Grundwert** ist die Anzahl der Vorlagen von Kiyotake:
GW = 10 Vorlagen

Als ersten Schritt überlegst du, welche Werte gegeben sind und welcher Wert gesucht ist.

Der **Prozentwert** ist der Unterschied der Anzahl der Vorlagen von Ribéry und Kiyotake:
PW = 14 Vorlagen – 10 Vorlagen = 4 Vorlagen

Gesucht ist der **Prozentsatz**, also der Anteil, den 4 Vorlagen von 10 Vorlagen ausmachen.

$$PS = \frac{PW}{GW} = \frac{\mathbf{4}}{\mathbf{10}} = 0{,}4 = 40\ \%$$

Dann liest du die Formel aus dem Dreieck ab und setzt die Beträge ein.

Ribéry hat um 40 % mehr Vorlagen geliefert als Kiyotake.

201 In einer Packung mit 75 Bonbons schmecken 21 nach Zitrone. Welchem Prozentsatz entspricht dies?

202 Von 60 Keksen hat Henry schon 48 aufgegessen. Welchem Prozentsatz entspricht das?

203 Frau Hainreiter hat ursprünglich 3 750 € verdient. Nun verdient sie 3 881,25 €.
Um wie viel Prozent wurde ihr Gehalt erhöht?

204 Amelie hat eine CD statt für 9,90 € für 8,91 € gekauft.
Wie viel Prozent betrug der Rabatt?

205 Joshua spielt Tennis. Er trainiert im Winter dreimal wöchentlich eine Stunde in der Halle. Im Frühling spielt er, um sich auf die Saison vorzubereiten, unter der Woche täglich 45 Minuten und am Samstag und Sonntag jeweils zwei Stunden.
Wie hoch ist die prozentuale Steigerung seiner Trainingszeit?

4 Berechnen des Grundwertes

Philipp und Moritz sehen im Schaufenster eines Sportgeschäftes ein Angebot für ein tolles Skateboard, das Moritz unbedingt haben möchte. Philipp meint: „Wetten, dass das Skateboard vorher 99,90 € gekostet hat?! Es sind ja immer solche Preise.“ Hat Philipp recht?

Um den **Grundwert** auszurechnen, wird dieser im Dreieck der Prozentrechnung abgedeckt. Dadurch bleibt die Formel übrig, die zur Berechnung des Grundwertes benötigt wird:

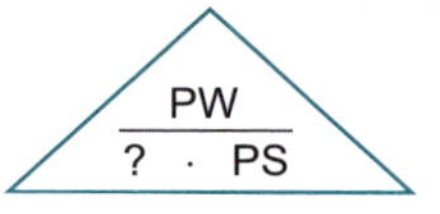

$$\mathbf{GW = \frac{PW}{PS}}$$

Beispiel

Berechne den Grundwert des Skateboards, um Philipps Behauptung zu überprüfen.

Lösung:

Der **Prozentwert** ist der neue Preis:
PW = 79,92 €

Als ersten Schritt überlegst du, welche Werte gegeben sind und welcher Wert gesucht ist.

Der **Prozentsatz** ist der Anteil, den der neue Preis vom alten Preis ausmacht:
PS = **100 % – 20 %** = 80 % = 0,8

Gesucht ist der **Grundwert**, also der ursprüngliche Preis.

$$GW = \frac{PW}{PS} = \frac{\mathbf{79{,}92\ €}}{\mathbf{0{,}8}} = 99{,}90\ €$$

Dann liest du die Formel aus dem Dreieck ab und setzt die Beträge ein.

Philipp hat recht. Das Skateboard hat vorher 99,90 € gekostet.

206 In der 6c gibt es 6 Kinder, die ein Musikinstrument spielen, das sind 24 % der Schüler der Klasse.
Wie viele Kinder besuchen die 6c?

207 Nach einer Gehaltserhöhung von 4 % verdient Frau Hanussen 5 564 € brutto.
Wie viel hat sie vor der Gehaltserhöhung verdient?

208 Nachdem Heiko 30 % der Kekse in einer Packung gegessen hat, sind noch 35 Kekse übrig.
Wie viele Kekse waren in der Packung?

209 Jana hat ihre Trainingsstrecke um 12 % verlängert. Sie joggt nun 7,28 km weit.
Wie lang war ihre ursprüngliche Trainingsstrecke?

210 Edith hat 92 CDs, das sind um 15 % mehr CDs, als Lisa besitzt.
Wie viele CDs hat Lisa?

211 Ben und Jago spielen bei den Nymphenburger Magics Basketball. Ben meint nach dem Spiel: „Dieses Mal hab ich um 25 % mehr Körbe geworfen als letztes Mal.“ Jago erwidert: „Deine 25 Körbe in diesem Spiel waren eine wirklich gute Leistung!“
Wie viele Körbe hat Ben im vorherigen Spiel geworfen?

5 Interpretation von Diagrammen

Im Deutschunterricht bespricht die 6a gerade die Internetnutzung von Jugendlichen. Dazu hat ihr Lehrer ein Diagramm mitgebracht.

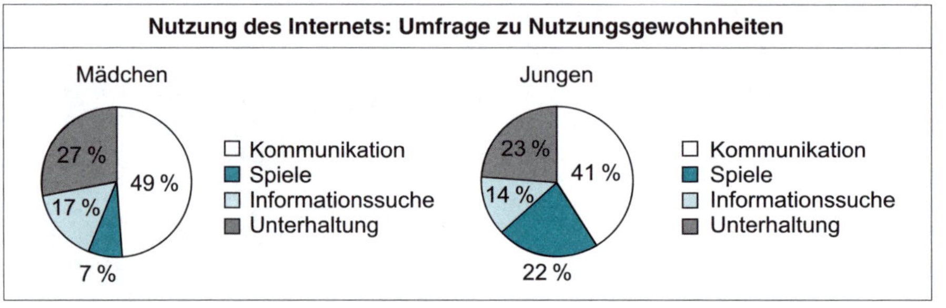

Was kann man aus so einem Diagramm ablesen?

Die **Interpretation von Diagrammen** erfordert genaues Überlegen. Bevor man eine Frage beantwortet, muss man genau hinschauen. Darauf sollte besonders geachtet werden:

- Titel — Was wird untersucht?
- Zahlen — Handelt es sich um absolute Zahlen (z. B. 2 Stunden, 900 €, 7 Pkw) oder relative Zahlen, also Prozentzahlen?
- Informationen — Welche Aussagen sind in den Daten enthalten?
- Fragestellung — (Wie) kann die Frage mit dem Diagramm beantwortet werden?

Beispiel

In der 6a und der 6b erheben die Schüler, wie sie zur Schule fahren. Sie vergleichen anschließend ihre Daten.

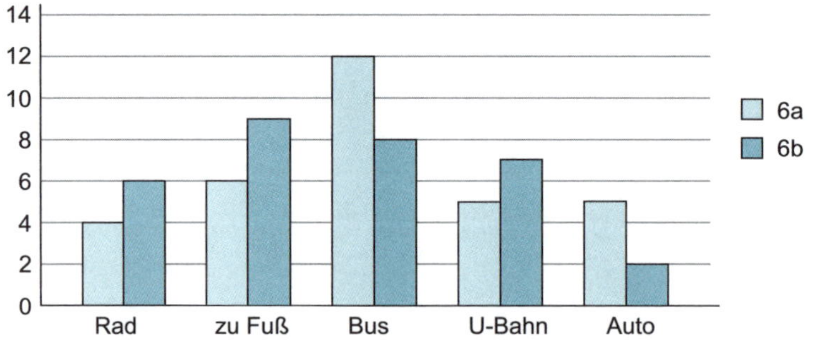

a) Kreuze an, ob folgende Aussagen zutreffen, falsch sind oder aus dem Diagramm nicht beantwortbar sind. Begründe deine Antwort.

	wahr	falsch	nicht beantwortbar
(1) Die 6a ist eine größere Klasse als die 6b.	☐	☐	☐
(2) In der 6b kommen doppelt so viele Schüler mit dem Bus wie in der 6a mit dem Rad.	☐	☐	☐
(3) Es fahren mehr Mädchen mit dem Bus als mit der U-Bahn.	☐	☐	☐
(4) Das am häufigsten genutzte Verkehrsmittel der beiden Klassen zusammen ist der Bus.	☐	☐	☐

b) Um wie viel Prozent mehr Kinder aus der 6a fahren mit dem Bus als mit dem Rad?

c) Berechne die Prozentsätze für die verschiedenen Werte der 6b und zeichne ein Streifendiagramm für die 6b.

Lösung:

a) (1) Die Anzahl der Kinder in beiden Klassen wird zusammengezählt und dann verglichen:
6a: $4+6+12+5+5=\mathbf{32}$
6b: $6+9+8+7+2=\mathbf{32}$
Beide Klassen sind gleich groß, also ist die Aussage falsch.

(2) 6b mit Bus: **8 Kinder**
6a mit Rad: **4 Kinder**
$\mathbf{8=4\cdot 2}$, also ist die Aussage wahr.

Vergleiche die beiden angesprochenen Zahlen.

(3) Hier wird **nie zwischen Mädchen und Jungen unterschieden**, also ist die Aussage aus dem Diagramm nicht beantwortbar.

(4) Rad: $4+6=\mathbf{10}$
zu Fuß: $6+9=\mathbf{15}$
Bus: $12+8=\mathbf{20}$
U-Bahn: $5+7=\mathbf{12}$
Auto: $5+2=\mathbf{7}$
Insgesamt 20 Schüler fahren mit dem Bus. Damit ist der Bus das am häufigsten genutzte Verkehrsmittel. Es handelt sich also um eine wahre Aussage.

Zähle jeweils die Anzahlen zusammen und vergleiche dann.

b) Gegeben: GW = **4 Kinder**
PW = **12 Kinder − 4 Kinder**
= 8 Kinder
Gesucht: PS

$$PS = \frac{PW}{GW} = \frac{8}{4} = 2 = 200\,\%$$

200 % mehr Kinder fahren mit dem Bus als mit dem Rad zur Schule.

Führe eine Prozentrechnung durch, wobei der Prozentsatz gesucht ist. Lies die benötigten Werte aus dem Diagramm ab.

c) Rad:

$$PS = \frac{6}{32} = 0{,}1875 = 18{,}75\,\% \approx 19\,\%$$

Zu Fuß:

$$PS = \frac{9}{32} = 0{,}28125 = 28{,}125\,\% \approx 28\,\%$$

Bus:

$$PS = \frac{8}{32} = 0{,}25 = 25\,\%$$

U-Bahn:

$$PS = \frac{7}{32} = 0{,}21875 = 21{,}875\,\% \approx 22\,\%$$

Auto:

$$PS = \frac{2}{32} = 0{,}0625 = 6{,}25\,\% \approx 6\,\%$$

Rechne alle Prozentsätze aus. Hier wird auf ganze Prozent gerundet.

Das Streifendiagramm für die 6b wird am einfachsten mit dem folgenden Maßstab gezeichnet:
100 % entsprechen 10 cm = 100 mm, also entspricht **ein Prozent einem Millimeter**.

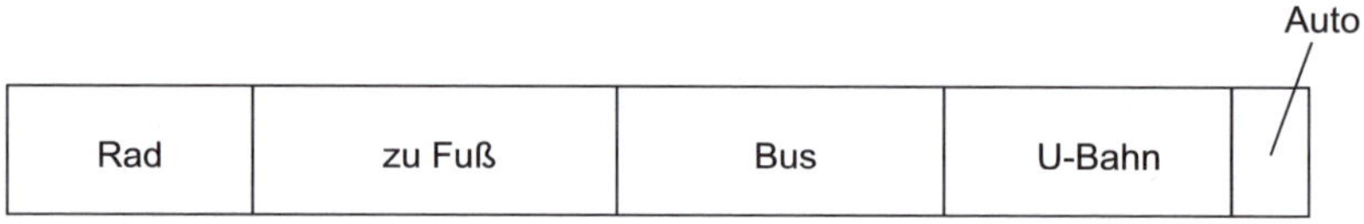

212 Im folgenden Diagramm sieht man die Anzahl der Teilnehmer, die Deutschland zu den jeweiligen Olympischen Spielen entsandt hat.

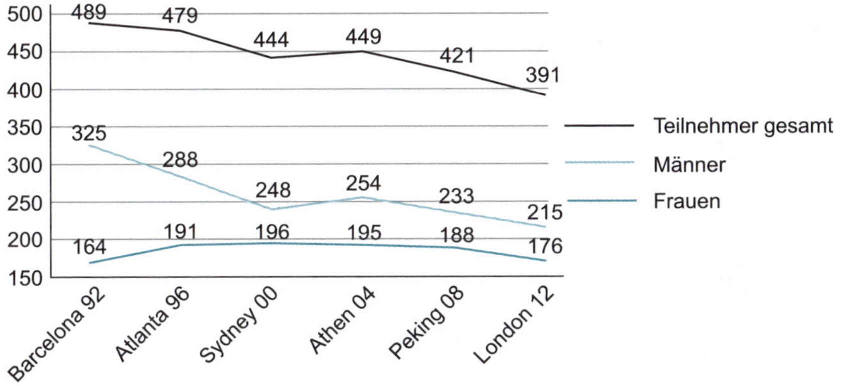

Quelle: Statistisches Bundesamt, Statistisches Jahrbuch 2013

a) Kreuze an, ob die folgenden Aussagen wahr oder falsch sind oder ob sie aus dem Diagramm nicht beantwortbar sind. Begründe deine Antwort.

	wahr	falsch	nicht beantwortbar
(1) Deutschland hat von Mal zu Mal weniger Athleten zu den Spielen entsandt.	☐	☐	☐
(2) Im Jahr 1992 waren mindestens 67 % der deutschen Athleten männlich.	☐	☐	☐
(3) Prozentual gesehen haben 08 mehr Frauen Deutschland vertreten als 04.	☐	☐	☐
(4) In London gab es so wenige Teilnehmer, weil die Fußballer, Handballer und Basketballer gefehlt haben.	☐	☐	☐

b) Wann fuhren am wenigsten Frauen, wann am wenigsten Männer für Deutschland zu den Olympischen Spielen?

c) Stelle diese Daten als Säulendiagramm dar, wobei du die Frauen und die Männer berücksichtigst.

d) Um wie viele Prozent mehr männliche als weibliche deutsche Athleten gab es 2012 in London?

213 In folgendem Diagramm sieht man die Anzahl der Familien in Tausend in Deutschland, in denen die jeweils angegebene Kinderanzahl aufwächst.

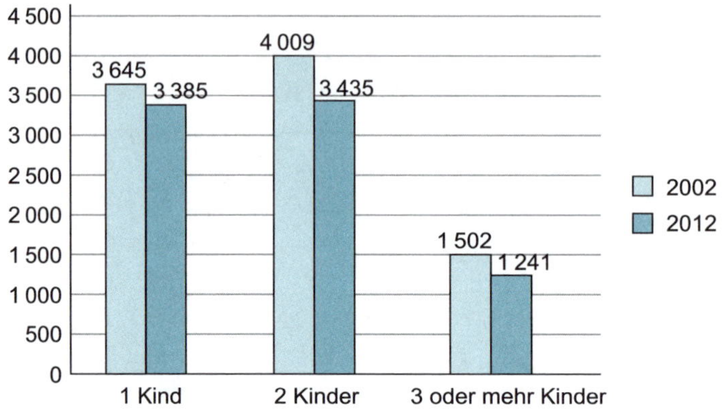

Quelle: Statistisches Bundesamt, Statistisches Jahrbuch 2013

a) Kreuze an, ob die folgenden Aussagen wahr oder falsch sind oder ob sie aus dem Diagramm nicht beantwortbar sind. Begründe deine Antwort.

	wahr	falsch	nicht beantwortbar
(1) 2002 lebten in Deutschland 1 502 Familien mit 3 oder mehr Kindern.	☐	☐	☐
(2) Die Anzahl der Familien mit Kindern in Deutschland ist von 2002 auf 2012 um ca. 12 % gesunken.	☐	☐	☐
(3) Menschen bekommen immer später Kinder, weil sie sich länger in der Ausbildung befinden.	☐	☐	☐
(4) Der Prozentsatz der Familien mit einem Kind an allen Familien mit Kindern ist von 2002 bis 2012 gestiegen.	☐	☐	☐

b) Stelle die Verteilung der Kinderanzahl für das Jahr 2012 als Streifendiagramm dar.

c) Ist die Anzahl der Familien mit 3 und mehr Kindern von 2002 auf 2012 stärker zurückgegangen als die Anzahl der Familien mit Kindern insgesamt?

d) Wie viele Familien mit 2 Kindern gab es 2012 in Deutschland?

214 Aus folgendem Diagramm kann man ablesen, wie hoch der Prozentsatz der jeweiligen Studienberechtigten bzw. der Studienanfänger an einem Geburtsjahrgang ist. Es wird also dargestellt, wie viel Prozent aller Gleichaltrigen studieren dürften und wie viele es tatsächlich tun.

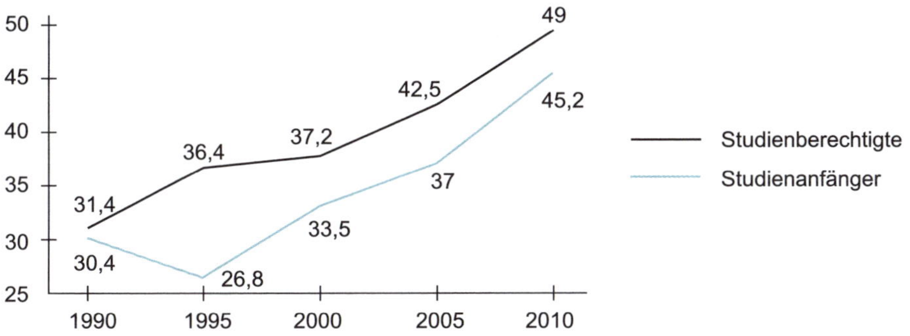

Quelle: http://de.wikipedia.org/wiki/Abiturientenquote_und_Studienanf%C3%A4ngerquote

a) Kreuze an, ob die folgenden Aussagen wahr oder falsch sind oder ob sie aus dem Diagramm nicht beantwortbar sind. Begründe deine Antwort.

	wahr	falsch	nicht beantwortbar
(1) In Deutschland gibt es seit der Wiedervereinigung immer mehr Studienberechtigte.	☐	☐	☐
(2) Am wenigsten zugenommen hat der Prozentsatz der Studienberechtigten zwischen 1995 und 2000.	☐	☐	☐
(3) Es haben immer mehr als drei Viertel aller Studienberechtigten auch studiert.	☐	☐	☐
(4) Etwa 70 % der Studienberechtigten haben das Abitur am Gymnasium erworben, der Rest kommt aus berufsbildenden Schulen.	☐	☐	☐

b) Zeichne für die Studienanfängerquote (also für den Anteil derer aus einem Geburtsjahrgang, die ein Studium beginnen) ein Säulendiagramm.

c) In welchem Jahr lagen die Prozentwerte für Studienberechtigte und Studienanfänger am nächsten zusammen?

d) Ein Bildungspolitiker sagt 2010: „Praktisch die Hälfte unserer Jugendlichen erwerben eine Studienberechtigung.“ Hat er recht? Was müsste ein Bildungspolitiker 1990 entsprechend sagen?

215 Im Sophie-Scholl-Gymnasium wurde ein sportlicher Mehrkampf zwischen allen sechsten Klassen durchgeführt. Dabei erreichten die einzelnen Klassen folgende Plätze in der Wertung:

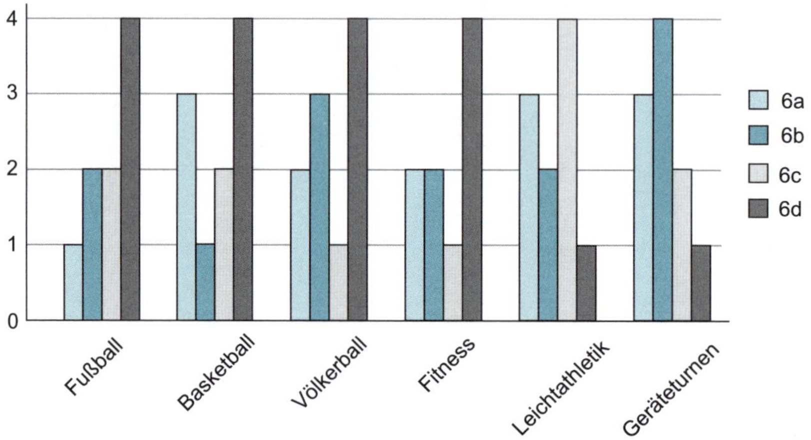

a) Kreuze an, ob die folgenden Aussagen wahr oder falsch sind oder ob sie aus dem Diagramm nicht beantwortbar sind. Begründe deine Antwort.

	wahr	falsch	nicht beantwortbar
(1) Die 6a hat die meisten dritten Plätze.	☐	☐	☐
(2) Es gibt zwei Klassen, die nie den letzten Platz belegt haben.	☐	☐	☐
(3) Die 6c hat genauso oft ein Turnier gewonnen wie die 6d.	☐	☐	☐
(4) Die besten Sportler gehen in die 6a.	☐	☐	☐

b) Für einen ersten Platz gibt es 10 Punkte, für einen zweiten Platz 5 und für einen dritten Platz 3.
Wer ist dann Sieger nach Punkten?

c) Wer ist innerhalb der Ballsportarten Sieger nach Punkten?

6 Manipulation durch Diagramme

Im Ignaz-Günther-Gymnasium findet gerade die Fußballmeisterschaft der Unterstufe statt. Auf dem Monitor in der Aula wird die aktuelle Torschützenliste präsentiert. Luca sagt zu Kemal: „Schau mal, du hast doppelt so viele Tore geschossen als Anton aus der 7c!“

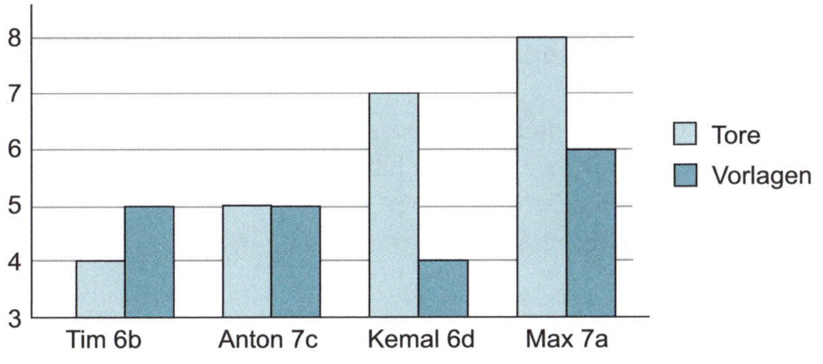

> Daten können unabsichtlich **irreführend dargestellt** oder absichtlich **manipuliert** werden. Dafür gibt es zwei einfache Möglichkeiten:
> - Wenn die waagrechte (horizontale) Achse die senkrechte (vertikale) Achse nicht bei 0 schneidet, verzerren sich die Größenverhältnisse.
> - Wenn nicht Balken, sondern Figuren verwendet werden, um Größenverhältnisse darzustellen, dann wirkt eine Figur, die doppelt so hoch ist (und dadurch auch doppelt so breit), nicht doppelt so groß wie die ursprüngliche, sondern viermal so groß. Dadurch werden Größenverhältnisse ebenfalls verzerrt.

Wird statt einer zweidimensionalen Figur eine dreidimensionale Darstellung verwendet, so kann eine noch größere Verzerrung bewirkt werden.

Beispiele

1. Erläutere, wieso Luca glaubt, dass Kemal doppelt so viele Tore geschossen hat als Anton.

   Lösung:

   Zuerst wird überprüft, wo die **horizontale Achse** die vertikale Achse schneidet: Hier schneidet die horizontale Achse die vertikale bei **3**, also nicht bei 0.

Um zu erläutern, wie es zu einer irreführenden (oder manipulativen) Darstellung von Daten gekommen ist, überprüfst du immer beide Möglichkeiten.

Dann wird überprüft, ob die Figuren (in diesem Fall die Balken) den Eindruck verzerren:

Die **Breite** ist **gleich** geblieben, nur die Länge hat sich verändert. Also liegt hier keine zusätzliche Verzerrung der zweiten Art vor.

Miss die Länge und die Breite der beiden Balken ab.

Hier schneidet die horizontale Achse die vertikale Achse bei 3 und nicht bei 0, deshalb ist der sichtbare Teil des Balkens von Kemal doppelt so lang wie der sichtbare Teil des Balkens von Anton.

2. Max freut sich darüber, dass er mehr Tore geschossen hat als sein Bruder Tim. Um seinen Bruder damit aufzuziehen, hat er die Anzahl der geschossenen Tore grafisch veranschaulicht.
   Wie beurteilst du seine Darstellung?

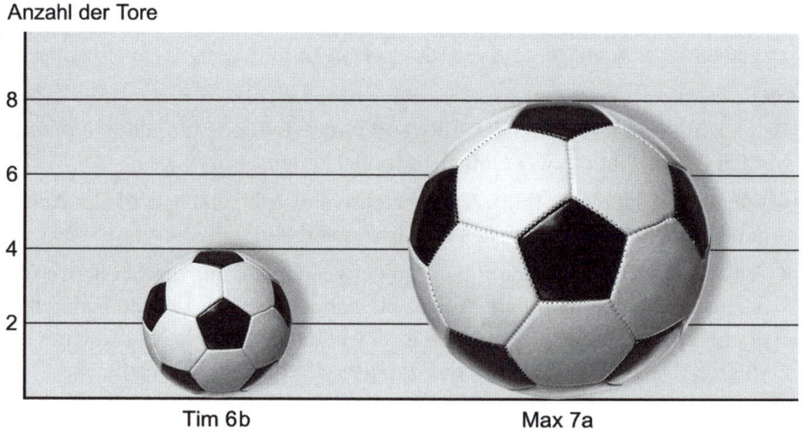

Lösung:

Die waagrechte Achse schneidet die senkrechte bei null. Also liegt keine Verzerrung der ersten Art vor.

Es wirkt so, als habe Max viel mehr Tore geschossen als Tim. Das liegt daran, dass der Ball nicht nur in seiner **Höhe**, sondern auch in seiner **Breite vergrößert** wurde.

216 Das folgende Diagramm entstand aus einer Umfrage, welche Konsole die Schüler der 6. Klassen am Carl-Orff-Gymnasium bevorzugen.
Erläutere, inwiefern hier Daten manipuliert worden sind.

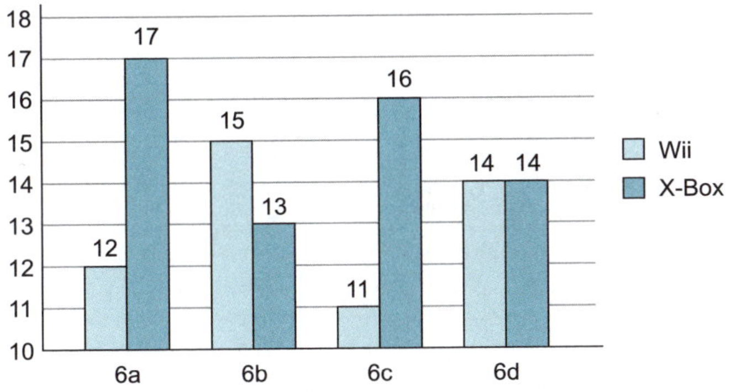

217 In dem folgenden Diagramm wird die tägliche Fernsehdauer in Deutschland in Minuten dargestellt.
Erläutere, inwiefern die Daten irreführend dargestellt wurden.

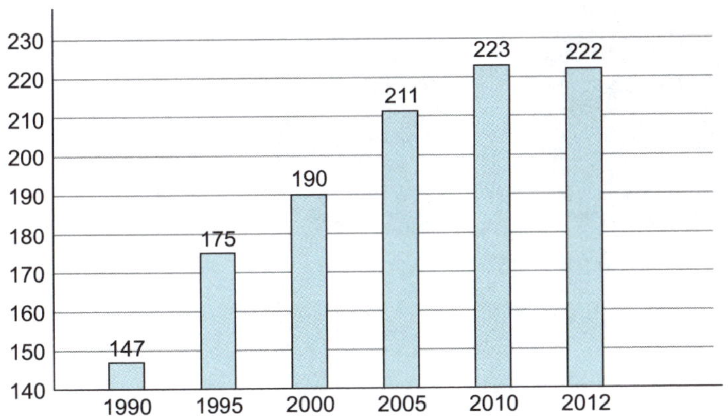

Quelle: Statistisches Bundesamt, Statistisches Jahrbuch 2013

218 Das folgende Diagramm stellt dar, wie viele Kinder einer Klasse ein Haustier besitzen.
Erläutere, inwiefern die Daten irreführend dargestellt werden.

6a: 12 6b: 18 6c: 9

219 Valerie hat in ihrer und ihren Parallelklassen eine Umfrage durchgeführt, wie viel die Schüler im Schnitt für Geburtstagsgeschenke für ihre Eltern ausgeben. Das Ergebnis hat sie im folgenden Diagramm veranschaulicht.
Erläutere, inwiefern hier Daten manipuliert worden sind.

6a: 6,50 € 6b: 13,00 € 6c: 10,00 € 6d: 5,00 €

7 Vermischte Aufgaben

220 In einer Packung mit 75 Keksen sind 12 zerbrochen.
Welchem Prozentsatz entspricht das?

221 In einer Klasse spielen 12 Kinder am liebsten Basketball. Das sind 37,5 %.
Wie viele Kinder gehen in diese Klasse?

222 Nach einer Gehaltserhöhung von 2 % verdient Frau El Labadi 4 284 €.
Wie viel hat sie vor der Erhöhung verdient?

223 Anna und Ruth laufen immer gemeinsam. Sie wollen nun fitter werden, also verlängern sie ihre Trainingsstrecke um 15 %.
Wenn sie vorher 6,8 km gelaufen sind, wie weit laufen sie dann nachher?

224 In einer Bio-Nusskern-Mischung von 200 g sollen sich mindestens 30 % Cashew-Kerne befinden. Lara sucht diese Kerne, die sie besonders gerne mag, heraus und wiegt sie ab. Sie wiegen 55 g.
Sind genug Cashew-Kerne in der Mischung gewesen?

225 Ein Spiel wurde erst um 10 % ermäßigt, danach wurde der Preis noch einmal um 15 % herabgesetzt. Nun muss Daniel 19,89 € dafür bezahlen.
Wie viel hat das Spiel ursprünglich gekostet?

226 Herr Schmidt ist der Filialleiter in Filiale II einer Supermarktkette. Er stellt die Umsätze von drei Filialen in folgendem Diagramm dar.
Welchen Eindruck erweckt das Diagramm?

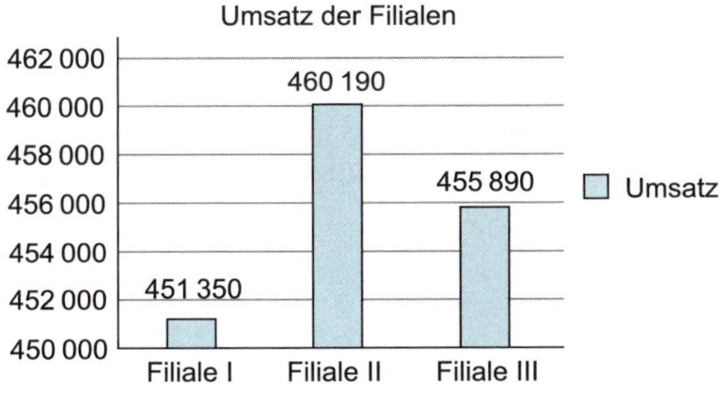

227 Folgendes Diagramm stellt die Anzahl der Schüler an Volksschulen (= Grund- und Hauptschulen) sowie Mittelschulen und höheren Schulen dar. Beantworte dazu die folgenden Fragen.

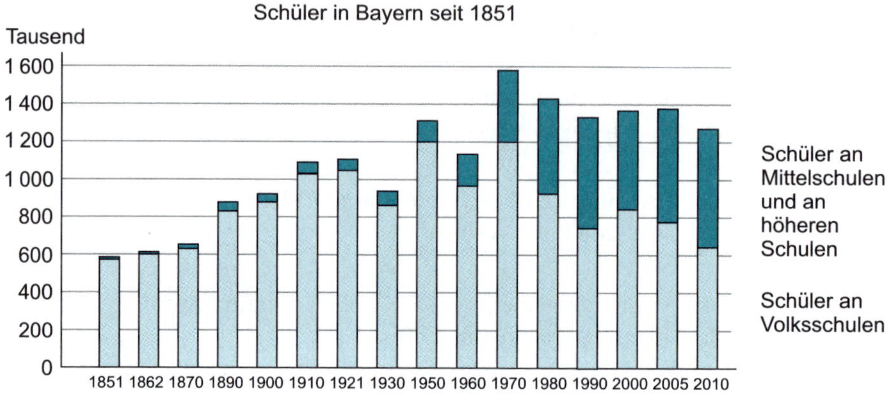

Quelle: https://www.statistik.bayern.de/ueberuns/zeitreihen/ vom 26. 08. 2013

a) Kreuze an, ob die folgenden Aussagen wahr oder falsch sind oder ob sie aus dem Diagramm nicht beantwortbar sind. Begründe deine Antwort.

	wahr	falsch	nicht beantwortbar
(1) Die Anzahl der Schüler an Mittelschulen und höheren Schulen hat sich von 1970 auf 2010 annähernd verdoppelt.	☐	☐	☐
(2) 1980 besuchten die meisten Schüler eine Schule in Bayern.	☐	☐	☐
(3) Es gehen immer mehr Mädchen in höhere Schulen.	☐	☐	☐

b) Ab welchem Jahr sank die Anzahl der Volksschüler bis heute?

c) Welcher Prozentsatz der Schüler ging 1970 bzw. 2010 in Mittelschulen und höhere Schulen?

d) Wie könntest du die Daten der Jahre 1980 bis 2010 so manipulieren, dass der Anteil der Schüler an Mittelschulen und höheren Schulen größer wirkt, als er eigentlich ist?

Proportionalität

1 Direkte Proportionalität

Julius, Adrian und Leopold kommen vom Training und haben Lust auf Burger, also lesen sie sich die Preisliste durch. „Ein Extraburger-Menü wäre lecker“, meint Julius. Es kostet 4,90 €. Adrian und Leopold stimmen zu. Alle drei schauen, wie viel Geld sie dabeihaben und ob es für drei Menüs reicht.

- Bei der **direkten Proportionalität** entspricht das Doppelte (das Dreifache, die Hälfte etc.) der einen Größe immer dem Doppelten (dem Dreifachen, der Hälfte etc.) der anderen Größe.
- Direkte Proportionalität besteht also zwischen zwei Größen, die **im selben Verhältnis** zueinander stehen. Man kann dieses Verhältnis als Multiplikation darstellen.

Beispiele

1. Ein Kilogramm Äpfel kostet 2,50 €.
   Wie viel kosten zwei bzw. zehn Kilogramm Äpfel? Wie könnte man den Preis abhängig vom Gewicht berechnen?

   Lösung:

   ·2 (1 kg Äpfel kostet 2,50 €.) **·2**
   2 kg Äpfel kosten 5,00 €.

   ·10 (1 kg Äpfel kostet 2,50 €.) **·10**
   10 kg Äpfel kosten 25,00 €.

   Für den Preis in Abhängigkeit vom Gewicht gilt:
   Preis der Äpfel = **2,5** · Gewicht der Äpfel

2. 250 g Bierschinken kosten 3,35 €.
   Wie teuer sind 400 g?

   Lösung:

   Zuerst wird berechnet, wie viel **100 g** Bierschinken kosten. Da zwischen Gewicht und Preis immer dasselbe Verhältnis besteht, kann der Preis durch 2,5 geteilt werden, weil 250 g genau das 2,5-Fache von 100 g sind.

   : 2,5 (250 g Bierschinken kosten 3,35 €.) **: 2,5**
   100 g Bierschinken kosten 1,34 €.

Dann wird berechnet, wie viel **400 g** Bierschinken kosten. Dazu wird der Preis von 100 g mit 4 multipliziert, weil es sich um die vierfache Menge handelt.

$\cdot 4$ (100 g Bierschinken kosten 1,34 €.) $\cdot 4$
400 g Bierschinken kosten 5,36 €.

228 Lina fährt mit ihrer Familie in den Urlaub. Ihre Mutter will vor der Abfahrt noch einmal volltanken. Ein Liter Super kostet 1,669 €.
Wie viel zahlt ihre Mutter für 60 Liter?

229 Alexandra weiß, dass sie zu viert 34 € an Kinoeintritt bezahlt haben.
Wie viel müssen sie bezahlen, wenn sie zu zehnt sind?

230 Eine Palette mit Gelierzucker (40 Packungen) wiegt 21 kg.
Wie schwer ist eine Packung Gelierzucker, wenn die leere Palette 3 kg wiegt?

231 Im Elektrogeräte-Markt gibt es einen Jubiläums-Rabatt von 35 %.

a) Ein Flachbildfernseher kostet 169 €.
Wie teuer ist er nach der Reduktion?

b) Ein Tablet kostet 499 €.
Wie teuer ist es nach der Reduktion?

232 Paul, Halit und Kevin haben jeweils zwei Leberkäse-Semmeln gegessen und eine große Apfelschorle getrunken. Dafür haben sie zusammen 17,10 € bezahlt.
Wie viel kostet eine Leberkäse-Semmel, wenn eine Apfelschorle 2,20 € kostet?

233 Einen Karren kann man mit maximal 480 kg, das entspricht 24 Sandsäcken, beladen. Mauritio kann 2 Sandsäcke auf einmal tragen.
Wie schwer sind diese zwei Säcke?

* **234** Luis schaut sich eine Landkarte im Maßstab 1 : 100 000 an.

a) Wie lang ist eine 5 km lange Strecke auf dieser Karte?

b) Wie weit sind zwei Städte voneinander entfernt, wenn sie auf der Landkarte einen Abstand von 6,5 cm haben?

2 Indirekte Proportionalität

Pia, Michelle und Paula wollen ihre Freundinnen einladen. Sie haben verschiedene Kekspackungen gekauft. Insgesamt haben sie nun 60 Kekse. Paula fragt: „Glaubt ihr, dass das reicht?“ Michelle antwortet: „Das hängt ganz davon ab, wie viele unserer Freundinnen kommen!“

- Bei der **indirekten Proportionalität** entspricht das Doppelte (das Dreifache, die Hälfte etc.) der einen Größe immer der Hälfte (dem Drittel, dem Doppelten etc.) der anderen Größe.
- Indirekte Proportionalität besteht also zwischen zwei Größen, deren Produkt stets dasselbe Ergebnis liefert. Man kann dieses Verhältnis als Division darstellen.

Beispiele

1. Wie viele Kekse bekommen die Mädchen jeweils, wenn sie zu fünft bzw. zu zehnt sind?

   Lösung:
   Die Anzahl der Kekse wird berechnet, indem die 60 Kekse durch die Anzahl der Mädchen geteilt wird.

   $\cdot 5$ (1 Mädchen bekommt 60 Kekse.
   5 Mädchen bekommen jeweils 12 Kekse.) $:5$

   $\cdot 10$ (1 Mädchen bekommt 60 Kekse.
   10 Mädchen bekommen jeweils 6 Kekse.) $:10$

2. Noah hilft seiner Mutter beim Wegräumen des Einkaufs. Sie haben 24 Dosen Katzenfutter gekauft.
   Welche Möglichkeiten hat Noah, diese Dosen in Reihen zu gleich vielen Stück aufzustellen?

   Lösung:
   Hier liegt indirekte Proportionalität vor: **Je mehr** Dosen Noah in eine Reihe stellt, **desto weniger** Reihen gibt es.
   1 Reihe mit **24** Dosen
   2 Reihen mit **12** Dosen
   3 Reihen mit **8** Dosen
   4 Reihen mit **6** Dosen
   6 Reihen mit **4** Dosen

   Du versuchst möglichst viele Multiplikationen natürlicher Zahlen zu finden, deren Produkt 24 ist.

8 Reihen mit 3 Dosen
12 Reihen mit 2 Dosen
24 Reihen mit 1 Dose

3. Fünf Maurer brauchen 12 Arbeitstage (à 8 Stunden), um das Erdgeschoss einer Villa zu mauern.
   Wie lange würden sechs Maurer brauchen?

   Lösung:
   Zeit, die ein Maurer benötigt:
   Anzahl der Stunden:
   12 Arbeitstage $\cdot$ 5 = 60 Arbeitstage = 60 $\cdot$ 8 h = 480 h

   Zeit, die sechs Maurer benötigen:
   480 h : 6 = 80 h = 10 Arbeitstage

235 Um die Beete in einem Garten zu jäten, braucht man alleine 4 Stunden. Wie lange würden 6 Personen brauchen, die alle gleich schnell arbeiten?

236 Auf wie viele Arten kann man 2 € bezahlen, wenn man nur Münzen von gleichem Wert verwenden möchte? Zähle auf.

237 Eine Packung Schoko-Bonbons enthält 80 Stück.
Nenne fünf Möglichkeiten, diese Bonbons auf eine unterschiedliche Anzahl von Kindern gerecht zu verteilen.

238 Drei Maler brauchen 6 Arbeitstage (à 8 Stunden), um alle Malerarbeiten in einem Neubau zu vollenden.
Wie lange würden 10 Maler brauchen?

239 Welche Möglichkeiten (nur ganzzahlige Werte in Zentimetern) gibt es für die Länge und die Breite eines Rechtecks, wenn man weiß, dass der Flächeninhalt des Rechtecks 30 cm^2 beträgt?

3 Vermischte Aufgaben

240 Ein Fluss droht über seine Ufer zu treten. An der gefährdeten Stelle sollen 8 t Sandsäcke aufgestapelt werden. Diese wiegen jeweils 5 kg.
Wie viele Säcke muss jeder Helfer schleppen, wenn es 20, 50, 400 Helfer sind?

241 Dennis, der in einer Bäckerei arbeitet, hat keine Lust, jedes Mal zu rechnen, also macht er sich eine Liste für den Gesamtpreis von Semmeln. An fünfter Stelle steht 2,25 €.
Erstelle die Liste für ein bis zehn Semmeln.

242 Mariella zahlt für acht Stück Strudel 19,20 €.
Wie teuer wären 5 Stück?

243 Fünf DIN A4-Hefte mit Rand kosten 2,95 €.
Wie teuer sind 13 Hefte?

244 In einer Packung Kekse sind 12 Stück. Marie kauft drei Packungen.
Wie viele Kekse bekommt jedes Kind, wenn Marie die Kekse mit 2, 5, 11 Freunden teilt?

Grundwissen der 5. und 6. Klasse

Abstand

Der Abstand ist die kürzeste Entfernung zweier Objekte.

Beispiele:

- Der Abstand der Punkte A und B ist die Länge der Strecke [AB].
- Der Abstand von Punkt A und Gerade g ist die Länge der Strecke [AF], wobei F der Lotfußpunkt des Lotes durch A auf g ist.

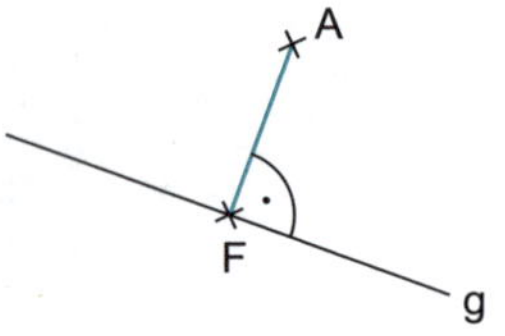

- Der Abstand der parallelen Geraden g und h ist die Länge der Strecke von einem beliebigen auf g liegenden Punkt A zum Lotfußpunkt des Lotes von A auf h.

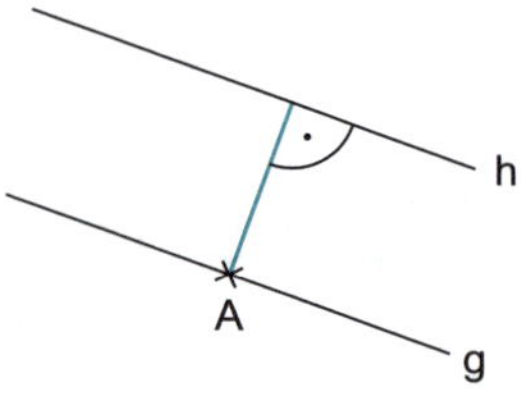

Achsensymmetrie

Zwei Punkte A und A' sind symmetrisch bezüglich der Symmetrieachse a, wenn die Verbindungsstrecke der Punkte senkrecht auf der Achse a steht und von ihr halbiert wird.

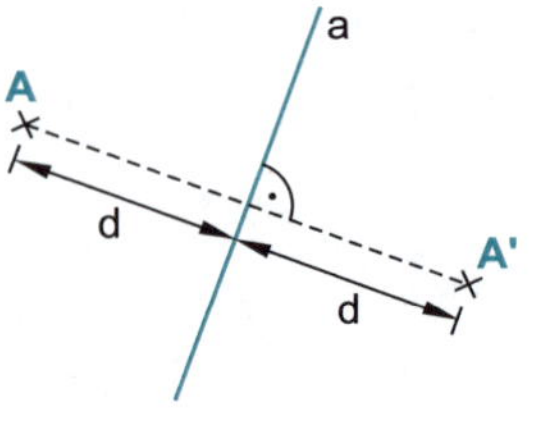

Addition

Der Term einer Addition heißt Summe.
1. Summand + 2. Summand = Summenwert

Addition/Subtraktion von Brüchen

Bringe die Brüche durch Erweitern auf einen gleichen Nenner (Hauptnenner bzw. kgV der ursprünglichen Nenner). Addiere/Subtrahiere die Zähler und behalte den gemeinsamen Nenner bei.

Addition/Subtraktion von Dezimalzahlen

Addiere/Subtrahiere die Dezimalen mit den gleichen Stellenwerten. Erweitere bei Bedarf eine Dezimalzahl durch Anhängen von Nullen.

Betrag

Als Betrag einer Zahl wird ihr Abstand zur Null auf der Zahlengeraden bezeichnet.
Beispiele: $|-3| = 3$ und $|3| = 3$

Brüche

Nenner: Anzahl der gleichen Teile, die ein Ganzes ergeben
Zähler: Anzahl dieser gleichen Teile

$$\text{Bruch} = \frac{\text{Zähler}}{\text{Nenner}}$$

Dezimalzahlen (Dezimalbrüche)

Dezimalzahlen sind Zahlen in Kommaschreibweise.

Diagramm

Ein Diagramm dient der grafischen Veranschaulichung.

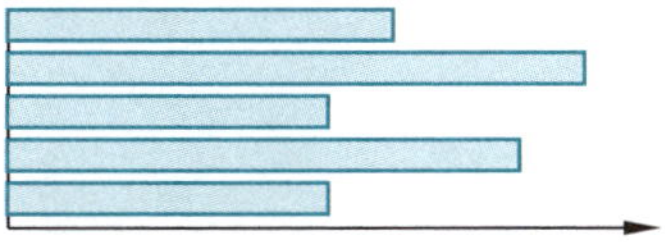

Balkendiagramm

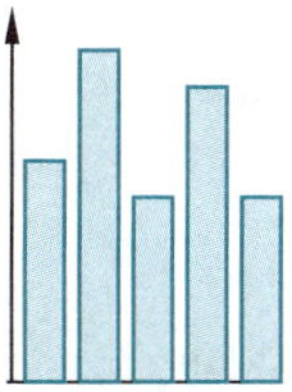

Säulendiagramm

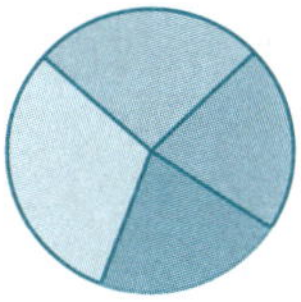

Kreisdiagramm

Streifendiagramm

Division

Der Term einer Division heißt Quotient.
Dividend : Divisor = Quotientenwert
Der Quotientenwert ist genau dann null, wenn der Dividend null ist.
Die Division durch null ist nicht möglich.

Division von Brüchen

Durch einen Bruch wird dividiert, indem man mit dem Kehrbruch multipliziert.

$$\frac{a}{b} : \frac{c}{d} = \frac{a}{b} \cdot \frac{d}{c}$$

Division von Dezimalzahlen

Man verschiebt das Komma bei Divisor und Dividend um die gleiche Stellenzahl, bis der Divisor eine ganze Zahl ist.
Beim Überschreiten des Kommas des Dividenden wird beim Ergebnis ein Komma gesetzt.

Element

Eine Zahl ist Element einer Zahlenmenge, wenn die Zahl in der Menge enthalten ist.
Schreibweise: $\in$, $\notin$

Erweitern

Der Wert eines Bruchs bleibt erhalten, falls Zähler und Nenner mit der gleichen Zahl multipliziert werden.

$\frac{a}{b} = \frac{a \cdot n}{b \cdot n}$ $\quad$ $a, b, n \in \mathbb{Z}$; $b \neq 0$; $n \neq 0$

Flächeninhalt

Einheiten: 1 km^2, 1 ha (Hektar), 1 a (Ar), 1 m^2, 1 dm^2, 1 cm^2, 1 mm^2

Umrechnungstabelle:

$1\,km^2 = 100\,ha$
$1\,ha = 100\,a$
$1\,a = 100\,m^2$
$1\,m^2 = 100\,dm^2$
$1\,dm^2 = 100\,cm^2$
$1\,cm^2 = 100\,mm^2$

Formeln zur Flächenberechnung:

Dreieck	$A = \frac{1}{2} a \cdot h_a = \frac{1}{2} b \cdot h_b = \frac{1}{2} c \cdot h_c$
Parallelogramm	$A = a \cdot h_a = b \cdot h_b$
Quadrat	$A = a^2$
Rechteck	$A = a \cdot b$
Trapez	$A = \frac{1}{2}(a + c) \cdot h$ mit $a \parallel c$

Komplizierte Flächen lassen sich oft bestimmen, indem sie in Rechtecke zerlegt oder zu Rechtecken ergänzt werden. Häufig lassen sie sich auch zu berechenbaren Flächen umbauen.

Gerade

Die Verlängerung der Strecke [AB] über A und B hinaus ergibt die Gerade AB.
Geraden werden häufig mit kleinen lateinischen Buchstaben bezeichnet: g, h, …

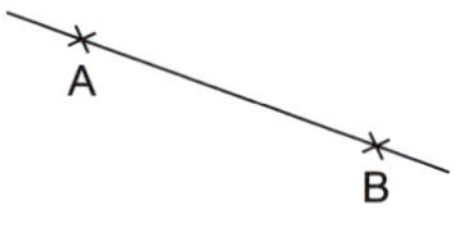

Halbgerade

Verlängert man die Strecke von A nach B über B hinaus, so entsteht die Halbgerade [AB.
Halbgeraden werden oft mit kleinen lateinischen Buchstaben bezeichnet: g, h, …

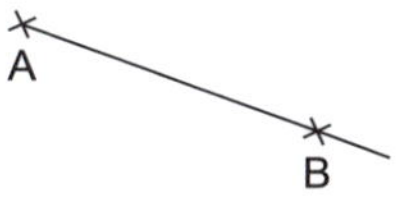

kgV (kleinstes gemeinsames Vielfaches)

Das kleinste gemeinsame Element aus den Vielfachenmengen von Zahlen wird kgV genannt.

Koordinaten

Die x- und y-Koordinaten geben die Lage eines Punktes im Koordinatensystem an.

Koordinatensystem

Zwei sich senkrecht bei den Nullpunkten kreuzende Zahlengeraden ergeben ein Koordinatensystem.
Der Nullpunkt wird als Ursprung des Koordinatensystems bezeichnet.
Das Koordinatensystem unterteilt die Zeichenebene in vier Quadranten.

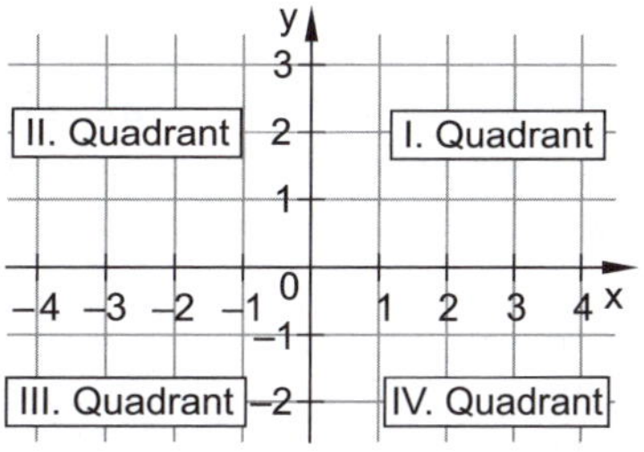

Kreis

Alle Punkte eines Kreises haben vom Mittelpunkt den gleichen Abstand. Dieser Abstand heißt Radius.
Kurzschreibweise: k(M; r) „Kreis um Mittelpunkt M mit Radius r"

Kürzen

Der Wert eines Bruchs ändert sich nicht, falls Zähler und Nenner durch die gleiche Zahl dividiert werden.

$$\frac{a}{b} = \frac{a:n}{b:n} \qquad a, b, n \in \mathbb{Z}; \quad b \neq 0;\ n \neq 0$$

Lot

Das Lot zu einer Geraden g ist eine Gerade, die senkrecht auf g steht. Der Schnittpunkt des Lotes mit der Geraden heißt Lotfußpunkt.

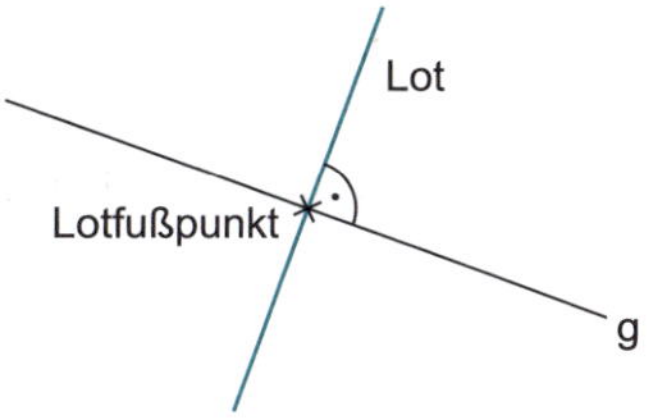

Maßstab

Maßstab 1 : 50 bedeutet, dass 1 cm in der Zeichnung 50 cm in Wirklichkeit entspricht.

Beispiele:

- 4 cm in der Zeichnung: 4 cm · 50 = 200 cm = 2 m in Wirklichkeit
- 8 m in Wirklichkeit: 8 m : 50 = 800 cm : 50 = 16 cm in der Zeichnung

Multiplikation

Der Term einer Multiplikation heißt Produkt.

1. Faktor · 2. Faktor = Produktwert

Ein Produkt ist genau dann null, wenn mindestens ein Faktor null ist.

Multiplikation von Brüchen

Multipliziere Zähler mit Zähler und Nenner mit Nenner.

$$\frac{a}{b} \cdot \frac{c}{d} = \frac{a \cdot c}{b \cdot d}$$

Multiplikation von Dezimalzahlen

Multipliziere die Dezimalzahlen ohne Rücksicht auf das Komma.

Das Ergebnis hat gleich viele Dezimalstellen wie beide Faktoren zusammen.

Netz

Schneidet man einen Körper entlang einiger seiner Kanten so auf, dass er sich zu einer zusammenhängenden Fläche auseinanderfalten lässt, so wird diese Fläche als Netz des Körpers bezeichnet.

Oberfläche

Die Oberfläche eines Körpers besteht aus allen Flächen, die den Körper begrenzen.

Für die Oberfläche eines Quaders mit den Kantenlängen a, b und c gilt:

$O_{Quader} = 2 \cdot a \cdot b + 2 \cdot a \cdot c + 2 \cdot b \cdot c = 2 \cdot (a \cdot b + a \cdot c + b \cdot c)$

Sonderfall: $O_{Würfel} = 6 \cdot a^2$

Parallele Geraden oder Strecken

Zwei Geraden oder Strecken verlaufen parallel zueinander, wenn sie an jeder beliebigen Stelle den gleichen Abstand haben.

Parallelogramm

Ein Viereck, bei dem die jeweils gegenüberliegenden Seiten zueinander parallel sind, heißt Parallelogramm.

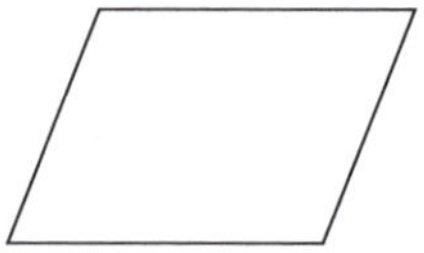

Potenz

Kurzschreibweise für Produkte mit gleichen Faktoren

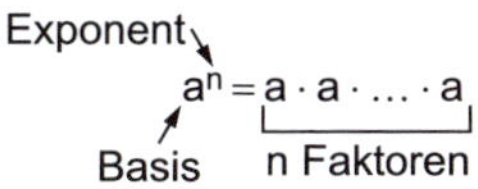

Primfaktorzerlegung

Eine Zahl wird als Produkt dargestellt, das nur aus Primzahlen besteht.

Primzahlen

Primzahlen sind natürliche Zahlen, die genau zwei verschiedene Teiler haben, nämlich 1 und die Zahl selbst.

Prisma

Grund- und Deckfläche eines n-seitigen Prismas sind zwei identische n-Ecke, die parallel übereinanderliegen. Die Seitenflächen bestehen aus Rechtecken.

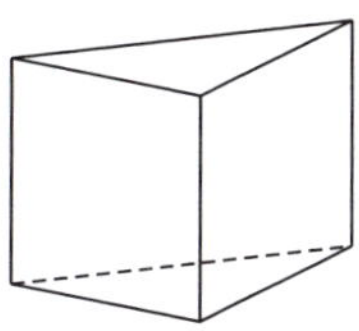
dreiseitiges Prisma

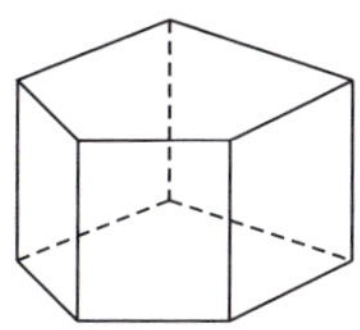
fünfseitiges Prisma

Prozent

„Prozent“ bedeutet „je hundert“ und wird bei der Berechnung von Anteilen verwendet:

$$1\,\% = \frac{1}{100}$$

Promille bedeutet „je tausend“:

$$1\,‰ = \frac{1}{1\,000}$$

Verschiebt man das Komma einer rationalen Zahl um zwei Stellen nach rechts, so erhält man ihren Wert in Prozent:
$0{,}01 = 1\,\%$

Prozentrechnung

Prozentwert: $PW = GW \cdot PS$

Prozentsatz: $PS = \frac{PW}{GW}$

Grundwert: $GW = \frac{PW}{PS}$

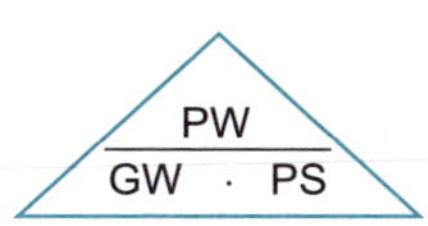

Pyramide

Die Grundfläche einer Pyramide ist ein n-Eck. Die Seitenflächen sind immer Dreiecke.

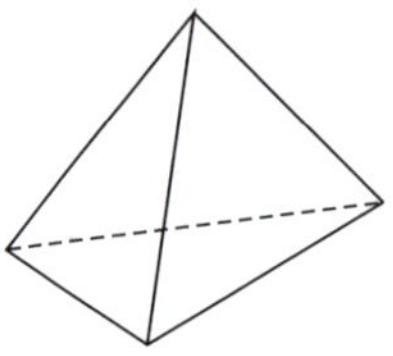

dreiseitige Pyramide

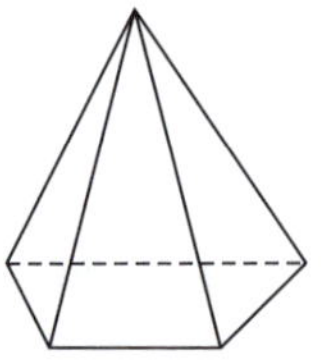

vierseitige Pyramide

Quader

Die sechs Seiten eines Quaders sind Rechtecke, wobei die beiden gegenüberliegenden Seitenflächen jeweils identisch sind. Aneinander angrenzende Seiten stehen zueinander senkrecht.

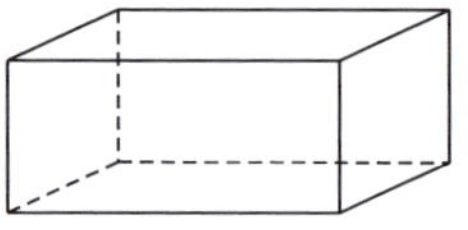

Quadernetz:

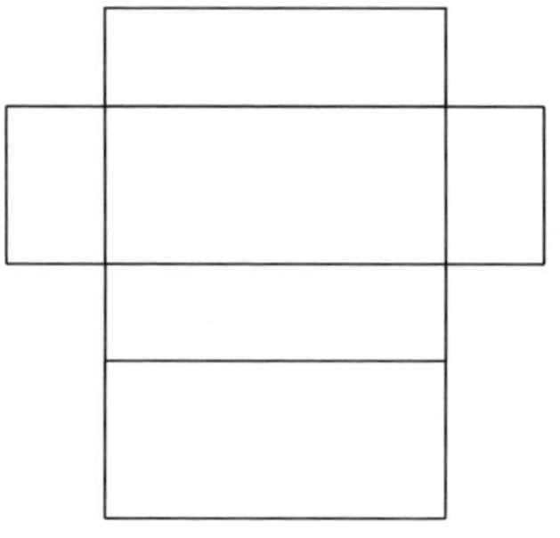

Quadrat

Ein Rechteck mit vier gleich langen Seiten heißt Quadrat. Es hat vier Symmetrieachsen.

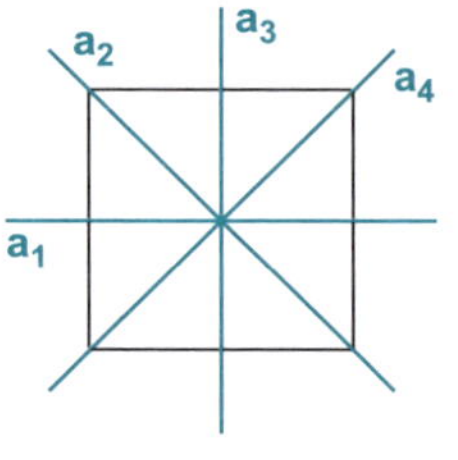

Rechengesetze

Zuerst werden die Klammern berechnet, dann „Potenzen" vor „Punkt" vor „Strich". Innerhalb der Punkt- bzw. Strichrechenarten wird von links nach rechts gearbeitet bzw. das Kommutativ- und Assoziativgesetz angewandt.

Kommutativgesetz (KG)

$a + b = b + a$	Addition
$a \cdot b = b \cdot a$	Multiplikation

Assoziativgesetz (AG)

$(a \cdot b) \cdot c = a \cdot (b \cdot c)$	Multiplikation
$(a+b)+c = a+(b+c)$	Addition

Distributivgesetz (DG)

$a \cdot (b+c) = a \cdot b + a \cdot c$	Multiplikation
$a \cdot (b-c) = a \cdot b - a \cdot c$	
$(a+b) \cdot c = a \cdot c + b \cdot c$	
$(a-b) \cdot c = a \cdot c - b \cdot c$	
$(a+b) : c = a : c + b : c$	Division
$(a-b) : c = a : c - b : c$	

Rechteck

Ein Viereck mit vier rechten Winkeln heißt Rechteck. Es hat zwei Symmetrieachsen.

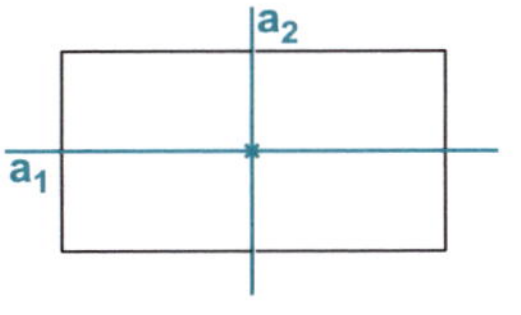

Strecke

Die kürzeste Verbindung zwischen zwei Punkten A und B ist die Strecke [AB]. Die Länge der Strecke [AB] wird abgekürzt als $\overline{AB}$.

Subtraktion

Der Term einer Subtraktion heißt Differenz.
Minuend − Subtrahend = Differenzwert

Term

Ein aus Zahlen, Rechenzeichen und Klammern bestehender sinnvoller Rechenausdruck heißt Term.

Trapez

Ein Viereck mit zwei zueinander parallelen Seiten heißt Trapez. Die nicht parallelen Seiten werden als Schenkel bezeichnet.

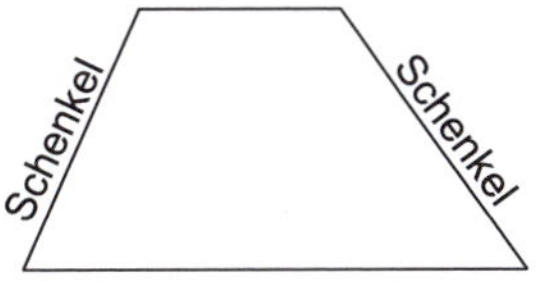

Viereck

Bezeichnungen beim allgemeinen Viereck (siehe nebenstehende Abbildung).

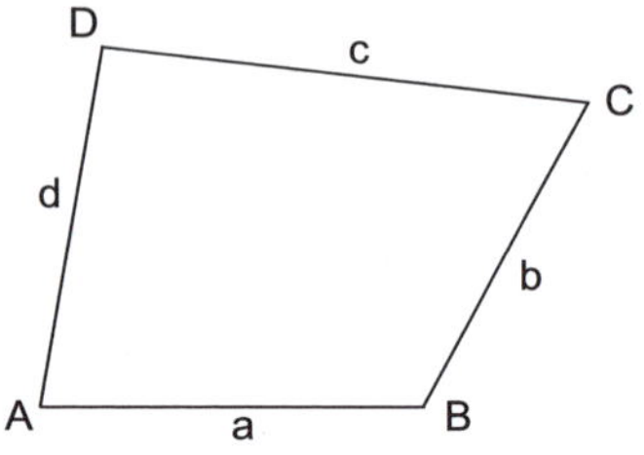

Besondere Vierecke:
Drachenviereck, Parallelogramm, Quadrat, Raute, Rechteck, Trapez

Volumen

Volumeneinheiten:
1 km³, 1 m³, 1 dm³, 1 cm³, 1 mm³, 1 $h\ell$ (Hektoliter), 1 ℓ (Liter), 1 $m\ell$ (Milliliter)

Umrechnung:

$1\,000\ \text{mm}^3 = 1\ \text{cm}^3$

$1\,000\ \text{cm}^3 = 1\ \text{dm}^3$

$1\,000\ \text{dm}^3 = 1\ \text{m}^3$

$1\,000\,000\,000\ \text{m}^3 = 1\ \text{km}^3$

$1\ \text{dm}^3 = 1\ \ell$

$100\ \ell = 1\ h\ell$

$1\ \text{cm}^3 = 1\ m\ell$

Volumen eines Quaders mit den Seitenlängen a, b und c:
$V = a \cdot b \cdot c$
Volumen komplizierter Körper lassen sich oft bestimmen, indem sie in Quader zerlegt oder zu Quadern ergänzt werden. Auch ein geeigneter Umbau kann hilfreich sein.

Vorzeichenregel beim Multiplizieren und Dividieren ganzer Zahlen

Rechne mit Beträgen und bestimme das Vorzeichen der Lösung nach folgenden Regeln:

$(+) \cdot (+) = (+)$	$(-) \cdot (-) = (+)$
$(+) \cdot (-) = (-)$	$(-) \cdot (+) = (-)$
$(+) : (+) = (+)$	$(-) : (-) = (+)$
$(+) : (-) = (-)$	$(-) : (+) = (-)$

Winkel

Zwei sich schneidende Geraden oder Halbgeraden bilden einen Winkel.
Die beiden (Halb-)Geraden werden entgegen dem Uhrzeigersinn als Schenkel 1 und Schenkel 2 bezeichnet, ihr Schnittpunkt ist der Scheitel des Winkels.

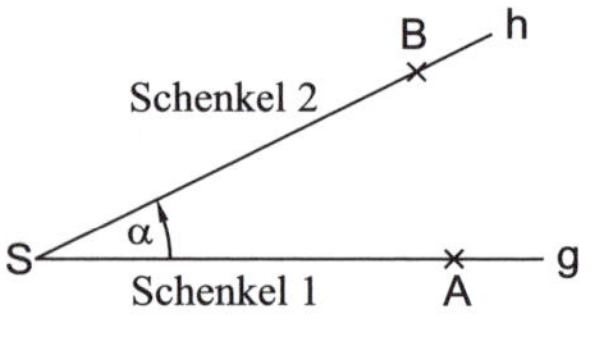

Bezeichnungen und Schreibweisen:
α, β, …:
Angabe von griechischen Buchstaben

∢ASB:
Angabe von drei Punkten (Punkt auf Schenkel 1, Scheitelpunkt, Punkt auf Schenkel 2)

∢(g; h), ∢(SA; SB):
Angabe von zwei (Halb-)Geraden für den ersten und zweiten Schenkel

Besondere Winkel:

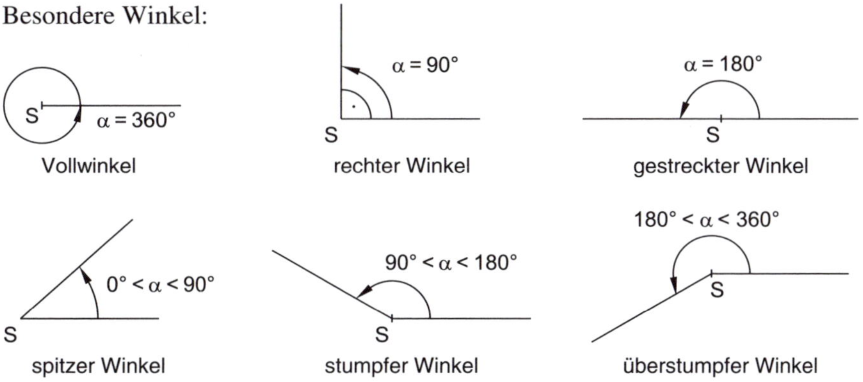

Würfel

Ein Würfel ist ein Quader mit gleicher Länge, Höhe und Breite.

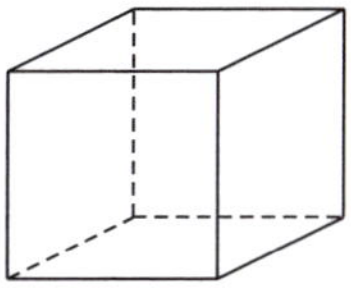

mögliches Würfelnetz:

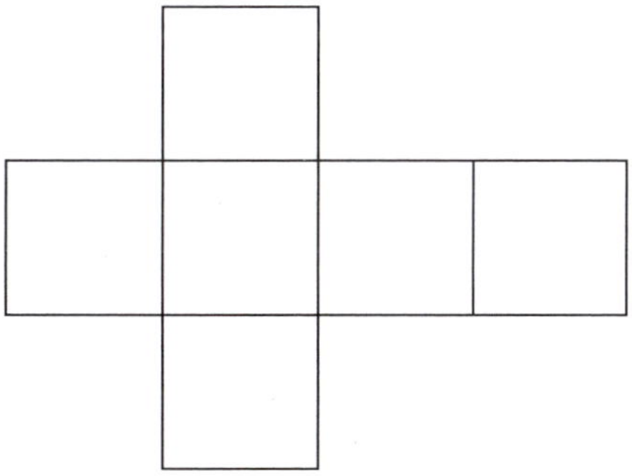

Zahlenmengen

$\mathbb{N}$:	Menge der natürlichen Zahlen	$\mathbb{N} = \{1; 2; 3; \ldots\}$
$\mathbb{N}_0$:	Menge der natürlichen Zahlen mit 0	$\mathbb{N}_0 = \{0; 1; 2; 3; \ldots\}$
$\mathbb{Z}$:	Menge der ganzen Zahlen	$\mathbb{Z} = \{\ldots; -3; -2; -1; 0; 1; 2; \ldots\}$
$\mathbb{Q}$:	Menge der rationalen Zahlen (Bruchzahlen)	$\frac{1}{2} \in \mathbb{Q}; \quad -5\frac{1}{3} \in \mathbb{Q}$

Zählprinzip

Multipliziert man die Möglichkeiten an den einzelnen Verzweigungen des Baumdiagramms, so ergibt das Produkt die Gesamtzahl aller Möglichkeiten.

Lösungen

1 *Möglichkeit 1:*

$\frac{7}{14}$

Das Ganze (also der gesamte Einkauf) hat 14 Teile. 7 Teile davon sind rote Äpfel.

Möglichkeit 2:

$\frac{1}{2}$

Durch weiteres Überlegen stellt man fest, dass 7 genau die Hälfte von 14 ist, also ist es auch ein Halbes.

2 a) $\frac{10}{28}$ oder zehn Achtundzwanzigstel

Auf die 28 im Nenner kommst du schneller, wenn du nicht abzählst, sondern 4 (Anzahl der Zeilen) mal 7 (Anzahl der Spalten) rechnest.

b) $\frac{7}{12}$ oder sieben Zwölftel

c) $\frac{7}{12}$ oder sieben Zwölftel

Es ist also ganz gleichgültig, welche Teile genau gemeint sind, wichtig ist nur die Anzahl der Teile.

d) $\frac{4}{9}$ oder vier Neuntel

e) $\frac{12}{24}$ oder $\frac{1}{2}$ oder zwölf Vierundzwanzigstel oder ein Halbes

f) $\frac{5}{11}$ oder fünf Elftel

3 a) Es müssen 5 Kästchen von 30 gefärbt sein.
Beispiel:

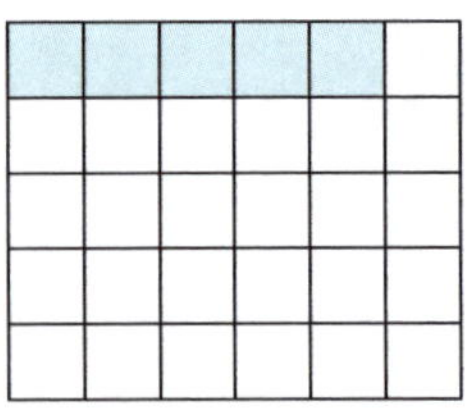

b) Es müssen 15 Kästchen gefärbt sein.
Beispiel:

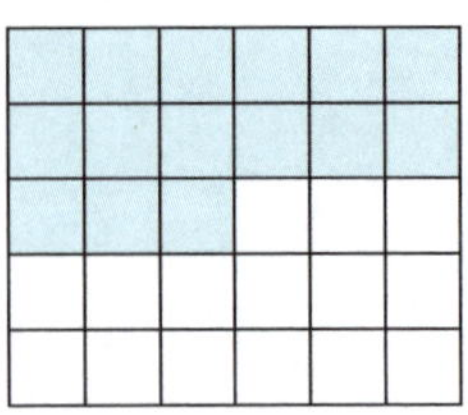

Für Halbe muss man 30 Kästchen durch 2 teilen:
$30 : 2 = 15$, also braucht man 15 gefärbte Kästchen.

c) Hier müssen 18 Kästchen gefärbt sein.
Beispiel:

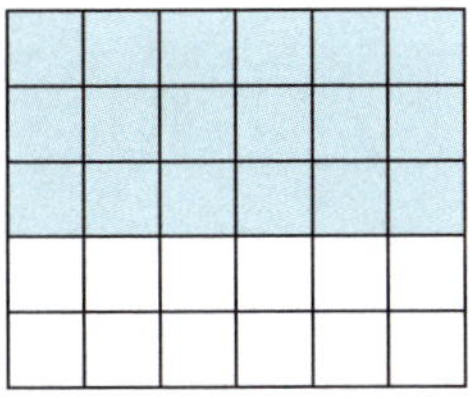

Für Fünftel muss man 30 Kästchen durch 5 teilen: $30 : 5 = 6$
Man braucht aber drei Fünftel, also: $6 \cdot 3 = 18$ Kästchen

d) Es müssen 10 Kästchen gefärbt sein.
Beispiel:

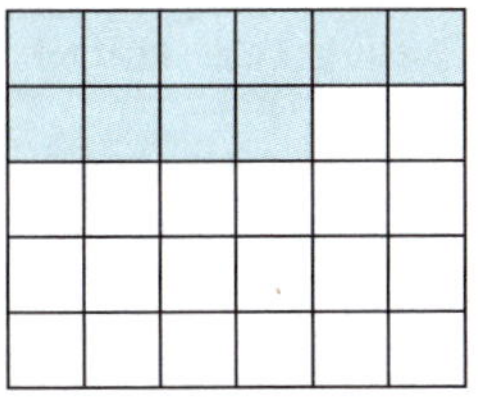

Für Sechstel muss man 30 Kästchen durch 6 teilen: $30 : 6 = 5$
Man braucht aber zwei Sechstel, also: $5 \cdot 2 = 10$ Kästchen

4 a) Bei einer Länge von 6 Kästchen und einer Breite von 4 Kästchen besteht das Rechteck aus $6 \cdot 4 = 24$ Kästchen. Ein Kästchen steht also genau für einen Euro. 6 Kästchen sollen grau sein, 10 Kästchen farbig, 5 Kästchen schwarz.

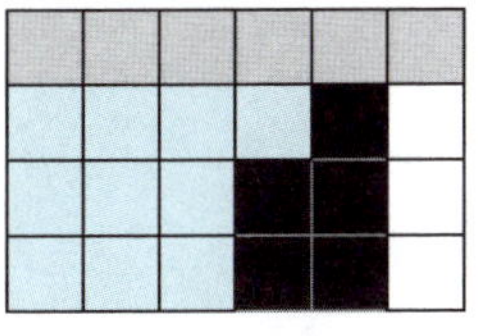

b) Drei Kästchen bleiben weiß. Das sind $\frac{3}{24}$.

c) Weil jedes Kästchen für einen Euro steht, macht der Rest genau **3 €** aus.

5 Hinweise und Tipps:
Hier gibt es mehrere richtige Lösungen. Es ist jeweils nur eine Lösung angegeben.

a)

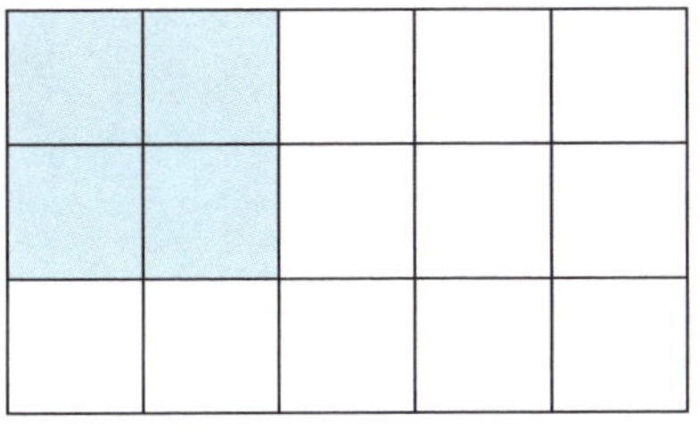

Es wird ein Rechteck mit 5 cm Länge und 3 cm Breite gewählt. 4 der 15 Kästchen werden eingefärbt.

b)

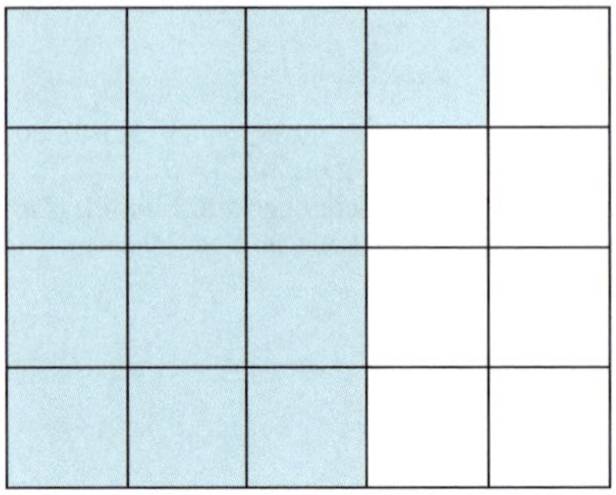

Es wird ein Rechteck mit 5 cm Länge und 4 cm Breite gewählt. 13 der 20 Kästchen werden eingefärbt.

c)

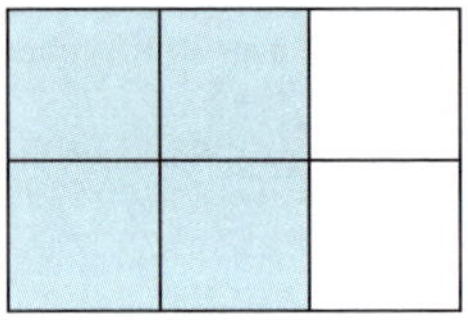

Es wird ein Rechteck mit 3 cm Länge und 2 cm Breite gewählt. 4 der 6 Kästchen werden eingefärbt.

d)

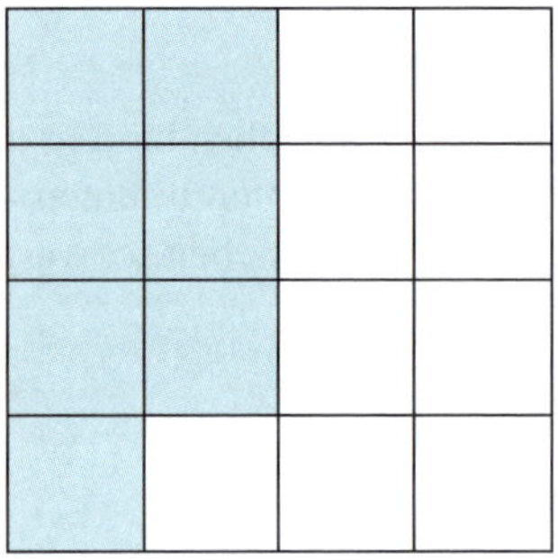

Es wird ein Quadrat mit 4 cm Seitenlänge gewählt. 7 der 16 Kästchen werden eingefärbt.

6 Hinweise und Tipps:
Um den Mittelpunktswinkel, also den Winkel beim Mittelpunkt zu kennen, muss man den gesuchten Anteil von 360° berechnen. Dabei geht man immer gleich vor: Erst teilt man 360° durch den Nenner des Bruches, dann multipliziert man das Ergebnis mit dem Zähler des Bruches.

a)

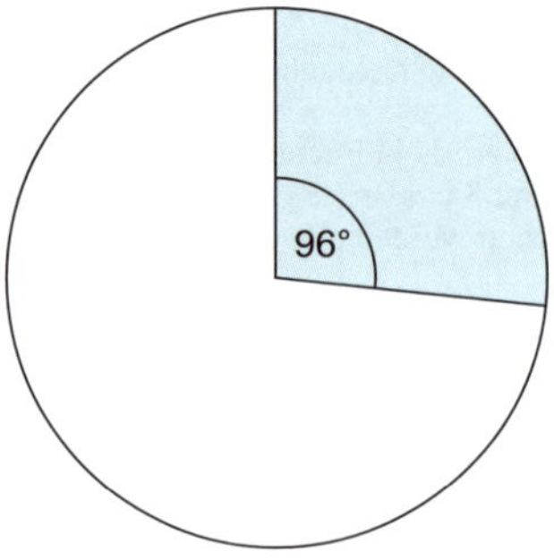

$360° : 15 = 24°$
$24° \cdot 4 = 96°$
$\frac{4}{15}$ von 360° sind 96°.

b)

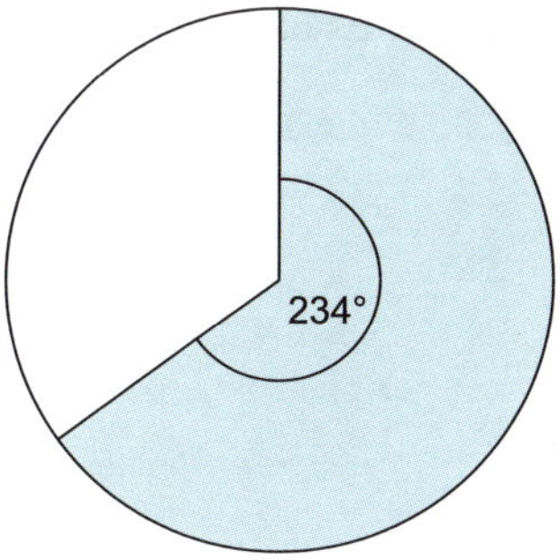

$360° : 20 = 18°$

$18° \cdot 13 = 234°$

$\frac{13}{20}$ von 360° sind 234°.

Hinweise und Tipps:
Um 234° zu zeichnen, zeichnest du zuerst 180° ein.

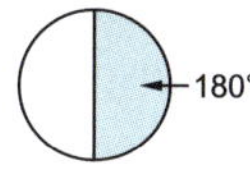

Dann brauchst du noch $234° - 180° = 54°$.

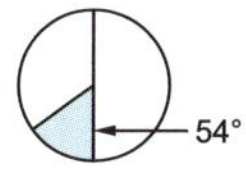

c)

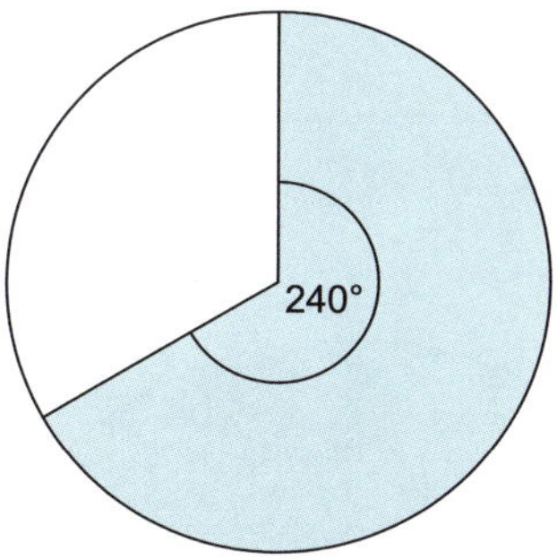

$360° : 6 = 60°$

$60° \cdot 4 = 240°$

$\frac{4}{6}$ von 360° sind 240°.

d)

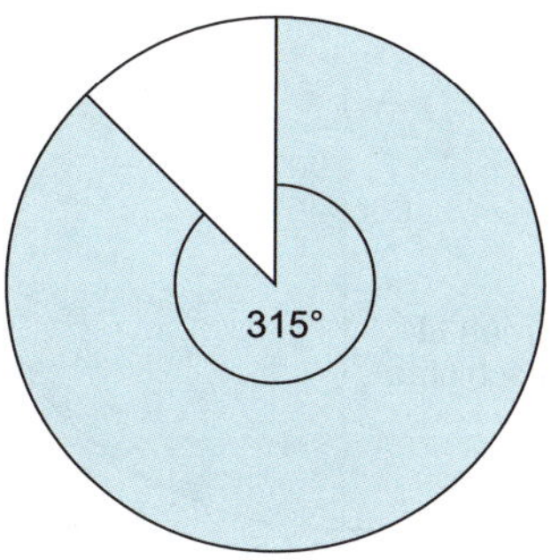

$360° : 8 = 45°$

$45° \cdot 7 = 315°$

$\frac{7}{8}$ von 360° sind 315°.

7 a) Für das Kreisdiagramm werden zuerst die Mittelpunktswinkel berechnet:
Textmarker: $360° : 6 = 60°$
Süßigkeiten: $360° : 12 = 30°$
gespart: $360° : 3 = 120°$

Also beträgt der Rest für die Sticker:
$360° - 60° - 30° - 120° = 150°$

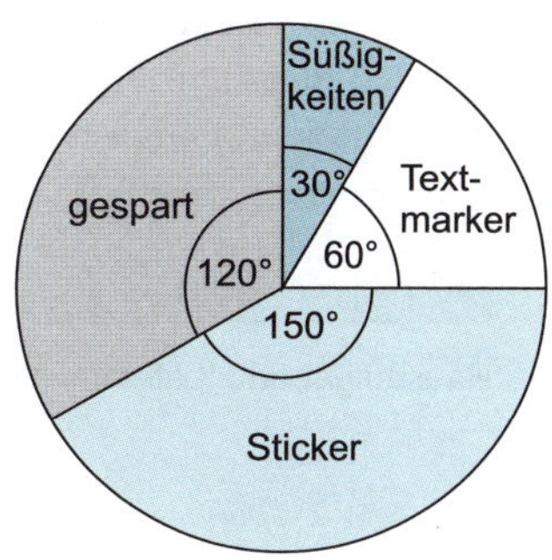

b) Zeichne ein Rechteck mit 4 cm Länge und 3 cm Breite. Es hat dann einen Flächeninhalt von 12 cm².
Textmarker: $12\ cm^2 : 6 = 2\ cm^2$
Süßigkeiten: $12\ cm^2 : 12 = 1\ cm^2$
gespart: $12\ cm^2 : 3 = 4\ cm^2$
Also beträgt der Rest für die Sticker:
$12\ cm^2 - 2\ cm^2 - 1\ cm^2 - 4\ cm^2 = 5\ cm^2$

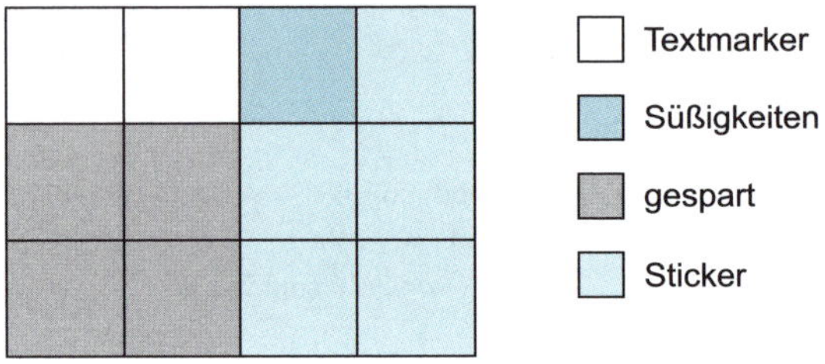

8 a) Hausaufgaben:
$360° : 4 = 90°$
Lernen für Latein:
$360° : 3 = 120°$
Lernen für Geschichte:
4 Stunden = 240 Minuten
$\Rightarrow\ 240 : 40 = 6$
also lernt er ein Sechstel der Zeit Geschichte:
$360° : 6 = 60°$
Also beträgt der Rest für das Referat:
$360° - 90° - 120° - 60° = 90°$

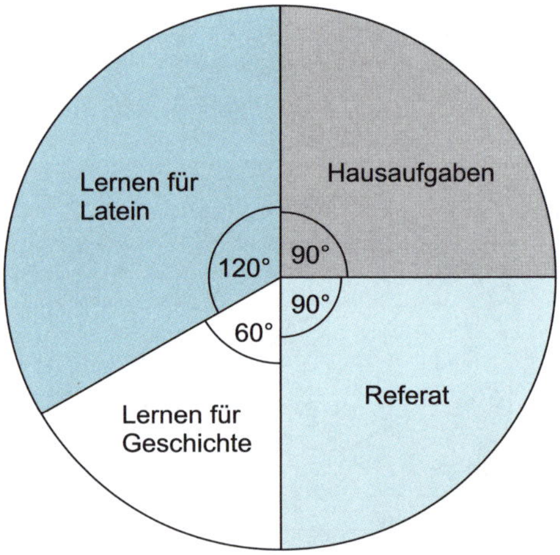

b) Das kleinste gemeinsame Vielfache von 4, 3 und 6 ist 12. Zeichne ein Streifendiagramm (Balkendiagramm) mit 6 cm Länge und 1 cm Breite und unterteile es in 12 gleich große Kästchen. Ein Viertel der 12 Kästchen sind 3 Kästchen, ein Drittel sind 4 Kästchen, ein Sechstel sind 2 Kästchen.

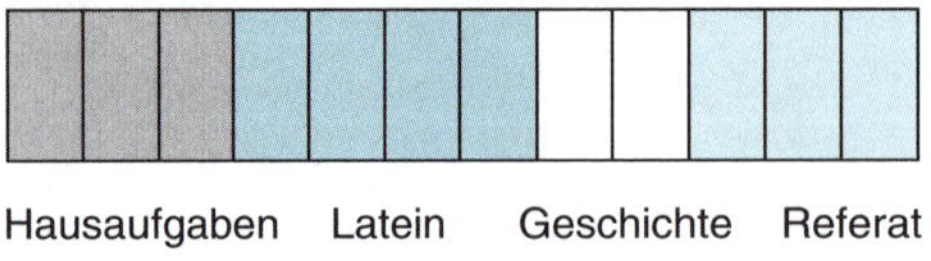

9 a) Hinweise und Tipps:
Multipliziere Zähler und Nenner mit der vorgegebenen Zahl, um den Bruch zu erweitern:

$\frac{2}{7}$	$\frac{2}{3}$	$\frac{5}{9}$	$\frac{3}{11}$	$\frac{3}{4}$	$\frac{1}{10}$	$\frac{7}{12}$	$\frac{9}{16}$	$\frac{4}{15}$	$\frac{23}{60}$
4	4	2	5	6	3	8	11	20	5
$\frac{2 \cdot 4}{7 \cdot 4} = \frac{8}{28}$	$\frac{8}{12}$	$\frac{10}{18}$	$\frac{15}{55}$	$\frac{18}{24}$	$\frac{3}{30}$	$\frac{56}{96}$	$\frac{99}{176}$	$\frac{80}{300}$	$\frac{115}{300}$

b) Hinweise und Tipps:
Suche die Zahl, mit der der Zähler multipliziert werden muss, um den neuen Zähler zu erhalten. Multipliziere dann zur Probe den alten Nenner mit dieser Zahl. Sie muss den neuen Nenner ergeben.

$\frac{2}{5}$	$\frac{3}{7}$	$\frac{5}{9}$	$\frac{2}{3}$	$\frac{12}{25}$	$\frac{7}{15}$	$\frac{3}{8}$	$\frac{1}{12}$	$\frac{5}{16}$	$\frac{9}{10}$
4	**7**	**6**	**11**	**4**	**4**	**3**	**12**	**2**	**5**
$\frac{8}{20}$	$\frac{21}{49}$	$\frac{30}{54}$	$\frac{22}{33}$	$\frac{48}{100}$	$\frac{28}{60}$	$\frac{9}{24}$	$\frac{12}{144}$	$\frac{10}{32}$	$\frac{45}{50}$

c) Hinweise und Tipps:
Teile Zähler und Nenner durch die vorgegebene Zahl, um den Bruch zu kürzen.

$\frac{4}{14}$	$\frac{7}{21}$	$\frac{35}{40}$	$\frac{18}{48}$	$\frac{30}{50}$	$\frac{28}{70}$	$\frac{22}{121}$	$\frac{4}{6}$	$\frac{8}{28}$	$\frac{12}{27}$
2	7	5	6	10	14	11	2	4	3
$\frac{4:2}{14:2} = \frac{2}{7}$	$\frac{1}{3}$	$\frac{7}{8}$	$\frac{3}{8}$	$\frac{3}{5}$	$\frac{2}{5}$	$\frac{2}{11}$	$\frac{2}{3}$	$\frac{2}{7}$	$\frac{4}{9}$

d) Hinweise und Tipps:
Teile die Zahl im Zähler des alten Bruchs durch die Zahl im Zähler des neuen Bruchs. Teile zur Probe den Nenner des alten Bruchs durch die gefundene Zahl. Das Ergebnis muss die Zahl ergeben, mit der gekürzt wurde.

$\frac{20}{35}$	$\frac{12}{32}$	$\frac{30}{75}$	$\frac{21}{28}$	$\frac{30}{88}$	$\frac{33}{121}$	$\frac{21}{45}$	$\frac{25}{40}$	$\frac{140}{210}$	$\frac{45}{81}$
5	**4**	**15**	**7**	**2**	**11**	**3**	**5**	**70**	**9**
$\frac{4}{7}$	$\frac{3}{8}$	$\frac{2}{5}$	$\frac{3}{4}$	$\frac{15}{44}$	$\frac{3}{11}$	$\frac{7}{15}$	$\frac{5}{8}$	$\frac{2}{3}$	$\frac{5}{9}$

10 Hinweise und Tipps:
Finde zuerst die Zahl heraus, durch die erweitert oder gekürzt wurde. Danach kannst du die fehlende Zahl berechnen.

a) $\frac{4}{7} = \frac{12}{\mathbf{21}}$ (erweitert mit 3)

b) $\frac{3}{5} = \frac{\mathbf{24}}{40}$ (erweitert mit 8)

c) $\frac{7}{9} = \frac{49}{\mathbf{63}}$ (erweitert mit 7)

d) $\frac{4}{15} = \frac{20}{\mathbf{75}}$ (erweitert mit 5)

e) $\frac{8}{24} = \frac{1}{3}$ (gekürzt durch 8)

f) $\frac{12}{16} = \frac{3}{4}$ (gekürzt durch 4)

g) $\frac{15}{45} = \frac{3}{9}$ (gekürzt durch 5)

h) $\frac{12}{30} = \frac{2}{5}$ (gekürzt durch 6)

11 Hinweise und Tipps:
Berechne im ersten Schritt das kleinste gemeinsame Vielfache der beiden Nenner und erweitere dann beide Brüche so, dass im Nenner dieses kleinste gemeinsame Vielfache steht.

a) $\frac{3}{4} = \frac{9}{12}$ und $\frac{2}{3} = \frac{8}{12}$

b) $\frac{8}{15} = \frac{16}{30}$ und $\frac{1}{2} = \frac{15}{30}$

c) $\frac{4}{9} = \frac{4}{9}$ und $\frac{2}{3} = \frac{6}{9}$

d) $\frac{5}{7} = \frac{25}{35}$ und $\frac{3}{5} = \frac{21}{35}$

12 Das erste Rechteck besteht aus 30 kleinen Rechtecken, davon sind 10 eingefärbt, also $\frac{10}{30}$.
Das zweite Rechteck besteht aus 60 kleinen Dreiecken, davon sind 20 eingefärbt, also $\frac{20}{60}$.
Das dritte Rechteck besteht aus drei Balken, davon ist einer eingefärbt, also $\frac{1}{3}$.
Die drei gefärbten Anteile sind genau **gleich groß**, weil die Brüche wertgleich sind. Dies erkennt man, wenn man den ersten Bruch durch 10 und den zweiten Bruch durch 20 kürzt.

13 Hinweise und Tipps:
Versuche zuerst, den Bruch zu kürzen. Wenn der Bruch nicht mehr gekürzt werden kann, suche eine Zahl, mit der der Nenner auf 10, auf 100 oder auf 1 000 erweitert werden kann. Man versucht immer erst auf eine möglichst kleine Zehnerpotenz zu erweitern, danach kann man durch das Anfügen von Nullen (Multiplikation mit 10) erweitern.

a) $\frac{3}{4} = \frac{75}{100} = \frac{750}{1\,000}$

b) $\frac{2}{20} = \frac{1}{10} = \frac{10}{100} = \frac{100}{1\,000}$

c) $\frac{4}{25} = \frac{16}{100} = \frac{160}{1\,000}$

d) $\frac{5}{8} = \frac{625}{1\,000}$

14 Das sind folgende Brüche:

$\frac{2}{20} = \frac{1}{10}$ $\frac{4}{20} = \frac{1}{5}$ $\frac{5}{20} = \frac{1}{4}$ $\frac{6}{20} = \frac{3}{10}$ $\frac{8}{20} = \frac{2}{5}$ $\frac{10}{20} = \frac{1}{2}$

$\frac{12}{20} = \frac{3}{5}$ $\frac{14}{20} = \frac{7}{10}$ $\frac{15}{20} = \frac{3}{4}$ $\frac{16}{20} = \frac{4}{5}$ $\frac{18}{20} = \frac{9}{10}$ $\frac{20}{20} = 1$

15 a) $\frac{156}{36} = \frac{26}{6} = \frac{13}{3} = \mathbf{4\frac{1}{3}}$

Kürze schrittweise. Zähler und Nenner sind durch 6 teilbar, weil sie gerade sind und ihre Ziffernsumme durch 3 teilbar ist. Das Zwischenergebnis kannst du noch einmal durch 2 kürzen.

b) $\frac{35}{15} = \frac{7}{3} = \mathbf{2\frac{1}{3}}$

c) $\frac{225}{50} = \frac{9}{2} = \mathbf{4\frac{1}{2}}$

d) $\frac{34}{8} = \frac{17}{4} = \mathbf{4\frac{1}{4}}$

e) $\frac{45}{6} = \frac{15}{2} = \mathbf{7\frac{1}{2}}$

f) $\frac{46}{14} = \frac{23}{7} = \mathbf{3\frac{2}{7}}$

16 $7:5 = \frac{7}{5} = \mathbf{1\frac{2}{5}}$

Jedes Kind bekommt eine ganze Tafel und zwei Fünftel Tafeln Schokolade.

17 a) $\frac{1}{10}$ von 60 Minuten sind 6 Minuten, $\frac{8}{10}$ sind also $6 \cdot 8 =$ **48 Minuten**

b) $\frac{1}{8}$ von 1 000 m sind 125 m, $\frac{15}{8}$ sind also $125 \cdot 15 =$ **1 875 Meter**

c) $\frac{1}{6}$ von 24 Stunden sind 4 Stunden, $\frac{15}{6}$ sind also $4 \cdot 15 =$ **60 Stunden**

d) $\frac{1}{7}$ von 7 Tagen ist ein Tag, $\frac{26}{7}$ sind also **26 Tage**

e) $\frac{1}{8}$ von 1000 Gramm sind 125 Gramm, $\frac{7}{8}$ sind also $125 \cdot 7 =$ **875 Gramm**

f) $\frac{1}{6}$ von 60 Sekunden sind 10 Sekunden, $\frac{14}{6}$ sind also $10 \cdot 14 =$ **140 Sekunden**

18 Hinweise und Tipps:
Bringe alle Brüche auf einen gemeinsamen Nenner. Dann wähle den Maßstab so, dass du genauso viele Kästchen bis zur 1 hast, wie der gemeinsame Nenner als Anteil benennt.

a) $\frac{3}{8}$ $\quad \frac{3}{4} = \frac{6}{8}$ $\quad \frac{9}{8}$ $\quad \frac{3}{2} = \frac{12}{8}$

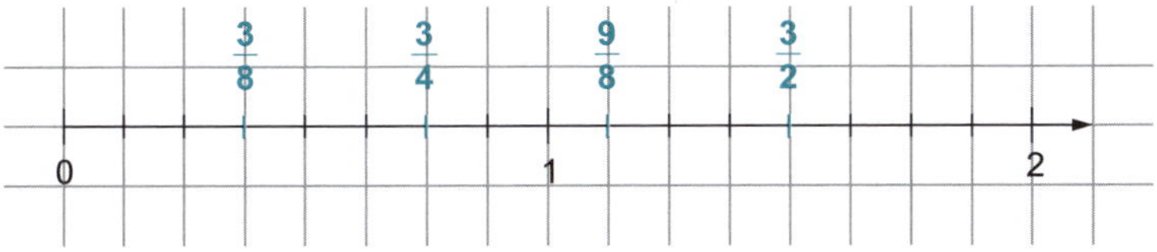

b) $\frac{1}{6}=\frac{2}{12}$ $\frac{2}{3}=\frac{8}{12}$ $\frac{11}{12}$ $\frac{7}{6}=\frac{14}{12}$

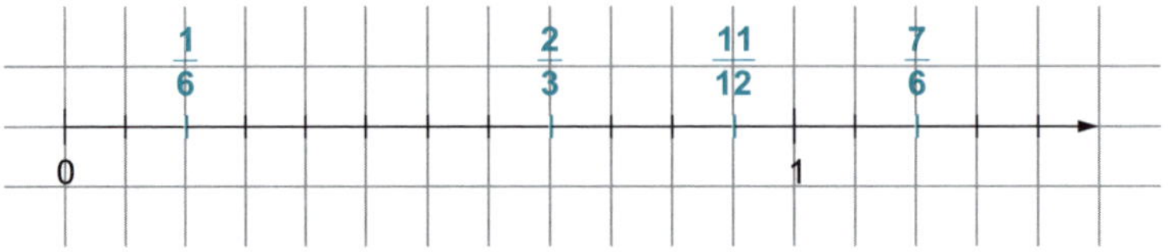

c) $\frac{2}{5}=\frac{4}{10}$ $\frac{7}{10}$ $\frac{3}{5}=\frac{6}{10}$ $\frac{13}{10}$

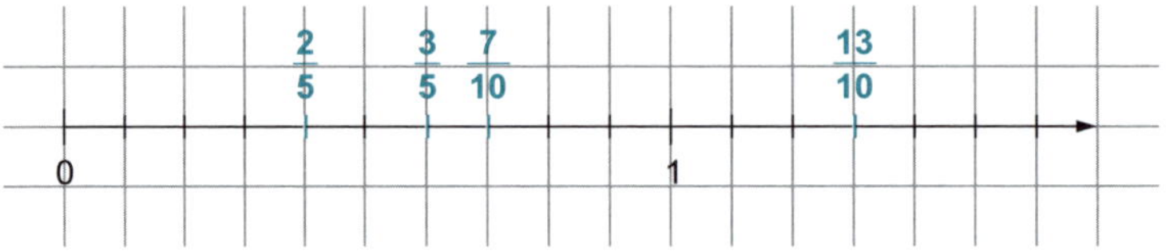

d) $-\frac{3}{4}$ $-\frac{1}{2}=-\frac{2}{4}$ $\frac{3}{2}=\frac{6}{4}$ $\frac{9}{4}$

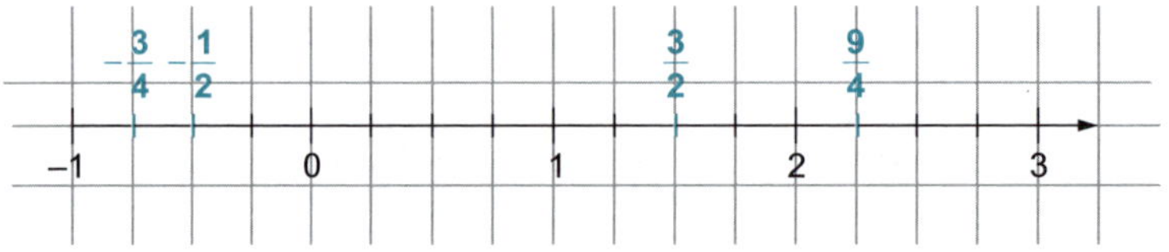

19 a)

Einschwimmen	Ausdauer	Kurzstrecke	Wettkampftempo	Ausschwimmen
$\frac{1}{12}$	$\frac{1}{3}=\frac{4}{12}$	$\frac{1}{3}=\frac{4}{12}$	$\frac{1}{6}=\frac{2}{12}$	$\frac{1}{12}$

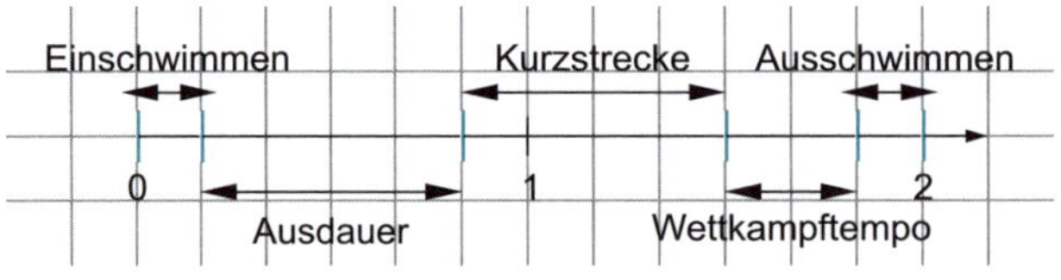

b) 2 h = 120 min

Einschwimmen	Ausdauer	Kurzstrecke	Wettkampftempo	Ausschwimmen
$\frac{120}{12}$ = **10 min**	$\frac{120}{3}$ = **40 min**	$\frac{120}{3}$ = **40 min**	$\frac{120}{6}$ = **20 min**	$\frac{120}{12}$ = **10 min**

20 Hinweise und Tipps:
Für die Beantwortung solcher Fragen ist es hilfreich, wenn du dir ein Beispiel vorstellst.

a) **Falsch** — Wenn der Zähler größer als der Nenner ist, kann man den Bruch in eine gemischte Zahl umwandeln, die sicher größer ist als 1. Zum Beispiel: $\frac{5}{4} = 1\frac{1}{4}$

b) **Wahr** — Wenn der Nenner eines Bruches größer wird, teilt man in mehr Teile auf. Deshalb ist jeder Teil kleiner. Zum Beispiel: $\frac{1}{12} < \frac{1}{2}$

c) **Falsch** — Wenn der Zähler größer wird, hat man mehr Teile. Mehr Teile ergeben eine größere Zahl. Zum Beispiel: $\frac{6}{2} > \frac{1}{2}$

d) **Falsch** — Wenn der Zähler kleiner als der Nenner ist, ergibt sich weniger als ein Ganzes. Zum Beispiel: $\frac{5}{6} < 1$

e) **Wahr** — Man kann dann die Division ohne Rest ausführen. Zum Beispiel: $\frac{12}{4} = 12 : 4 = 3$

21 Hinweise und Tipps:
Beachte die Regeln: Bei gleichem Nenner ist der Bruch mit größerem Zähler größer. Bei gleichem Zähler ist der Bruch mit dem kleineren Nenner größer. Sind sowohl Zähler als auch Nenner unterschiedlich, müssen die zu vergleichenden Brüche auf den gleichen Nenner gebracht werden.

a) $\frac{5}{7} > \frac{3}{7}$ **T**

b) $\frac{8}{3} > \frac{8}{5}$ **A**

c) $\frac{6}{13} < \frac{8}{13}$ **S**

d) $\frac{7}{43} < \frac{7}{31}$ **C**

e) $\frac{4}{3} < \frac{7}{3}$ **H**

f) $\frac{9}{2} > \frac{9}{13}$ **E**

g) $\frac{3}{4} = \frac{6}{8} < \frac{7}{8}$ **N**

h) $\frac{3}{20} = \frac{6}{40} < \frac{7}{40}$ **L**

i) $\frac{7}{10} = \frac{70}{100} > \frac{69}{100}$ **A**

j) $\frac{35}{100} > \frac{30}{100} = \frac{6}{20}$ **M**

k) $\frac{14}{25} = \frac{56}{100} > \frac{55}{100} = \frac{11}{20}$ **P**

l) $\frac{5}{7} = \frac{30}{42} > \frac{28}{42} = \frac{4}{6}$ **E**

Lösungswort: **Taschenlampe**

22 In der 6a sind $\frac{11}{24}$ der Schüler Mädchen, in der 6b sind es $\frac{13}{28}$.
Man erweitert die Brüche auf den gemeinsamen Nenner:
$\frac{11}{24} = \frac{11 \cdot 7}{24 \cdot 7} = \frac{77}{168}$ und $\frac{13}{28} = \frac{13 \cdot 6}{28 \cdot 6} = \frac{78}{168}$

$24 = 2 \cdot 2 \cdot 2 \cdot 3$
$28 = 2 \cdot 2 \cdot 7$

In der **6b** sind anteilsmäßig mehr Mädchen.

23 $\frac{137}{450} = \frac{137 \cdot 7}{450 \cdot 7} = \frac{959}{3150}$

$\frac{195}{630} = \frac{195 \cdot 5}{630 \cdot 5} = \frac{975}{3150}$

$450 = 2 \cdot 3 \cdot 3 \cdot 5 \cdot 5$
$630 = 2 \cdot 3 \cdot 3 \cdot 5 \cdot 7$

Jamil hat anteilsmäßig mehr als Franziska gelesen.

24 Unterstufe: $\frac{81}{315} = \frac{9}{35}$ Mittelstufe: $\frac{72}{216} = \frac{1}{3}$ Oberstufe: $\frac{99}{387} = \frac{11}{43}$

Hier ist es günstiger, auf den gleichen Zähler zu bringen als auf den gleichen Nenner, weil für die Zähler das kleinste gemeinsame Vielfache 99 ist.

Unterstufe: $\frac{9}{35} = \frac{99}{385}$ Mittelstufe: $\frac{1}{3} = \frac{99}{297}$ Oberstufe: $\frac{11}{43} = \frac{99}{387}$

Anteilsmäßig sind am meisten Schüler der **Mittelstufe** krank, dann folgt die Unterstufe. Anteilsmäßig am wenigsten kranke Schüler gibt es in der Oberstufe.

Bemerkung:
Es ist zwar umständlicher, aber trotzdem richtig, wenn man mit demselben Nenner löst:

Unterstufe: $\frac{9}{35} = \frac{1161}{4515}$ Mittelstufe: $\frac{1}{3} = \frac{1505}{4515}$ Oberstufe: $\frac{11}{43} = \frac{1155}{4515}$

25 a) $\frac{5}{7} = \frac{45}{\mathbf{63}}$ (erweitert mit 9)

b) $\frac{24}{32} = \frac{\mathbf{3}}{4}$ (gekürzt durch 8)

c) $\frac{5}{3} = \frac{10}{6} > \frac{x}{6}$ **$x \in \{1, 2, 3, 4, 5, 6, 7, 8, 9\}$**

d) $\frac{7}{x} > \frac{7}{13}$ **$x \in \{1, 2, 3, 4, 5, 6, 7, 8, 9, 10, 11, 12\}$**

26 a) Das Rechteck umfasst 60 Kästchen, davon müssen 14 eingefärbt sein.

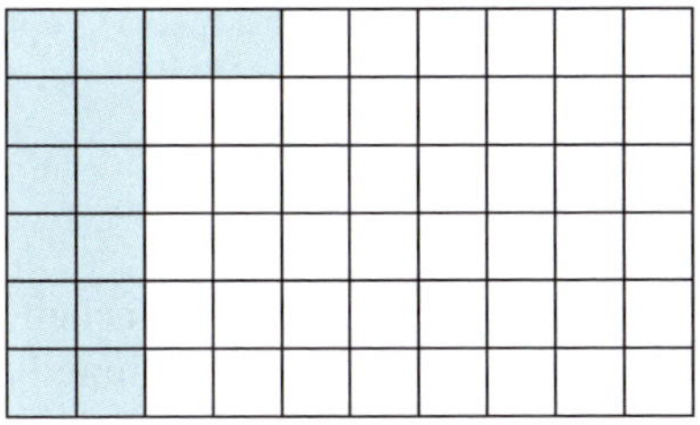

$\frac{7}{30} = \frac{14}{60}$

b) Die Figur ist 20 Kästchen groß, davon müssen $2\frac{1}{2}$ eingefärbt sein.

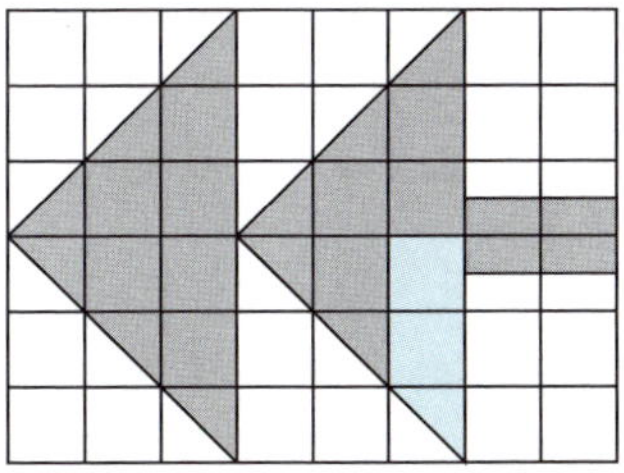

$\frac{20}{8} = \frac{5}{2} = 2\frac{1}{2}$

c) Es muss ein Kreissektor mit einem Mittelpunktswinkel von 144° eingefärbt sein, weil $\frac{360°}{5} = 72°$ für ein Fünftel eingefärbt werden müssten. Man braucht aber zwei Fünftel, also $2 \cdot 72° = 144°$.

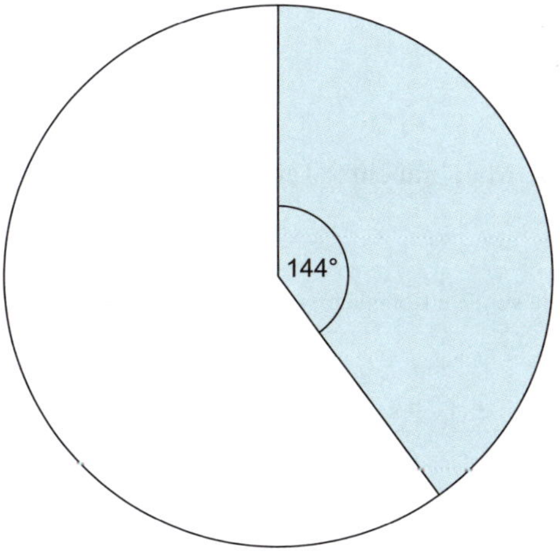

27 Hinweise und Tipps:
Kürze schrittweise. Beachte dabei die Teilbarkeitsregeln.

a) $\frac{245}{140} = \frac{49}{28} = \frac{7}{4} = \mathbf{1\frac{3}{4}}$

b) $\frac{750}{1125} = \frac{150}{225} = \frac{30}{45} = \frac{6}{9} = \mathbf{\frac{2}{3}}$

c) $\frac{405}{180} = \frac{45}{20} = \frac{9}{4} = \mathbf{2\frac{1}{4}}$

d) $\frac{840}{1176} = \frac{280}{392} = \frac{35}{49} = \mathbf{\frac{5}{7}}$

e) $\frac{756}{504} = \frac{84}{56} = \frac{21}{14} = \frac{3}{2} = \mathbf{1\frac{1}{2}}$

f) $\frac{429}{561} = \frac{143}{187} = \mathbf{\frac{13}{17}}$

28 Günstig ist ein Maßstab, der sich aus dem kleinsten gemeinsamen Vielfachen ergibt. Man wählt für die 1 genau 15 Kästchen. Kemal steht bei der 1, Emre bei 10 Kästchen, Tom bei 12 Kästchen.

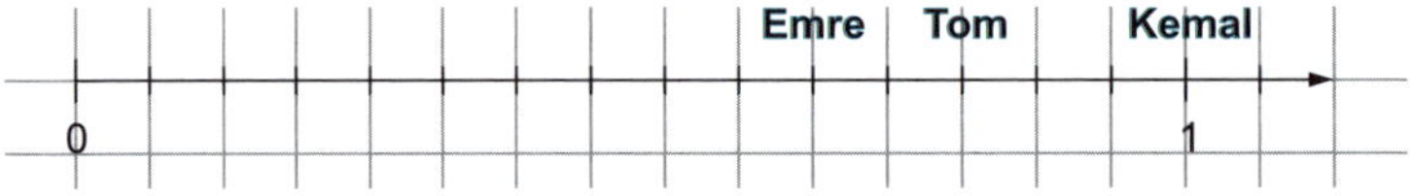

29 *Möglichkeit 1:* Umwandeln in gemischte Zahlen

$\frac{69}{4} = 17\frac{1}{4}$ und $\frac{115}{7} = 16\frac{3}{7}$

Möglichkeit 2: Erweitern auf denselben Nenner

$\frac{69}{4} = \frac{483}{28}$ und $\frac{115}{7} = \frac{460}{28}$

Edita lernt pro Tag mehr Vokabeln als Marion.

30 $\frac{450\text{ g}}{9} = 50\text{ g}$

Ein Teil hat also eine Masse von 50 g. Man braucht 2 Teile Zinn, also **100 g Zinn**.

31 Hinweise und Tipps:
Durch Abzählen weißt du, wie viele Stellen du vor dem Komma bzw. nach dem Komma brauchst.

a) 34 567,87

ZT	T	H	Z	E	,	z	h
3	**4**	**5**	**6**	**7**	,	**8**	**7**

b) 3 007, 4058

T	H	Z	E	,	z	h	t	zt
3	**0**	**0**	**7**	,	**4**	**0**	**5**	**8**

c) 0,12304

E	,	z	h	t	zt	ht
0	,	**1**	**2**	**3**	**0**	**4**

d) 68,304082

Z	E	,	z	h	t	zt	ht	m
6	**8**	,	**3**	**0**	**4**	**0**	**8**	**2**

32 Hinweise und Tipps:
Du ermittelst erst, welche Zahl die kleinste Stufenzahl ist, dann kennst du den Nenner der gemischten Zahl. Anschließend kürzt du, falls dies möglich ist. Dazu muss der Zähler entweder durch 2 oder durch 5 teilbar sein. Es kann allerdings auch vorkommen, dass man mehrfach durch 2 oder 5 kürzen kann.

a) $9,5 = 9\frac{5}{10} = \mathbf{9\frac{1}{2}}$

b) $12,15 = 12\frac{15}{100} = \mathbf{12\frac{3}{20}}$

c) $4,75 = 4\frac{75}{100} = 4\frac{15}{20} = \mathbf{4\frac{3}{4}}$

d) $7,362 = 7\frac{362}{1000} = \mathbf{7\frac{181}{500}}$

33 a) $\frac{9}{100} = \mathbf{0,09}$

E	,	z	h
0	,	**0**	**9**

b) $\frac{27}{1\,000} = \mathbf{0,027}$

E	,	z	h	t
0	,	**0**	**2**	**7**

c) $\frac{3}{10} + \frac{9}{100} = \mathbf{0,39}$

E	,	z	h
0	,	**3**	**9**

d) $\frac{4}{10} + \frac{3}{1\,000} = \mathbf{0,403}$

E	,	z	h	t
0	,	**4**	**0**	**3**

34 a) 2 € 5 ct = **2,05 €**

b) 4 m 8 dm 3 cm 7 mm = **4,837 m**

c) 3 m 5 cm 7 mm = **3,057 m**

d) 9 t 24 kg = **9,024 t**

e) 6 kg 340 g = 6,340 kg = **6,34 kg**

Nullen, die hinter dem Komma am Ende der Zahl stehen, muss man nicht schreiben.

f) 3 kg 30 g = 3,030 kg = **3,03 kg**

g) $4\ m^2\ 9\ dm^2$ = **$4{,}09\ m^2$**

$$1\,dm^2 = \frac{1}{100}\,m^2 = 0{,}01\,m^2$$

h) $4\ dm^2\ 25\ mm^2$ = **$4{,}0025\ dm^2$**

$$1\,mm^2 = \frac{1}{10\,000}\,dm^2 = 0{,}0001\,dm^2$$

35 a)

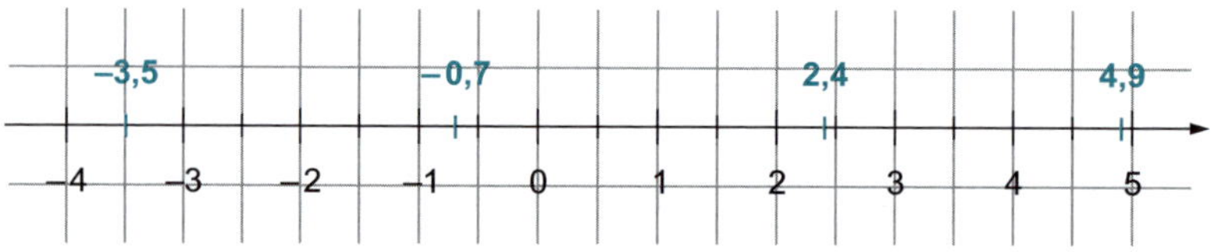

b)

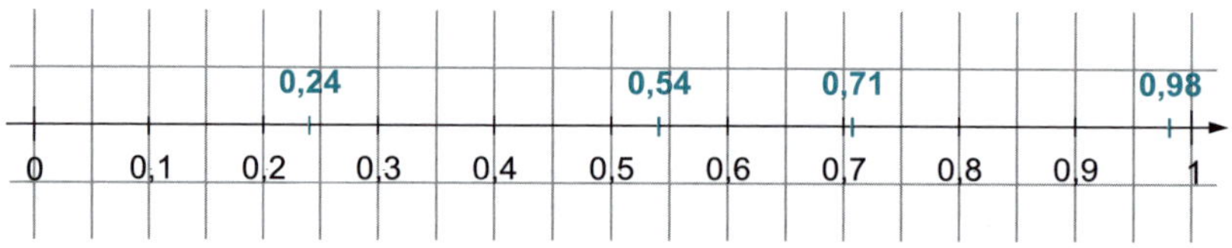

36 a)

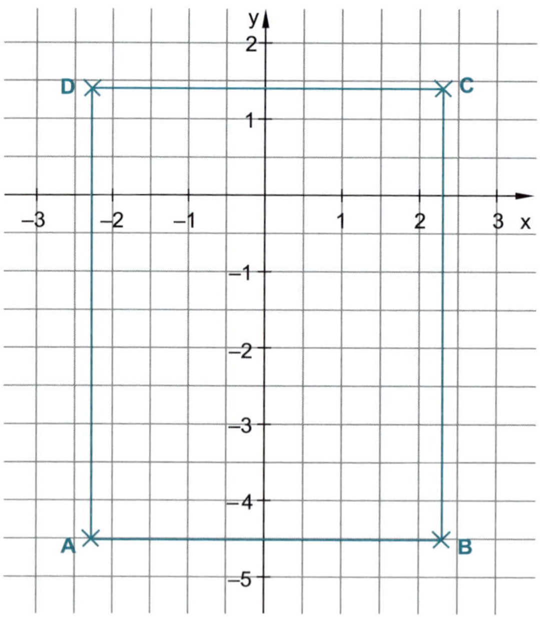

Es handelt sich um ein **Rechteck**.

b) 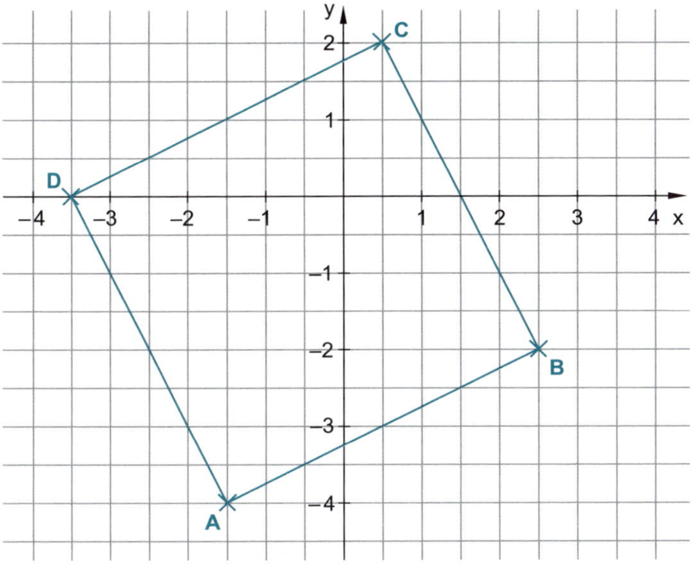

Es handelt sich um ein **Quadrat**.

37

a) 2,41 < 4,21 weil 2 < 4

b) 3,8 > 3,09 weil 8 > 0

c) 4,024 < 4,24 weil 0 < 2

d) 7,37 >3,773 weil 7 > 3

e) 5,60 < 5,62 weil 0 < 2

f) 8,3 > 8,289 weil 3 > 2

38 Hinweise und Tipps:
Hier gibt es viele Möglichkeiten. In der Lösung ist jeweils nur ein Beispiel angegeben.

a) 3,6 < **3,67 < 3,77 < 3,78 < 3,91 < 3,95** < 4

b) 5,54 < **5,55 < 5,552 < 5,555 < 5,558 < 5,5585** < 5,56

c) 7,1 < **7,101 < 7,102 < 7,111 < 7,112 < 7,155** < 7,2

39 a) Die Größen werden zunächst in eine einheitliche Einheit umgerechnet:

5,67 m	65,7 dm = 6,57 m	576 cm = 5,76 m
7,65 m	7 560 mm = 7,56 m	675 cm = 6,75 m

5,67 m < 5,76 m < 6,57 m < 6,75 m < 7,56 m < 7,65 m

Damit gilt also:
5,67 m (Finn) < 576 cm (Max) < 65,7 dm (Pascal) < 675 cm (Quirin) < 7 560 mm (Hendrik) < 7,65 m (Claudio)

b) Umrechnung der Größen:

0,027 t = 27 kg   3,97 t = 3 970 kg
698 kg   4 327 g = 4,327 kg

4,327 kg < 27 kg < 698 kg < 3 970 kg

Damit gilt also:
4 327 g (Katze) < 0,027 t (Deutscher Schäferhund) < 698 kg (Kuh) < 3,97 t (Elefantenbulle)

40 a)

Name	**Land**	**Geschwindigkeit**
Kromowidjojo, Ranomi	Niederlande	$1{,}887\ \frac{m}{s}$
Herasimenia, Aliksandra	Bulgarien	$1{,}873\ \frac{m}{s}$
Tang, Yi	China	$1{,}871\ \frac{m}{s}$
Schlanger, Melanie	Australien	$1{,}87\ \frac{m}{s}$
Franklin, Missy	USA	$1{,}864\ \frac{m}{s}$
Halsall, Francesca	Großbritannien	$1{,}8635\ \frac{m}{s}$
Gray, Jeanette	Dänemark	$1{,}86\ \frac{m}{s}$
Hardy, Jessica	USA	$1{,}851\ \frac{m}{s}$

b) Der Weg, den sie schon zurückgelegt hat, errechnet sich aus Zeit · Geschwindigkeit:

$53 \cdot 1{,}851 = 98{,}103$

Dieser Weg muss von 100 m abgezogen werden:

$100 - 98{,}103 = 1{,}897$

Sie war noch **1,897 m** vom Anschlag entfernt.

41 a) $\frac{3}{20} = \frac{3}{2^2 \cdot 5} = \frac{3 \cdot 5}{2^2 \cdot 5^2} = \frac{15}{100} = \mathbf{0{,}15}$

b) $\frac{7}{16} = \frac{7}{2^4} = \frac{7 \cdot 5^4}{2^4 \cdot 5^4} = \frac{7 \cdot 625}{2^4 \cdot 5^4} = \frac{4\,375}{10\,000} = \mathbf{0{,}4375}$

c) $\frac{89}{125} = \frac{89}{5^3} = \frac{89 \cdot 2^3}{5^3 \cdot 2^3} = \frac{89 \cdot 8}{5^3 \cdot 2^3} = \frac{712}{1\,000} = \mathbf{0{,}712}$

d) $\frac{3}{4} = \frac{3}{2^2} = \frac{3 \cdot 5^2}{2^2 \cdot 5^2} = \frac{3 \cdot 25}{2^2 \cdot 5^2} = \frac{75}{100} = \mathbf{0{,}75}$

e) *Möglichkeit 1:* Erweitern auf eine Stufenzahl

$\frac{245}{500} = \frac{245 \cdot 2}{500 \cdot 2} = \frac{490}{1\,000} = 0{,}490 = \mathbf{0{,}49}$

Möglichkeit 2: Kürzen durch 5

$\frac{245}{500} = \frac{49}{100} = \mathbf{0{,}49}$

f) $\frac{29}{40} = \frac{29}{2^3 \cdot 5} = \frac{29 \cdot 5^2}{2^3 \cdot 5^3} = \frac{29 \cdot 25}{2^3 \cdot 5^3} = \frac{725}{1\,000} = \mathbf{0{,}725}$

42 a) $\frac{5}{8} = \mathbf{0{,}625}$

b) $\frac{21}{14} = \mathbf{1{,}5}$

c) $\frac{7}{3} = \mathbf{2{,}\overline{3}}$

d) $\frac{13}{9} = \mathbf{1{,}\overline{4}}$

43 Hinweise und Tipps:
Du musst darauf achten, dass die Primfaktorzerlegung des Nenners ausschließlich die Primzahlen 2 und 5 enthält. Geeignete Nenner sind zum Beispiel die Zahlen 4, 8, 20, 50 oder 75.

Mögliche Lösung:

$\mathbf{\frac{3}{8} = 0{,}375}$ oder $\mathbf{\frac{27}{40} = 0{,}675}$ oder $\mathbf{\frac{19}{50} = 0{,}38}$

44 Hinweise und Tipps:
Du musst darauf achten, dass die Primfaktorzerlegung des Nenners mindestens eine Primzahl enthält, die von 2 und 5 verschieden ist. Besonders leicht ist es mit anderen Primzahlen.

Mögliche Lösung:

$\mathbf{\frac{26}{11} = 2{,}\overline{36}}$ oder $\mathbf{\frac{5}{9} = 0{,}\overline{5}}$ oder $\mathbf{\frac{29}{6} = 4{,}8\overline{3}}$

45 a) $\frac{7}{12} = 0{,}58\ldots$

$\mathbf{\frac{7}{12} > 0{,}572}$

b) $\frac{23}{6} = 3{,}83\ldots$

$\mathbf{\frac{23}{6} < 3{,}841}$

c) $\frac{45}{7} = 6,4285\ldots$

$\mathbf{\frac{45}{7} > 6,4280}$

d) $\frac{4}{9} = 0,4\ldots$

$\mathbf{\frac{4}{9} > 0,39}$

46 Hinweise und Tipps:
Wandle die Brüche erst in Dezimalzahlen um. Die hier angegebenen Lösungen sind nur Beispiele, es gibt auch viele andere richtige Lösungen, die du durch Vergleichen der Dezimalen überprüfen kannst.

a) $\frac{2}{3} = 0,\overline{6} < \mathbf{0,67} < \mathbf{0,75} < 0,\overline{7} = \frac{7}{9}$

b) $\frac{1}{4} = 0,25 < \mathbf{0,28} < \mathbf{0,302} < 0,3125 = \frac{5}{16}$

47 a) **4,56**

b) **78,04**

c) **0,0**

d) **18,0**

48

Jasmin:	50 € : 7 = 7,142… €	⇒	ca. **7,14 €**
Nico:	45 € : 7 = 6,428… €	⇒	ca. **6,43 €**
Edita:	60 € : 7 = 8,571… €	⇒	ca. **8,57 €**
Marco:	65 € : 7 = 9,285… €	⇒	ca. **9,29 €**

49 Emilio lief zwischen **7,35 km** und **7,44 km**, Kemal lief zwischen **7,395 km** und **7,404 km**.

Es ist auch möglich, die obere Grenze durch weitere Nachkommastellen zu vergrößern.
Emilio: 7,449 oder 7,4499 etc.
Kemal: 7,4049 oder 7,40499 etc.

50 a) **0,165** ≈ 0,17

b) **8,85** ≈ 8,9

c) **23,995** ≈ 24,00

d) **13,15** ≈ 13,2

51 a) **0,354** ≈ 0,35

b) **7,24** ≈ 7,2

c) **9,004** ≈ 9,00

d) **15,3284** ≈ 15,328

52 Die Anzahl der Gäste lag 2013 zwischen **31 550 000** und **31 649 999**.

53 a) *Möglichkeit 1:*

$\frac{3}{4} = 0,75 = \mathbf{75\ \%}$

Möglichkeit 2:

$\frac{3}{4} = \frac{75}{100} = \mathbf{75\ \%}$

Durch Erweitern auf Hundertstel kann die Prozentzahl leicht abgelesen werden.

b) $\frac{7}{40} = 0{,}175 = \mathbf{17{,}5\ \%}$

c) $\frac{3}{8} = 0{,}375 = \mathbf{37{,}5\ \%}$

d) $\frac{96}{500} = \frac{192}{1\,000} = 0{,}192 = \mathbf{19{,}2\ \%}$

Durch Erweitern auf Tausendstel kann die Prozentzahl leicht abgelesen werden.

54 a) $22{,}4\ \% = \frac{224}{1\,000} = \mathbf{\frac{28}{125}}$

b) $25\ \% = \frac{25}{100} = \mathbf{\frac{1}{4}}$

c) $12{,}5\ \% = \frac{125}{1\,000} = \mathbf{\frac{1}{8}}$

d) $60\ \% = \frac{60}{100} = \mathbf{\frac{3}{5}}$

55 Die Abmessungen des größten Quadrats betragen Länge = Breite = 3 m. Der Flächeninhalt des Rechtecks beträgt $3\text{ m} \cdot 4\text{ m} = 12\text{ m}^2$, der Flächeninhalt des Quadrats beträgt $3\text{ m} \cdot 3\text{ m} = 9\text{ m}^2$.

$\frac{9}{12} = \frac{3}{4} = \frac{75}{100} = 0{,}75 = 75\ \%$

Das sind **75 %** der Rechtecksfläche.

Du kannst entweder die Division 9 : 12 ausführen, um die Prozentanteile zu berechnen, oder den Bruch kürzen bzw. erweitern.

56 Zunächst wird die Gesamtzahl aller Schüler berechnet:

$292 + 260 + 248 = 800$

Für den Anteil der Schüler in der Unterstufe gilt:

$\frac{292}{800} = \frac{73}{200} = 0{,}365 = \mathbf{36{,}5\ \%}$

Für den Anteil der Schüler in der Mittelstufe gilt:

$\frac{260}{800} = \frac{13}{40} = 0{,}325 = \mathbf{32{,}5\ \%}$

Für den Anteil der Schüler in der Oberstufe gilt:

$\frac{248}{800} = \frac{31}{100} = 0{,}31 = \mathbf{31\ \%}$

Stufe	absolute Häufigkeit	relative Häufigkeit
Unterstufe	292	**36,5 %**
Mittelstufe	260	**32,5 %**
Oberstufe	248	**31 %**

57 a) Auftreten können die Augensummen 1, 2, 3, 4, 5, 6 und sie treten **zufällig** auf. Es handelt sich daher um ein **Zufallsexperiment**.

b) Auftreten kann ein Heimsieg, ein Auswärtssieg oder ein Unentschieden, aber die Ergebnisse treten **nicht zufällig** auf, sondern je nach Spielstärke der Mannschaften. Es handelt sich daher um **kein Zufallsexperiment**.

c) Auftreten können die Ergebnisse rote Kugel, blaue Kugel und gelbe Kugel, sie treten **zufällig** auf, wenn man nicht hinsieht. Es handelt sich daher um ein **Zufallsexperiment**.

58 Die Möglichkeiten sind:
KK, KZ, ZK, ZZ
Sie treten zufällig auf.

Dabei steht K für Kopf und Z für Zahl.

59 a) 7 m 8 dm 4 cm 5 mm = **78,45 dm**

b) 9 t 34 kg 76 g = **9 034,076 kg**

c) 3 m^2 6 dm^2 7 cm^2 = **306,07 dm^2**

d) 2 h 5 min 15 s = **125,25 min**

Beachte, dass hier die Umrechnungszahl 60 ist.
$2\text{ h} = 120\text{ min},\ 15\text{ s} = \frac{15}{60}\text{ min} = \frac{1}{4}\text{ min} = 0,25\text{ min}$

60 a) $0,28 = \frac{28}{100} = \mathbf{\frac{7}{25}}$

b) $36\,\% = \frac{36}{100} = \mathbf{\frac{9}{25}}$

c) $7,4 = \frac{74}{10} = \mathbf{\frac{37}{5}}$

d) $2,3 = \mathbf{\frac{23}{10}}$

61 $\frac{3}{8} = 0,375$

$20\,\% = 0,2$

Es gibt mehr **blaue** Kleidungsstücke.

62 Gesamtzahl der Würfe: Lukas würfelt 50-mal und Max 40-mal.

Lukas: $\frac{11}{50} = \frac{22}{100} = 0,22 = 22\,\%$

Max: $\frac{7}{40} = \frac{7}{2^3 \cdot 5} = \frac{7 \cdot 25}{2^3 \cdot 5^3} = \frac{175}{1\,000} = 0,175 = 17,5\,\%$

Lukas hat den höheren Prozentsatz an Würfen mit der Augensumme 3.

63 a) Zunächst werden alle Zahlen in Dezimalzahlen umgewandelt:

$\frac{7}{9} = 0,\overline{7}$ | 68 % = 0,68 | 0,593

$\frac{17}{40} = 0,425$ | $\frac{2}{3} = 0,\overline{6}$ | 42,8 % = 0,428

Die Dezimalzahlen können nun sortiert werden:

$0,425 < 0,428 < 0,593 < 0,\overline{6} < 0,68 < 0,\overline{7}$

In ihrer ursprünglichen Form ergibt sich:

$\mathbf{\frac{17}{40} < 42,8\,\% < 0,593 < \frac{2}{3} < 68\,\% < \frac{7}{9}}$

b) Umwandlung aller Zahlen in Dezimalzahlen:

35 % = 0,35 | $\frac{9}{20} = 0,45$ | 0,375

$\frac{72}{200} = 0,36$ | $\frac{3}{8} = 0,375$ | 0,3102

Die Dezimalzahlen können nun sortiert werden:

$0,3102 < 0,35 < 0,36 < 0,375 = 0,375 < 0,45$

In ihrer ursprünglichen Form ergibt sich:

$\mathbf{0,3102 < 35\,\% < \frac{72}{200} < \frac{3}{8} = 0,375 < \frac{9}{20}}$

64 $\frac{35}{100} = \frac{7}{20}$

Ein Zwanzigstel von 88 Schülern beträgt:

88 : 20 = 4,4

Man braucht aber sieben Zwanzigstel, also 4,4 · 7 = 30,8.

Menschen sollte man auf Ganze runden, also sind es **31 Kinder**.

65 a) $\frac{1}{6} + \frac{4}{6} = \mathbf{\frac{5}{6}}$

b) $\frac{3}{25} + \frac{12}{25} = \frac{15}{25} = \mathbf{\frac{3}{5}}$

c) $\frac{12}{13} - \frac{8}{13} = \mathbf{\frac{4}{13}}$

d) $\frac{17}{20} - \frac{7}{20} = \frac{10}{20} = \mathbf{\frac{1}{2}}$

e) $\frac{7}{9} + \frac{4}{9} + \frac{16}{9} = \frac{27}{9} = \frac{3}{1} = \mathbf{3}$

f) $\frac{25}{24} + \frac{1}{24} - \frac{6}{24} = \frac{20}{24} = \mathbf{\frac{5}{6}}$

66 Hinweise und Tipps:
Wenn man eine Zahl einer unteren Reihe berechnen möchte, muss man subtrahieren. Beim Berechnen einer Zahl in der oberen Reihe addiert man.

a)

b)

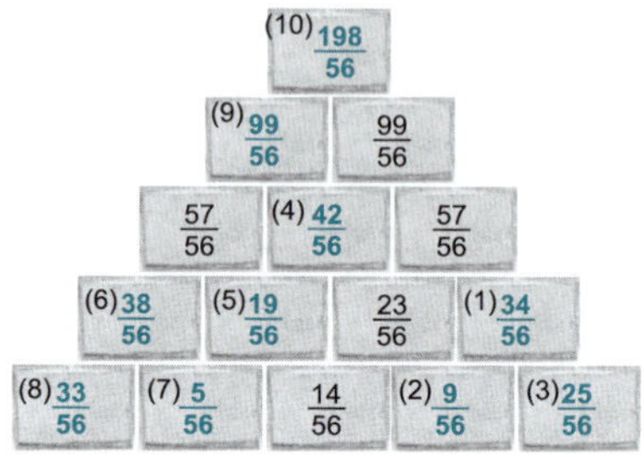

Rechenwege:

a) 5. Reihe: $\frac{12}{78}-\frac{5}{78}=\frac{7}{78}$; $\frac{7}{78}-\frac{1}{78}=\frac{6}{78}$

4. Reihe: $\frac{3}{78}+\frac{7}{78}=\frac{10}{78}$; $\frac{5}{78}+\frac{6}{78}=\frac{11}{78}$

3. Reihe: $\frac{10}{78}+\frac{12}{78}=\frac{22}{78}$; $\frac{12}{78}+\frac{11}{78}=\frac{23}{78}$; $\frac{11}{78}+\frac{7}{78}=\frac{18}{78}$

2. Reihe: $\frac{22}{78}+\frac{23}{78}=\frac{45}{78}$; $\frac{23}{78}+\frac{18}{78}=\frac{41}{78}$

1. Reihe: $\frac{45}{78}+\frac{41}{78}=\frac{86}{78}$

b) (1) $\frac{57}{56}-\frac{23}{56}=\frac{34}{56}$

(2) $\frac{23}{56}-\frac{14}{56}=\frac{9}{56}$

(3) $\frac{34}{56}-\frac{9}{56}=\frac{25}{56}$

(4) $\frac{99}{56}-\frac{57}{56}=\frac{42}{56}$

(5) $\frac{42}{56}-\frac{23}{56}=\frac{19}{56}$

(6) $\frac{57}{56}-\frac{19}{56}=\frac{38}{56}$

(7) $\frac{19}{56}-\frac{14}{56}=\frac{5}{56}$

(8) $\frac{38}{56}-\frac{5}{56}=\frac{33}{56}$

(9) $\frac{57}{56}+\frac{42}{56}=\frac{99}{56}$

(10) $\frac{99}{56}+\frac{99}{56}=\frac{198}{56}$

67 Torte:

$\frac{2}{12}+\frac{1}{12}+\frac{2}{12}+\frac{1}{12}+\frac{1}{12}=\frac{7}{12}$

Die Torte wurde in 12 Stücke geteilt. Durch Addition der Anteile erhält man, wie viel insgesamt gegessen wurde.

Kuchen:

$\frac{1}{16}+\frac{2}{16}+\frac{3}{16}+\frac{1}{16}+\frac{2}{16}+\frac{2}{16}+\frac{1}{16}=\frac{12}{16}=\frac{3}{4}$

Der Kuchen wurde in 16 Stücke geteilt. Hier kann noch gekürzt werden.

Es wurden **sieben Zwölftel** der Torte und **drei Viertel** des Kuchens gegessen.

Torte:

$\frac{12}{12}-\frac{7}{12}=\frac{5}{12}$

Durch Subtraktion des Anteils, der gegessen wurde, vom Gesamten erhält man, wie viel noch übrig ist.

Kuchen:

$\frac{4}{4}-\frac{3}{4}=\frac{1}{4}$

Es gibt noch **fünf Zwölftel** der Torte und **ein Viertel** des Kuchens.

68 Die Gesamtmenge wird durch Addition berechnet:

$\frac{3}{8}+\frac{7}{8}+\frac{1}{8}+\frac{6}{8}=\frac{17}{8}=2\frac{1}{8}$

$\frac{17}{8}$ wird in eine gemischte Zahl umgewandelt.

Der 2-ℓ-Krug reicht **nicht** aus.

69 Die Summe ist $\frac{15}{17}$.

$\frac{4}{17}$	(1) $\frac{9}{17}$	$\frac{2}{17}$
(4) $\frac{3}{17}$	$\frac{5}{17}$	(5) $\frac{7}{17}$
(2) $\frac{8}{17}$	(6) $\frac{1}{17}$	(3) $\frac{6}{17}$

Um die fehlenden Brüche zu berechnen, sucht man erst Zeilen, Spalten oder Diagonalen, in denen nur eine Zahl fehlt. Von der magischen Summe subtrahiert man die beiden gegebenen Zahlen.

Rechenwege:

(1) $\frac{15}{17}-\left(\frac{4}{17}+\frac{2}{17}\right)=\frac{15}{17}-\frac{6}{17}=\frac{9}{17}$

(2) $\frac{15}{17}-\left(\frac{2}{17}+\frac{5}{17}\right)=\frac{15}{17}-\frac{7}{17}=\frac{8}{17}$

(3) $\frac{15}{17}-\left(\frac{4}{17}+\frac{5}{17}\right)=\frac{15}{17}-\frac{9}{17}=\frac{6}{17}$

(4) $\frac{15}{17}-\left(\frac{4}{17}+\frac{8}{17}\right)=\frac{15}{17}-\frac{12}{17}=\frac{3}{17}$

(5) $\frac{15}{17}-\left(\frac{2}{17}+\frac{6}{17}\right)=\frac{15}{17}-\frac{8}{17}=\frac{7}{17}$

(6) $\frac{15}{17}-\left(\frac{9}{17}+\frac{5}{17}\right)=\frac{15}{17}-\frac{14}{17}=\frac{1}{17}$

70 a) Um den zweiten Summanden zu erhalten, wird der erste Summand vom Ergebnis der Summe subtrahiert:

$\frac{45}{65}-\frac{17}{65}=\frac{28}{65}$

Summand + Summand = Summe

b) Um den Minuend zu berechnen, wird der Subtrahend zum Ergebnis der Differenz addiert:

$\frac{34}{98}+\frac{7}{98}=\frac{41}{98}$

Minuend – Subtrahend = Differenz

c) Für die Berechnung des Subtrahenden wird das Ergebnis der Differenz vom Minuenden subtrahiert:

$\frac{21}{25}-\frac{14}{25}=\frac{7}{25}$

Minuend – Subtrahend = Differenz

71 a) $\frac{6}{10}=\frac{3}{5}$ und $\frac{7}{12}$

Achte darauf zu kürzen, falls dies möglich ist.

$5=5$

$12=2\cdot 6=2\cdot 2\cdot 3=2^2\cdot 3$

$\text{HN}=\text{kgV}(5,12)=2^2\cdot 3\cdot 5=60$

$\frac{6}{10}=\frac{36}{60}>\frac{35}{60}=\frac{7}{12}$

$\frac{6}{10}=\frac{3}{5}=\frac{3\cdot 2^2\cdot 3}{5\cdot 2^2\cdot 3}=\frac{36}{60}$ und $\frac{7}{12}=\frac{7\cdot 5}{12\cdot 5}=\frac{35}{60}$

b) $\frac{13}{44}$ und $\frac{19}{66}$

$44=2\cdot 22=2\cdot 2\cdot 11=2^2\cdot 11$

$66=2\cdot 33=2\cdot 3\cdot 11$

$\text{HN}=\text{kgV}(44,66)=2^2\cdot 3\cdot 11=132$

$\frac{13}{44}=\frac{39}{132}>\frac{38}{132}=\frac{19}{66}$

$\frac{13}{44}=\frac{13\cdot 3}{44\cdot 3}=\frac{39}{132}$ und $\frac{19}{66}=\frac{19\cdot 2}{66\cdot 2}=\frac{38}{132}$

c) $\frac{5}{12}$ und $\frac{7}{18}$

$12=2\cdot 6=2\cdot 2\cdot 3=2^2\cdot 3$

$18=2\cdot 9=2\cdot 3\cdot 3=2\cdot 3^2$

$\text{HN}=\text{kgV}(12,18)=2^2\cdot 3^2=36$

$\frac{5}{12}=\frac{15}{36}>\frac{14}{36}=\frac{7}{18}$

$\frac{5}{12}=\frac{5\cdot 3}{12\cdot 3}=\frac{15}{36}$ und $\frac{7}{18}=\frac{7\cdot 2}{18\cdot 2}=\frac{14}{36}$

d) $\frac{7}{21} = \frac{1}{3}$ und $\frac{8}{20} = \frac{2}{5}$

Durch Kürzen kann hier die Rechnung vereinfacht werden.

$3 = 3$

$5 = 5$

$\text{HN} = \text{kgV}(3, 5) = 3 \cdot 5 = 15$

$\frac{7}{21} = \frac{5}{15} < \frac{6}{15} = \frac{8}{20}$

$\frac{7}{21} = \frac{1}{3} = \frac{1 \cdot 5}{3 \cdot 5} = \frac{5}{15}$ und $\frac{8}{20} = \frac{2}{5} = \frac{2 \cdot 3}{5 \cdot 3} = \frac{6}{15}$

72 a) $\frac{3}{4}, \frac{7}{9}$ und $\frac{8}{12} = \frac{2}{3}$

$4 = 2^2$

$9 = 3^2$

$3 = 3$

Es werden alle drei Nenner in Primfaktoren zerlegt.

$\text{HN} = \text{kgV}(4, 9, 3) = 2^2 \cdot 3^2 = \mathbf{36}$

Damit lassen sich die drei Brüche folgendermaßen erweitern:

$\frac{3}{4} = \frac{27}{36}$ $\quad \frac{7}{9} = \frac{28}{36}$ $\quad \frac{8}{12} = \frac{2}{3} = \frac{24}{36}$

$\mathbf{\frac{8}{12} < \frac{3}{4} < \frac{7}{9}}$

$\frac{24}{36} < \frac{27}{36} < \frac{28}{36}$

b) Zunächst wird die Prozentzahl in einen Bruch umgewandelt:

$56\,\% = \frac{56}{100} = \frac{14}{25}$

Es werden daher die folgenden Brüche verglichen:

$\frac{5}{9}, \frac{14}{25}, \frac{25}{36}$ und $\frac{3}{5}$

$9 = 3^2$

$25 = 5^2$

$36 = 2^2 \cdot 3^2$

$5 = 5$

Es werden alle vier Nenner in Primfaktoren zerlegt.

$\text{HN} = \text{kgV}(9, 25, 36, 5) = 2^2 \cdot 3^2 \cdot 5^2 = \mathbf{900}$

Damit lassen sich die Brüche folgendermaßen erweitern:

$\frac{5}{9} = \frac{500}{900}$ $\quad 56\,\% = \frac{14}{25} = \frac{504}{900}$ $\quad \frac{25}{36} = \frac{625}{900}$ $\quad \frac{3}{5} = \frac{540}{900}$

$\mathbf{\frac{5}{9} < 56\,\% < \frac{3}{5} < \frac{25}{36}}$

$\frac{500}{900} < \frac{504}{900} < \frac{540}{900} < \frac{625}{900}$

c) Zunächst wird die Prozentzahl in einen Bruch umgewandelt:
$45\,\% = \frac{45}{100} = \frac{9}{20}$
Es werden daher die folgenden Brüche verglichen:
$\frac{12}{25}, \frac{9}{20}$ und $\frac{4}{10} = \frac{2}{5}$

Da $\frac{9}{20}$ bereits vorkommt, müssen nur drei Brüche miteinander verglichen werden.

$25 = 5^2$
$20 = 2^2 \cdot 5$
$5 = 5$
$HN = kgV(25, 20, 5) = 2^2 \cdot 5^2 = \mathbf{100}$
Damit lassen sich die Brüche folgendermaßen erweitern:
$\frac{12}{25} = \frac{48}{100} \qquad \frac{9}{20} = \frac{45}{100} \qquad \frac{4}{10} = \frac{2}{5} = \frac{40}{100}$
$\mathbf{\frac{4}{10} < \frac{9}{20} = 45\,\% < \frac{12}{25}}$

$\frac{40}{100} < \frac{45}{100} < \frac{48}{100}$

d) $\frac{5}{6}, \frac{7}{8}, \frac{11}{12}$ und $\frac{2}{3}$
$6 = 2 \cdot 3$
$8 = 2 \cdot 2 \cdot 2 = 2^3$
$12 = 2 \cdot 2 \cdot 3 = 2^2 \cdot 3$
$3 = 3$
$HN = kgV(6, 8, 12, 3) = 2^3 \cdot 3 = \mathbf{24}$
Damit lassen sich die Brüche folgendermaßen erweitern:
$\frac{5}{6} = \frac{20}{24} \qquad \frac{7}{8} = \frac{21}{24} \qquad \frac{11}{12} = \frac{22}{24} \qquad \frac{2}{3} = \frac{16}{24}$
$\mathbf{\frac{2}{3} < \frac{5}{6} < \frac{7}{8} < \frac{11}{12}}$

$\frac{16}{24} < \frac{20}{24} < \frac{21}{24} < \frac{22}{24}$

73 Salamipizza: $\frac{8}{21}$

Schinkenpizza: $\frac{6}{20} = \frac{3}{10}$

Erweitern auf den Hauptnenner ergibt:

Salamipizza: $\frac{8}{21} = \frac{80}{210}$

$21 = 3 \cdot 7$
$10 = 2 \cdot 5$
$HN = kgV(21, 10) = 210$

Schinkenpizza: $\frac{3}{10} = \frac{63}{210}$

$\frac{8}{21} > \frac{3}{10}$

$\frac{80}{210} > \frac{63}{210}$

Von der **Salamipizza** wurde ein größerer Anteil gegessen.

74 a) kurz: $\frac{39}{130} = \mathbf{\frac{3}{10}}$

mittel: $\frac{15}{90} = \mathbf{\frac{1}{6}}$

lang: $\frac{2}{30} = \mathbf{\frac{1}{15}}$

b) Um die Anteile vergleichen zu können, werden sie auf den Hauptnenner erweitert:

kurz: $\frac{3}{10} = \frac{9}{30}$

mittel: $\frac{1}{6} = \frac{5}{30}$

lang: $\frac{1}{15} = \frac{2}{30}$

$10 = 2 \cdot 5$
$6 = 2 \cdot 3$
$15 = 3 \cdot 5$
$HN = kgV(10, 6, 15) = 30$

Bei den **kurzen** Schrauben sind anteilsmäßig die meisten Schrauben verbogen.

75 a) $\frac{4}{15} + \frac{3}{20} = \frac{16}{60} + \frac{9}{60} = \frac{25}{60} = \mathbf{\frac{5}{12}}$

b) $\frac{13}{25} + \frac{11}{30} = \frac{78}{150} + \frac{55}{150} = \mathbf{\frac{133}{150}}$

c) $\frac{7}{45} + \frac{31}{90} = \frac{14}{90} + \frac{31}{90} = \frac{45}{90} = \mathbf{\frac{1}{2}}$

d) $\frac{45}{33} + \frac{16}{21} = \frac{315}{231} + \frac{176}{231} = \frac{491}{231} = \mathbf{2\frac{29}{231}}$

76 a) $\frac{6}{5} - \frac{7}{9} = \frac{54}{45} - \frac{35}{45} = \mathbf{\frac{19}{45}}$

b) $\frac{9}{10} - \frac{14}{25} = \frac{45}{50} - \frac{28}{50} = \mathbf{\frac{17}{50}}$

c) $\frac{17}{20} - \frac{3}{5} = \frac{17}{20} - \frac{12}{20} = \frac{5}{20} = \mathbf{\frac{1}{4}}$

d) $\frac{12}{25} - 4\,\% = \frac{12}{25} - \frac{4}{100} = \frac{12}{25} - \frac{1}{25} = \mathbf{\frac{11}{25}}$

77 a) Die Anteile der sechsten und siebten Klassen werden addiert:

$\frac{7}{15} + \frac{2}{5} = \frac{7}{15} + \frac{6}{15} = \frac{13}{15}$

Es sind $\mathbf{\frac{13}{15}}$ der Plätze belegt.

b) Die Anteile der sechsten und achten Klassen werden addiert:

$\frac{7}{15} + \frac{14}{25} = \frac{35}{75} + \frac{42}{75} = \frac{77}{75} = 1\frac{2}{75}$

Da der Anteil größer als 1 ist, reicht der Platz in der Mensa **nicht** aus.

78 Es wird berechnet, wie lange Benjamin mit Dingen für die Schule beschäftigt war:

$$\frac{3}{5}+\frac{2}{9}+\frac{1}{9}=\frac{27}{45}+\frac{10}{45}+\frac{5}{45}=\frac{42}{45}=\frac{14}{15}$$

Der Anteil, der für sein Zimmer übrig blieb, wird ermittelt, indem der eben berechnete Wert von 1 abgezogen wird:

$$1-\frac{14}{15}=\frac{15}{15}-\frac{14}{15}=\frac{1}{15}$$

Der ganze Nachmittag hat den Anteil 1.

Benjamin konnte nur $\frac{1}{15}$ des Nachmittags sein Zimmer aufräumen.

79 Hinweise und Tipps:
Bilde den Hauptnenner der gegebenen Brüche, bevor du zu rechnen beginnst. Rechne mit diesen Brüchen. Kürze im Anschluss, wo es möglich ist.

a) Mit demselben Hauptnenner:

$\frac{179}{36}$

$\frac{93}{36}$ $\frac{86}{36}$

$\frac{41}{36}$ $\frac{52}{36}$ $\frac{34}{36}$

$\frac{15}{36}$ $\frac{26}{36}$ $\frac{26}{36}$ $\frac{8}{36}$

$\frac{9}{36}$ $\frac{6}{36}$ $\frac{20}{36}$ $\frac{6}{36}$ $\frac{2}{36}$

gekürzt:

$4\frac{35}{36}$

$2\frac{7}{12}$ $2\frac{7}{18}$

$1\frac{5}{36}$ $1\frac{4}{9}$ $\frac{17}{18}$

$\frac{5}{12}$ $\frac{13}{18}$ $\frac{13}{18}$ $\frac{2}{9}$

$\frac{1}{4}$ $\frac{1}{6}$ $\frac{5}{9}$ $\frac{1}{6}$ $\frac{1}{18}$

Rechenwege:

Gegeben:

kgV(9, 4, 18) = 36

5. Reihe: $\frac{1}{4}=\frac{9}{36}$; $\frac{5}{9}=\frac{20}{36}$; $\frac{1}{18}=\frac{2}{36}$

4. Reihe: $\frac{13}{18}=\frac{26}{36}$; $\frac{2}{9}=\frac{8}{36}$

Gesucht:

Zum Berechnen einer unteren Zahl wird subtrahiert, zum Berechnen einer oberen Zahl wird addiert.

5. Reihe: $\frac{26}{36}-\frac{20}{36}=\frac{6}{36}$; $\frac{8}{36}-\frac{2}{36}=\frac{6}{36}$

4. Reihe: $\frac{9}{36}+\frac{6}{36}=\frac{15}{36}$; $\frac{20}{36}+\frac{6}{36}=\frac{26}{36}$

3. Reihe: $\frac{15}{36}+\frac{26}{36}=\frac{41}{36}$; $\frac{26}{36}+\frac{26}{36}=\frac{52}{36}$; $\frac{26}{36}+\frac{8}{36}=\frac{34}{36}$

2. Reihe: $\frac{41}{36}+\frac{52}{36}=\frac{93}{36}$; $\frac{52}{36}+\frac{34}{36}=\frac{86}{36}$

1. Reihe: $\frac{93}{36}+\frac{86}{36}=\frac{179}{36}$

b) Mit demselben Hauptnenner:

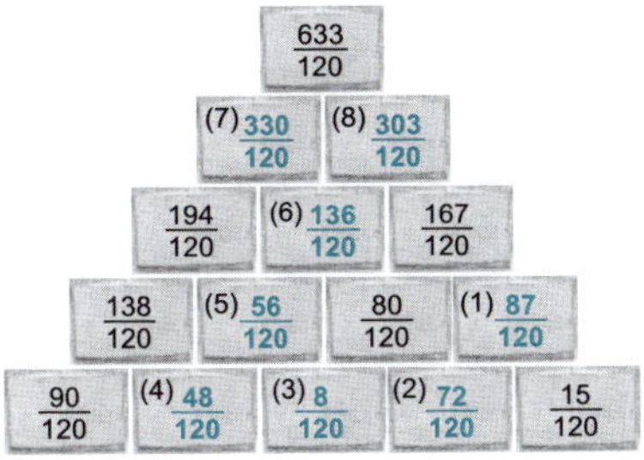

gekürzt:

Rechenwege:

Gegeben:

kgV(4, 3, 20, 40, 60, 120) = 120

5. Reihe: $\frac{3}{4} = \frac{90}{120}$; $\frac{1}{8} = \frac{15}{120}$

4. Reihe: $1\frac{3}{20} = \frac{23}{20} = \frac{138}{120}$; $\frac{2}{3} = \frac{80}{120}$

3. Reihe: $1\frac{37}{60} = \frac{97}{60} = \frac{194}{120}$; $1\frac{47}{120} = \frac{167}{120}$

1. Reihe: $5\frac{11}{40} = \frac{211}{40} = \frac{633}{120}$

Gesucht:

(1) $\frac{167}{120} - \frac{80}{120} = \frac{87}{120}$

(2) $\frac{87}{120} - \frac{15}{120} = \frac{72}{120}$

(3) $\frac{80}{120} - \frac{72}{120} = \frac{8}{120}$

(4) $\frac{138}{120} - \frac{90}{120} = \frac{48}{120}$

(5) $\frac{48}{120} + \frac{8}{120} = \frac{56}{120}$

(6) $\frac{56}{120} + \frac{80}{120} = \frac{136}{120}$

(7) $\frac{194}{120} + \frac{136}{120} = \frac{330}{120}$

(8) $\frac{136}{120} + \frac{167}{120} = \frac{303}{120}$

80 Die einzelnen Anteile werden addiert:

$\frac{1}{9} + \frac{1}{3} + \frac{1}{2} = \frac{2}{18} + \frac{6}{18} + \frac{9}{18} = \frac{17}{18}$

Zu Elenas Alter fehlt noch $\frac{1}{18}$. Das entspricht den drei Jahren. Also ist Tante Elena $3 \cdot 18 =$ **54 Jahre** alt.

81 a) *Möglichkeit 1:*

$$4\frac{3}{4}+\frac{3}{5}+2\frac{3}{8}=\frac{19}{4}+\frac{3}{5}+\frac{19}{8}=\frac{190}{40}+\frac{24}{40}+\frac{95}{40}=\frac{309}{40}=\mathbf{7\frac{29}{40}}$$

Möglichkeit 2:

$$4\frac{3}{4}+\frac{3}{5}+2\frac{3}{8}=4+2+\frac{30}{40}+\frac{24}{40}+\frac{15}{40}=6\frac{69}{40}=\mathbf{7\frac{29}{40}}$$

b) *Möglichkeit 1:*

$$2\frac{7}{12}+9\frac{2}{3}+5\frac{3}{4}=\frac{31}{12}+\frac{29}{3}+\frac{23}{4}=\frac{31}{12}+\frac{116}{12}+\frac{69}{12}=\frac{216}{12}=\mathbf{18}$$

Möglichkeit 2:

$$2\frac{7}{12}+9\frac{2}{3}+5\frac{3}{4}=2+9+5+\frac{7}{12}+\frac{8}{12}+\frac{9}{12}=16\frac{24}{12}=\mathbf{18}$$

c) *Möglichkeit 1:*

$$7\frac{3}{25}+2\frac{39}{50}+1\frac{29}{40}=\frac{178}{25}+\frac{139}{50}+\frac{69}{40}$$
$$=\frac{1\,424}{200}+\frac{556}{200}+\frac{345}{200}$$
$$=\frac{2\,325}{200}$$
$$=11\frac{125}{200}$$
$$=\mathbf{11\frac{5}{8}}$$

Möglichkeit 2:

$$7\frac{3}{25}+2\frac{39}{50}+1\frac{29}{40}=7+2+1+\frac{24}{200}+\frac{156}{200}+\frac{145}{200}=10\frac{325}{200}=11\frac{125}{200}=\mathbf{11\frac{5}{8}}$$

d) *Möglichkeit 1:*

$$3\frac{7}{20}+75\,\%+6\frac{3}{8}=\frac{67}{20}+\frac{75}{100}+\frac{51}{8}$$
$$=\frac{67}{20}+\frac{3}{4}+\frac{51}{8}$$
$$=\frac{134}{40}+\frac{30}{40}+\frac{255}{40}$$
$$=\frac{419}{40}$$
$$=\mathbf{10\frac{19}{40}}$$

Möglichkeit 2:

$$3\frac{7}{20}+75\,\%+6\frac{3}{8}=3\frac{7}{20}+\frac{3}{4}+6\frac{3}{8}=3+6+\frac{14}{40}+\frac{30}{40}+\frac{15}{40}=9\frac{59}{40}=\mathbf{10\frac{19}{40}}$$

82 a) *Möglichkeit 1:*

$$7\frac{9}{14}-2\frac{4}{21}=\frac{107}{14}-\frac{46}{21}=\frac{321}{42}-\frac{92}{42}=\frac{229}{42}=\mathbf{5\frac{19}{42}}$$

Möglichkeit 2:

$$7\frac{9}{14}-2\frac{4}{21}=7-2+\frac{27}{42}-\frac{8}{42}=\mathbf{5\frac{19}{42}}$$

b) *Möglichkeit 1:*

$$5\frac{11}{40}-2\frac{7}{8}=\frac{211}{40}-\frac{23}{8}=\frac{211}{40}-\frac{115}{40}=\frac{96}{40}=2\frac{16}{40}=\mathbf{2\frac{2}{5}}$$

Möglichkeit 2:

$$5\frac{11}{40}-2\frac{7}{8}=5-2+\frac{11}{40}-\frac{35}{40}=3-\frac{24}{40}=3-\frac{3}{5}=2\frac{5}{5}-\frac{3}{5}=\mathbf{2\frac{2}{5}}$$

c) *Möglichkeit 1:*

$$15\frac{1}{3}-6\frac{5}{7}=\frac{46}{3}-\frac{47}{7}=\frac{322}{21}-\frac{141}{21}=\frac{181}{21}=\mathbf{8\frac{13}{21}}$$

Möglichkeit 2:

$$15\frac{1}{3}-6\frac{5}{7}=15-6+\frac{7}{21}-\frac{15}{21}=9-\frac{8}{21}=8\frac{21}{21}-\frac{8}{21}=\mathbf{8\frac{13}{21}}$$

d) *Möglichkeit 1:*

$$4\frac{7}{9}-2\frac{1}{5}=\frac{43}{9}-\frac{11}{5}=\frac{215}{45}-\frac{99}{45}=\frac{116}{45}=\mathbf{2\frac{26}{45}}$$

Möglichkeit 2:

$$4\frac{7}{9}-2\frac{1}{5}=4-2+\frac{35}{45}-\frac{9}{45}=\mathbf{2\frac{26}{45}}$$

83 Vorhandene Päckchen:

$$2\frac{3}{5}+1\frac{1}{3}=3+\frac{9}{15}+\frac{5}{15}=3\frac{14}{15}$$

Er muss also **Haselnüsse kaufen**, weil er etwas weniger als 4 Päckchen hat.

84 Gefüttert wurden:

$$4\frac{3}{4}+2\frac{1}{3}=6+\frac{9}{12}+\frac{4}{12}=6\frac{13}{12}=7\frac{1}{12}$$

Also fehlen noch:

$$10\frac{1}{2}-7\frac{1}{12}=3+\frac{6}{12}-\frac{1}{12}=3\frac{5}{12}$$

Abends soll sie noch **$3\frac{5}{12}$ g** füttern.

85 Hinweise und Tipps:
Bring alle Angaben auf den kleinsten gemeinsamen Nenner. Rechne erst so, dann kürze in einem zweiten Arbeitsgang.

a) Mit demselben Hauptnenner:

$66\frac{2}{12}$	$91\frac{9}{12}$	$84\frac{11}{12}$	$55\frac{6}{12}$	
$20\frac{9}{12}$	$45\frac{5}{12}$	$46\frac{4}{12}$	$38\frac{7}{12}$	$16\frac{11}{12}$
$20\frac{9}{12}$	$24\frac{8}{12}$	$21\frac{8}{12}$	$16\frac{11}{12}$	
$7\frac{1}{12}$	$13\frac{8}{12}$	11	$10\frac{8}{12}$	$6\frac{3}{12}$
$7\frac{1}{12}$	$6\frac{7}{12}$	$4\frac{5}{12}$	$6\frac{3}{12}$	
$4\frac{4}{12}$	$2\frac{9}{12}$	$3\frac{10}{12}$	$\frac{7}{12}$	$5\frac{8}{12}$

gekürzt:

$66\frac{1}{6}$	$91\frac{3}{4}$	$84\frac{11}{12}$	$55\frac{1}{2}$	
$20\frac{3}{4}$	$45\frac{5}{12}$	$46\frac{1}{3}$	$38\frac{7}{12}$	$16\frac{11}{12}$
$20\frac{3}{4}$	$24\frac{2}{3}$	$21\frac{2}{3}$	$16\frac{11}{12}$	
$7\frac{1}{12}$	$13\frac{2}{3}$	11	$10\frac{2}{3}$	$6\frac{1}{4}$
$7\frac{1}{12}$	$6\frac{7}{12}$	$4\frac{5}{12}$	$6\frac{1}{4}$	
$4\frac{1}{3}$	$2\frac{3}{4}$	$3\frac{5}{6}$	$\frac{7}{12}$	$5\frac{2}{3}$

Rechenwege:
Gegeben:

$$4\frac{1}{3}=4\frac{4}{12};\ 2\frac{3}{4}=2\frac{9}{12};\ 3\frac{5}{6}=3\frac{10}{12};\ 5\frac{2}{3}=5\frac{8}{12}$$

kgV(3, 4, 6, 12) = 12

Gesucht:

5. Reihe: $4\frac{4}{12}+2\frac{9}{12}=6\frac{13}{12}=7\frac{1}{12};\ 2\frac{9}{12}+3\frac{10}{12}=5\frac{19}{12}=6\frac{7}{12};$

$3\frac{10}{12}+\frac{7}{12}=3\frac{17}{12}=4\frac{5}{12};\ \frac{7}{12}+5\frac{8}{12}=5\frac{15}{12}=6\frac{3}{12}$

4. Reihe: $7\frac{1}{12}+6\frac{7}{12}=13\frac{8}{12};\ 6\frac{7}{12}+4\frac{5}{12}=10\frac{12}{12}=11;\ 4\frac{5}{12}+6\frac{3}{12}=10\frac{8}{12}$

3. Reihe: $7\frac{1}{12}+13\frac{8}{12}=20\frac{9}{12};\ 13\frac{8}{12}+11=24\frac{8}{12};$

$11+10\frac{8}{12}=21\frac{8}{12};\ 10\frac{8}{12}+6\frac{3}{12}=16\frac{11}{12}$

2. Reihe: $20\frac{9}{12}+24\frac{8}{12}=44\frac{17}{12}=45\frac{5}{12}$; $24\frac{8}{12}+21\frac{8}{12}=45\frac{16}{12}=46\frac{4}{12}$;

$21\frac{8}{12}+16\frac{11}{12}=37\frac{19}{12}=38\frac{7}{12}$

1. Reihe: $20\frac{9}{12}+45\frac{5}{12}=65\frac{14}{12}=66\frac{2}{12}$; $45\frac{5}{12}+46\frac{4}{12}=91\frac{9}{12}$;

$46\frac{4}{12}+38\frac{7}{12}=84\frac{11}{12}$; $38\frac{7}{12}+16\frac{11}{12}=54\frac{18}{12}=55\frac{6}{12}$

b) Mit demselben Hauptnenner:

$66\frac{10}{15}$	$101\frac{11}{15}$	$94\frac{9}{15}$	55	
$19\frac{2}{15}$	$47\frac{8}{15}$	$54\frac{3}{15}$	$40\frac{6}{15}$	$14\frac{9}{15}$
$19\frac{2}{15}$	$28\frac{6}{15}$	$25\frac{12}{15}$	$14\frac{9}{15}$	
$5\frac{10}{15}$	$13\frac{7}{15}$	$14\frac{14}{15}$	$10\frac{13}{15}$	$3\frac{11}{15}$
$5\frac{10}{15}$	$7\frac{12}{15}$	$7\frac{2}{15}$	$3\frac{11}{15}$	
$2\frac{7}{15}$	$3\frac{3}{15}$	$4\frac{9}{15}$	$2\frac{8}{15}$	$1\frac{3}{15}$

gekürzt:

$66\frac{2}{3}$	$101\frac{11}{15}$	$94\frac{3}{5}$	55	
$19\frac{2}{15}$	$47\frac{8}{15}$	$54\frac{1}{5}$	$40\frac{2}{5}$	$14\frac{3}{5}$
$19\frac{2}{15}$	$28\frac{2}{5}$	$25\frac{4}{5}$	$14\frac{3}{5}$	
$5\frac{2}{3}$	$13\frac{7}{15}$	$14\frac{14}{15}$	$10\frac{13}{15}$	$3\frac{11}{15}$
$5\frac{2}{3}$	$7\frac{4}{5}$	$7\frac{2}{15}$	$3\frac{11}{15}$	
$2\frac{7}{15}$	$3\frac{1}{5}$	$4\frac{3}{5}$	$2\frac{8}{15}$	$1\frac{1}{5}$

Rechenwege:
Gegeben:

6. Reihe: $4\frac{3}{5}=4\frac{9}{15}$; $1\frac{1}{5}=1\frac{3}{15}$ kgV(3, 5, 15) = 15

5. Reihe: $5\frac{2}{3}=5\frac{10}{15}$

Gesucht:

6. Reihe: $5\frac{10}{15}-2\frac{7}{15}=3\frac{3}{15}$; $3\frac{11}{15}-1\frac{3}{15}=2\frac{8}{15}$

5. Reihe: $3\frac{3}{15}+4\frac{9}{15}=7\frac{12}{15}$; $4\frac{9}{15}+2\frac{8}{15}=6\frac{17}{15}=7\frac{2}{15}$

4. Reihe: $5\frac{10}{15}+7\frac{12}{15}=12\frac{22}{15}=13\frac{7}{15}$; $7\frac{12}{15}+7\frac{2}{15}=14\frac{14}{15}$; $7\frac{2}{15}+3\frac{11}{15}=10\frac{13}{15}$

3. Reihe: $5\frac{10}{15}+13\frac{7}{15}=18\frac{17}{15}=19\frac{2}{15}$; $13\frac{7}{15}+14\frac{14}{15}=27\frac{21}{15}=28\frac{6}{15}$;

$14\frac{14}{15}+10\frac{13}{15}=24\frac{27}{15}=25\frac{12}{15}$; $10\frac{13}{15}+3\frac{11}{15}=13\frac{24}{15}=14\frac{9}{15}$

2. Reihe: $19\frac{2}{15}+28\frac{6}{15}=47\frac{8}{15}$; $28\frac{6}{15}+25\frac{12}{15}=53\frac{18}{15}=54\frac{3}{15}$;
$25\frac{12}{15}+14\frac{9}{15}=39\frac{21}{15}=40\frac{6}{15}$

1. Reihe: $19\frac{2}{15}+47\frac{8}{15}=66\frac{10}{15}$; $47\frac{8}{15}+54\frac{3}{15}=101\frac{11}{15}$;
$54\frac{3}{15}+40\frac{6}{15}=94\frac{9}{15}$; $40\frac{6}{15}+14\frac{9}{15}=54\frac{15}{15}=55$

86 a) $\begin{array}{r} 4{,}790 \\ +23{,}824 \\ \hline \mathbf{28{,}614} \end{array}$ b) $\begin{array}{r} 5{,}02 \\ +0{,}87 \\ \hline \mathbf{5{,}89} \end{array}$

c) $\begin{array}{r} 3456{,}200 \\ +\ \ 17{,}984 \\ \hline \mathbf{3474{,}184} \end{array}$ d) $\begin{array}{r} 0{,}340 \\ +0{,}037 \\ \hline \mathbf{0{,}377} \end{array}$

87 a) $\begin{array}{r} 47{,}903 \\ -\ \ 9{,}020 \\ \hline \mathbf{38{,}883} \end{array}$ b) $\begin{array}{r} 125{,}20 \\ -\ \ 56{,}87 \\ \hline \mathbf{68{,}33} \end{array}$

c) $\begin{array}{r} 12{,}34 \\ -\ \ 5{,}89 \\ \hline \mathbf{6{,}45} \end{array}$ d) $\begin{array}{r} 4{,}678 \\ -2{,}904 \\ \hline \mathbf{1{,}774} \end{array}$

88 **Maria:** 6,78 + 2,376 = 9,156
Timo: 11,73 – 3,5 = 8,23
Vanessa: 0,98 + 1,34 + 2,001 = 4,321
Paul: 12,871 – 5,2 = 7,671
Lara: 7,427 – 3,49 = 3,937

Katze: 11,57 – 2,414 = 9,156
Schildkröte: 10,843 – 2,613 = 8,23
Kaninchen: 2,583 + 1,738 = 4,321
Hund: 3,123 + 4,548 = 7,671
Vogel: 6 – 2,063 = 3,937

89 Tina Maze (SLO):
50,88 s + 49,73 s = 100,61 s = **1 min 40,61 s** **5. Platz**

Tanja Poutiainen (FIN):
50,58 s + 49,88 s = 100,46 s = **1 min 40,46 s** **4. Platz**

Mikaela Shiffrin (USA):
50,59 s + 49,26 s = 99,85 s = **1 min 39,85 s** **1. Platz**

Frida Hansdotter (SWE):
50,41 s + 49,70 s = 100,11 s = **1 min 40,11 s** **3. Platz**

Michaela Kirchgasser (AUT):
50,96 s + 49,11 s = 100,07 s = **1 min 40,07 s** **2. Platz**

90 Gewicht der Koffer:
35,78 kg + 17,9 kg + 16,68 kg = 70,36 kg
Sie müssen **keine Gebühr** zahlen, weil sie $4 \cdot 20$ kg = 80 kg mitnehmen dürfen.

Sie können also noch 80 kg – 70,36 kg = 9,64 kg zusätzlich mitnehmen, ohne Gebühren zahlen zu müssen. Damit können sie entweder noch das Boot und eine Luftmatratze oder das Zelt und beide Luftmatratzen einpacken.

Zusatzgewicht:
8,35 kg + 2,87 kg + 1,24 kg + 1,24 kg = 13,7 kg
Sie müssen entweder für 13,7 kg – 9,64 kg = 4,06 kg Übergepäck Gebühren zahlen oder sie lassen entweder das Boot oder das Zelt und eine Luftmatratze zu Hause.

91 a) $5{,}64 + 2\frac{3}{4} + \frac{7}{8} + 25\,\% = 5\frac{64}{100} + 2\frac{3}{4} + \frac{7}{8} + \frac{25}{100}$

$= 5\frac{128}{200} + 2\frac{150}{200} + \frac{175}{200} + \frac{50}{200}$

$= 7\frac{503}{200}$

$= \mathbf{9\frac{103}{200}}$

b) $12{,}54 + 75\,\% + \frac{4}{5} + 3{,}08 = 12{,}54 + 0{,}75 + 0{,}8 + 3{,}08 = \mathbf{17{,}17}$

c) $\frac{5}{12} + \frac{9}{8} + \frac{4}{15} = \frac{50}{120} + 1\frac{15}{120} + \frac{32}{120} = \mathbf{1\frac{97}{120}}$

d) $33\,\% + \frac{1}{3} + 4\frac{5}{6} + 4{,}5 = \frac{33}{100} + \frac{1}{3} + 4\frac{5}{6} + 4\frac{1}{2}$

$= \frac{99}{300} + \frac{100}{300} + 4\frac{250}{300} + 4\frac{150}{300}$

$= 8\frac{599}{300}$

$= \mathbf{9\frac{299}{300}}$

92 a) $3{,}64 - 2\frac{3}{5} + \frac{17}{50} - 35\,\% = 3{,}64 - 2{,}6 + 0{,}34 - 0{,}35 = 3{,}98 - 2{,}95 = \mathbf{1{,}03}$

b) $45{,}54 - 65\,\% - 2\frac{4}{5} + 3{,}8 = 45{,}54 - 0{,}65 - 2{,}8 + 3{,}8 = 49{,}34 - 3{,}45 = \mathbf{45{,}89}$

c) $\frac{7}{15}-\frac{5}{8}+\frac{11}{12}=\frac{56}{120}-\frac{75}{120}+\frac{110}{120}=\frac{166}{120}-\frac{75}{120}=\mathbf{\frac{91}{120}}$

d) $$\begin{aligned} 83\,\%-\frac{2}{3}+4\frac{1}{6}-2{,}5 &= \frac{83}{100}-\frac{2}{3}+4\frac{1}{6}-2\frac{1}{2} \\ &= \frac{249}{300}-\frac{200}{300}+4\frac{50}{300}-2\frac{150}{300} \\ &= 4\frac{299}{300}-2\frac{350}{300} \\ &= 4\frac{299}{300}-3\frac{50}{300} \\ &= 1\frac{249}{300} \\ &= \mathbf{1\frac{83}{100}} \end{aligned}$$

93 Hinweise und Tipps:
Von der Zahl im Dachgeschoss werden die beiden anderen Werte im Stockwerk subtrahiert.

Erdgeschoss: $34\frac{9}{10}-111\,\%=34\frac{90}{100}-1\frac{11}{100}=33\frac{79}{100}$

1. Stock: $$\begin{aligned} 34\frac{9}{10}-\left(18{,}67+9\frac{7}{25}\right) &= 34\frac{90}{100}-\left(18\frac{67}{100}+9\frac{28}{100}\right) \\ &= 33\frac{190}{100}-27\frac{95}{100} \\ &= 6\frac{95}{100} \\ &= 6\frac{19}{20} \end{aligned}$$

2. Stock: $$\begin{aligned} 34\frac{9}{10}-\left(16\frac{13}{30}+7\frac{2}{15}\right) &= 34\frac{27}{30}-\left(16\frac{13}{30}+7\frac{4}{30}\right) \\ &= 34\frac{27}{30}-23\frac{17}{30} \\ &= 11\frac{10}{30} \\ &= 11\frac{1}{3} \end{aligned}$$

3. Stock: $34\frac{9}{10}-\left(20{,}5+7\frac{3}{4}\right)=34\frac{9}{10}-\left(20\frac{2}{4}+7\frac{3}{4}\right)$

$$=34\frac{9}{10}-27\frac{5}{4}$$

$$=34\frac{9}{10}-28\frac{1}{4}$$

$$=34\frac{18}{20}-28\frac{5}{20}$$

$$=6\frac{13}{20}$$

94 Der Rest der Klasse, also 8 Kinder, sind:

$$\frac{7}{7}-\left(\frac{4}{7}+\frac{1}{7}\right)=\frac{7}{7}-\frac{5}{7}=\frac{2}{7}$$

Dann gilt, dass $\frac{1}{7}$ genau 4 Kinder sind. Insgesamt sind es also $7\cdot 4=$ **28 Kinder**.

95 a) Die Zeiten an allen Tagen werden addiert, um die Gesamtzeit zu berechnen:
Maja:

$$\begin{aligned}25\text{ min}+0,25\text{ h}+1\tfrac{1}{3}\text{ h}+10\text{ min}+0,3\text{ h}+\tfrac{1}{6}\text{ h} &= 35\text{ min}+0,55\text{ h}+1\tfrac{1}{2}\text{ h}\\ &= \tfrac{35}{60}\text{ h}+\tfrac{55}{100}\text{ h}+1\tfrac{1}{2}\text{ h}\\ &= \tfrac{7}{12}\text{ h}+\tfrac{11}{20}\text{ h}+1\tfrac{1}{2}\text{ h}\\ &= \tfrac{35}{60}\text{ h}+\tfrac{33}{60}\text{ h}+1\tfrac{30}{60}\text{ h}\\ &= 1\tfrac{98}{60}\text{ h}\\ &= 2\tfrac{38}{60}\text{ h}\end{aligned}$$

Martin:

$$\begin{aligned}\tfrac{3}{4}\text{ h}+12\text{ min}+\tfrac{4}{5}\text{ h}+\tfrac{5}{6}\text{ h}+15\text{ min} &= \tfrac{3}{4}\text{ h}+\tfrac{4}{5}\text{ h}+\tfrac{5}{6}\text{ h}+27\text{ min}\\ &= \tfrac{45}{60}\text{ h}+\tfrac{48}{60}\text{ h}+\tfrac{50}{60}\text{ h}+\tfrac{27}{60}\text{ h}\\ &= \tfrac{170}{60}\text{ h}\\ &= 2\tfrac{50}{60}\text{ h}\end{aligned}$$

Enzo:

$$\begin{aligned}34\text{ min}+1\tfrac{1}{12}\text{ h}+0,75\text{ h}+\tfrac{7}{12}\text{ h}+\tfrac{3}{10}\text{ h} &= \tfrac{34}{60}\text{ h}+1\tfrac{5}{60}\text{ h}+\tfrac{45}{60}\text{ h}+\tfrac{35}{60}\text{ h}+\tfrac{18}{60}\text{ h}\\ &= 1\tfrac{137}{60}\text{ h}\\ &= 3\tfrac{17}{60}\text{ h}\end{aligned}$$

Am längsten hat **Enzo** geholfen, am kürzesten **Maja**.

b) Maja:

$$3\text{ h}-2\tfrac{38}{60}\text{ h}=2\tfrac{60}{60}\text{ h}-2\tfrac{38}{60}\text{ h}=\tfrac{22}{60}\text{ h}=22\text{ min}$$

Martin:

$$3\text{ h}-2\tfrac{50}{60}\text{ h}=2\tfrac{60}{60}\text{ h}-2\tfrac{50}{60}\text{ h}=\tfrac{10}{60}\text{ h}=10\text{ min}$$

Maja muss am Sonntag noch **22 Minuten** helfen, Martin noch **10 Minuten**. Enzo hat schon mehr als drei Stunden geholfen.

96 a) $15 \cdot \frac{7}{3} = \frac{15 \cdot 7}{3} = \frac{5 \cdot 7}{1} = \mathbf{35}$

b) $\frac{3}{40} \cdot 20 = \frac{3 \cdot 20}{40} = \frac{3 \cdot 1}{2} = \frac{3}{2} = \mathbf{1\frac{1}{2}}$

c) $7 \cdot \frac{2}{25} = \frac{7 \cdot 2}{25} = \mathbf{\frac{14}{25}}$

d) $\frac{5}{32} \cdot 24 = \frac{5 \cdot 24}{32} = \frac{5 \cdot 3}{4} = \frac{15}{4} = \mathbf{3\frac{3}{4}}$

e) $\frac{5}{7} \cdot \frac{11}{6} = \frac{5 \cdot 11}{7 \cdot 6} = \frac{55}{42} = \mathbf{1\frac{13}{42}}$

f) $\frac{4}{15} \cdot \frac{5}{8} = \frac{4 \cdot 5}{15 \cdot 8} = \frac{1 \cdot 1}{3 \cdot 2} = \mathbf{\frac{1}{6}}$

g) $\frac{1}{8} \cdot \frac{3}{25} = \frac{1 \cdot 3}{8 \cdot 25} = \mathbf{\frac{3}{200}}$

h) $\frac{4}{13} \cdot \frac{3}{14} = \frac{4 \cdot 3}{13 \cdot 14} = \frac{2 \cdot 3}{13 \cdot 7} = \mathbf{\frac{6}{91}}$

97 Die 42 € müssen mit $\frac{4}{5}$ multipliziert werden:

$42 \cdot \frac{4}{5} = \frac{42 \cdot 4}{5} = \frac{168}{5} = 33\frac{3}{5}$

Mathematisch wäre dies schon eine richtige Lösung. Geld wird aber in Euro und Cent angegeben, also sind es 33 € und $\frac{3}{5}$ von einem Euro, also von 100 Cent.

$\frac{3}{5}$ von 100 Cent sind:

$100 \cdot \frac{3}{5} = \frac{100 \cdot 3}{5} = \frac{20 \cdot 3}{1} = 60$

Marion hat von ihrem Taschengeld **33,60 €** ausgegeben.

98 $98 \cdot \frac{4}{7} = \frac{98 \cdot 4}{7} = \frac{14 \cdot 4}{1} = 56$

Quirin hat von seinem Onkel **56 Bilder** geschenkt bekommen.

99 $\frac{1}{2} \cdot \frac{4}{5} = \frac{1 \cdot 4}{2 \cdot 5} = \frac{1 \cdot 2}{1 \cdot 5} = \frac{2}{5}$

Der Anteil beträgt **zwei Fünftel** der Klasse.

100 a) $5 : \frac{3}{4} = 5 \cdot \frac{4}{3} = \frac{5 \cdot 4}{3} = \frac{20}{3} = \mathbf{6\frac{2}{3}}$

b) $22 : \frac{11}{3} = 22 \cdot \frac{3}{11} = \frac{22 \cdot 3}{11} = \frac{2 \cdot 3}{1} = \frac{6}{1} = \mathbf{6}$

c) $24 : \frac{3}{5} = 24 \cdot \frac{5}{3} = \frac{24 \cdot 5}{3} = \frac{8 \cdot 5}{1} = \frac{40}{1} = \mathbf{40}$

d) $8 : \frac{5}{6} = 8 \cdot \frac{6}{5} = \frac{8 \cdot 6}{5} = \frac{48}{5} = \mathbf{9\frac{3}{5}}$

e) $\frac{7}{8}:4=\frac{7}{8}\cdot\frac{1}{4}=\frac{7}{32}$

f) $\frac{3}{5}:\frac{4}{15}=\frac{3}{5}\cdot\frac{15}{4}=\frac{3\cdot 3}{1\cdot 4}=\frac{9}{4}=2\frac{1}{4}$

g) $\frac{9}{2}:3=\frac{9}{2}\cdot\frac{1}{3}=\frac{3\cdot 1}{2\cdot 1}=\frac{3}{2}=1\frac{1}{2}$

h) $\frac{4}{9}:\frac{8}{3}=\frac{4}{9}\cdot\frac{3}{8}=\frac{1\cdot 1}{3\cdot 2}=\frac{1}{6}$

101 $4:\frac{2}{7}=4\cdot\frac{7}{2}=\frac{4\cdot 7}{2}=14$

Die gesamte Reise dauert 14 Tage, also sind sie noch **zehn Tage** unterwegs.

102 $6:\frac{2}{9}=6\cdot\frac{9}{2}=27$

27 Kinder besuchen die 6d.

103 Erst berechnet man, wie viele Kinder insgesamt in der 6b sind:

$14:\frac{7}{13}=14\cdot\frac{13}{7}=26$

Es gibt insgesamt 26 Kinder in der 6b. Weil es 14 Mädchen sind, gehen $26-14=$ **12 Jungen** in die Klasse.

104 a) Überschlagsrechnung:

$40\cdot 7=\mathbf{280}$

exakte Rechnung:

$$\begin{array}{r} \underline{35,2\cdot 7,21} \\ 2464 \\ 704 \\ \underline{352} \\ \mathbf{253,792} \end{array}$$

b) Überschlagsrechnung:

$500\cdot 0,02=\mathbf{10}$

exakte Rechnung:

$$\begin{array}{r} \underline{529\cdot 0,021} \\ 1058 \\ \underline{529} \\ \mathbf{11,109} \end{array}$$

c) Überschlagsrechnung:

$70\cdot 3=\mathbf{210}$

exakte Rechnung:

$$\begin{array}{r} \underline{65,9\cdot 3,41} \\ 1977 \\ 2636 \\ \underline{659} \\ \mathbf{224,719} \end{array}$$

d) Überschlagsrechnung:

$8\cdot 0,1=\mathbf{0,8}$

exakte Rechnung:

$$\begin{array}{r} \underline{7,65\cdot 0,098} \\ 6885 \\ \underline{6120} \\ \mathbf{0,74970} \end{array}$$

e) Überschlagsrechnung:
$500 \cdot 30 = \mathbf{15\,000}$

exakte Rechnung:

$$\begin{array}{r} \underline{457{,}9 \cdot 34{,}78} \\ 13737 \\ 18316 \\ 32053 \\ \underline{36632} \\ \mathbf{15925{,}762} \end{array}$$

f) Überschlagsrechnung:
$0{,}07 \cdot 4 = \mathbf{0{,}28}$

exakte Rechnung:

$$\begin{array}{r} \underline{0{,}0678 \cdot 4{,}35} \\ 2712 \\ 2034 \\ \underline{3390} \\ \mathbf{0{,}294930} \end{array}$$

g) Überschlagsrechnung:
$5 \cdot 0{,}002 = \mathbf{0{,}010}$

exakte Rechnung:

$$\begin{array}{r} \underline{5{,}067 \cdot 0{,}00245} \\ 10134 \\ 20268 \\ \underline{25335} \\ \mathbf{0{,}01241415} \end{array}$$

h) Überschlagsrechnung:
$800 \cdot 0{,}04 = \mathbf{32}$

exakte Rechnung:

$$\begin{array}{r} \underline{789{,}32 \cdot 0{,}041} \\ 315728 \\ \underline{78932} \\ \mathbf{32{,}36212} \end{array}$$

105 a) $4\,567{,}234 \cdot 100 = \mathbf{456\,723{,}4}$ (Z)
b) $465{,}23 \cdot 1\,000 = \mathbf{465\,230}$ (E)
c) $734{,}23 \cdot 10 = \mathbf{7\,342{,}3}$ (H)
d) $4\,523{,}4 \cdot 0{,}01 = \mathbf{45{,}234}$ (N)
e) $875{,}23 \cdot 0{,}1 = \mathbf{87{,}523}$ (E)
f) $34{,}23 \cdot 0{,}001 = \mathbf{0{,}03423}$ (R)
g) $9\,867{,}234 \cdot 10 = \mathbf{98\,672{,}34}$ (P)
h) $765{,}23 \cdot 0{,}01 = \mathbf{7{,}6523}$ (O)
i) $64{,}23 \cdot 1\,000 = \mathbf{64\,230}$ (T)
j) $1\,167{,}234 \cdot 0{,}001 = \mathbf{1{,}167234}$ (E)
k) $4{,}6523 \cdot 1\,000 = \mathbf{4\,652{,}3}$ (N)
l) $7{,}3423 \cdot 0{,}1 = \mathbf{0{,}73423}$ (Z)

Lösungswort: **Zehnerpotenz**

106 a) $72{,}378 \cdot \mathbf{100} = 7\,237{,}8$
b) $160{,}83 \cdot \mathbf{0{,}01} = 1{,}6083$
c) $1{,}2345 \cdot \mathbf{10} = 12{,}345$
d) $401{,}33 \cdot \mathbf{1\,000} = 401\,330$
e) $423 \cdot \mathbf{0{,}0001} = 0{,}0423$
f) $821{,}14 \cdot \mathbf{0{,}001} = 0{,}82114$

107 $3{,}75 \cdot 2{,}5 = 9{,}375$
Der Flächeninhalt des Teppichs beträgt **9,375 m²**.

Die Formel für den Flächeninhalt eines Rechtecks ist $A = \ell \cdot b$.

108 Die Breite muss in cm umgewandelt werden:
72 mm = 7,2 cm
Dann kann man den Flächeninhalt berechnen:
$3{,}4 \cdot 7{,}2 = 24{,}48$
Der Flächeninhalt des Stoffstücks beträgt **24,48 cm²**.

109 Erst berechnet man, wie viel Geld Carmen hat:
25,50 € · 2,3 = 58,65 €
Carmen hat **zu wenig** Geld. Sie müsste sich noch 61,50 € – 58,65 € = **2,85 €** von Verena leihen.

110 Hinweise und Tipps:
Wenn man auf die zweite Nachkommastelle runden soll, muss man bis zur dritten Nachkommastelle rechnen.

a) Überschlagsrechnung:
$80 : 5 = \mathbf{16}$
exakte Rechnung:
$78{,}34 : 5{,}4 = 783{,}4 : 54 = 14{,}507\ldots \approx \mathbf{14{,}51}$

b) Überschlagsrechnung:
$4 : 0{,}2 = 40 : 2 = \mathbf{20}$
exakte Rechnung:
$3{,}76 : 0{,}21 = 376 : 21 = 17{,}904\ldots \approx \mathbf{17{,}90}$

c) Überschlagsrechnung:
$5\,000 : 3 \approx \mathbf{1\,700}$
exakte Rechnung:
$4\,598 : 3{,}2 = 45\,980 : 32 = 1\,436{,}875 \approx \mathbf{1\,436{,}88}$

d) Überschlagsrechnung:
$50 : 30 \approx \mathbf{1{,}7}$
exakte Rechnung:
$45{,}92 : 32{,}1 = 459{,}2 : 321 = 1{,}430\ldots \approx \mathbf{1{,}43}$

e) Überschlagsrechnung:
$0{,}4 : 0{,}7 = 4 : 7 \approx \mathbf{0{,}6}$
exakte Rechnung:
$0{,}35 : 0{,}72 = 35 : 72 = 0{,}486\ldots \approx \mathbf{0{,}49}$

f) Überschlagsrechnung:
$3 : 0{,}02 = 300 : 2 = \mathbf{150}$
exakte Rechnung:
$2{,}87 : 0{,}015 = 2\,870 : 15 = 191{,}333\ldots \approx \mathbf{191{,}33}$

g) Überschlagsrechnung:
$30 : 3 = \mathbf{10}$
exakte Rechnung:
$34{,}5 : 3{,}21 = 3\,450 : 321 = 10{,}747\ldots \approx \mathbf{10{,}75}$

h) Überschlagsrechnung:
$90 : 2 = \mathbf{45}$
exakte Rechnung:
$92{,}54 : 1{,}7 = 925{,}4 : 17 = 54{,}435\ldots \approx \mathbf{54{,}44}$

111 a) $470 : 6{,}6 = 4\,700 : 66 = \mathbf{71{,}\overline{21}}$

b) $25{,}3 : 3{,}6 = 253 : 36 = \mathbf{7{,}02\overline{7}}$

c) $340 : 0{,}99 = 34\,000 : 99 = \mathbf{343{,}\overline{43}}$

d) $7{,}85 : 4{,}5 = 78{,}5 : 45 = \mathbf{1{,}7\overline{4}}$

112 Die Breite erhält man, indem man den Flächeninhalt durch die Länge teilt:
9,1 : 3,25 = 910 : 325 = 2,8
Der Raum ist **2,8 m breit**.

113 Pias Erspartes wird durch den Preis einer Packung geteilt:
13,44 : 0,45 = 1 344 : 45 = 29,866…
29 Päckchen kosten:
29 · 0,45 € = 13,05 €
Diese Kosten werden von ihrem Ersparten abgezogen:
13,44 € – 13,05 € = 0,39 €
Pia kann sich **29 Päckchen** kaufen. Ihr bleiben noch **39 Cent** übrig.

114 Die gesamte Menge wird durch das Fassungsvermögen eines Bechers geteilt:
7,8 : 0,25 = 780 : 25 = 31,2
Das heißt, dass es **31 volle Becher** sind.
31 · 0,25 ℓ = 7,75 ℓ
Übrig bleiben 7,8 ℓ – 7,75 ℓ = **0,05 ℓ**.

115 a) $7,\overline{23} = 7\frac{23}{99} = \mathbf{\frac{716}{99}}$

b) $2,\overline{5} = 2\frac{5}{9} = \mathbf{\frac{23}{9}}$

c) $2,\overline{14} = 2\frac{14}{99} = \mathbf{\frac{212}{99}}$

d) $3,\overline{212} = 3\frac{212}{999} = \mathbf{\frac{3\,209}{999}}$

116 a) $\frac{2}{9} - \frac{5}{4} + 178\,\% = 0,22\overline{2} - 1,25 + 1,78 = 2,00\overline{2} - 1,25 = \mathbf{0,75\overline{2}}$

b) $\frac{7}{20} - \frac{5}{33} = 0,35 - 0,\overline{15} = \mathbf{0,19\overline{84}}$

c) $\frac{59}{8} - 3,5 + \frac{1}{5} = 7,375 - 3,5 + 0,2 = 7,575 - 3,5 = \mathbf{4,075}$

d) $14\,\% + \frac{5}{6} - \frac{1}{12} = 0,14 + 0,8\overline{3} - 0,08\overline{3} = 0,97\overline{3} - 0,08\overline{3} = \mathbf{0,89}$

117 a) $3,4 \cdot \frac{5}{17} = \frac{34}{10} \cdot \frac{5}{17} = \frac{2}{2} \cdot \frac{1}{1} = \mathbf{1}$

b) $5,1 : \frac{17}{2} = \frac{51}{10} \cdot \frac{2}{17} = \frac{3}{5} \cdot \frac{1}{1} = \mathbf{\frac{3}{5}}$

c) $34\,\% : \frac{2}{5} = \frac{34}{100} \cdot \frac{5}{2} = \frac{17}{20} \cdot \frac{1}{1} = \mathbf{\frac{17}{20}}$

d) $\frac{7}{8} \cdot 3,2 = \frac{7}{8} \cdot \frac{32}{10} = \frac{7}{1} \cdot \frac{4}{10} = \frac{28}{10} = \frac{14}{5} = \mathbf{2\frac{4}{5}}$

118 a) $\frac{2}{3} \cdot 33 = \frac{2}{1} \cdot 11 = 22$ €

$\frac{3}{7} \cdot 49 = \frac{3}{1} \cdot 7 = 21$ €

Die **erste Variante** ist besser, weil man einen Euro mehr bekommt.

b) $\frac{1}{4} + \frac{1}{10} + \frac{3}{5} = 0,25 + 0,1 + 0,6 = 0,95$

Also ist der Rest $0,05 = \frac{5}{100} = \frac{1}{20}$, das sind 2 Kekspackungen.

Insgesamt waren es also $2 \cdot 20 =$ **40 Kekspackungen**.

c) Quadrat:

$$A = s \cdot s = \frac{9}{2}\,\text{cm} \cdot \frac{9}{2}\,\text{cm} = \frac{81}{4}\,\text{cm}^2 = 20,25\,\text{cm}^2$$

Rechteck:

erste Seite: $\frac{9}{2}\,\text{cm} \cdot \frac{1}{3} = \frac{3}{2}\,\text{cm} = 1,5\,\text{cm} \quad \Rightarrow \quad 4,5\,\text{cm} - 1,5\,\text{cm} = 3\,\text{cm}$

zweite Seite: $\frac{9}{2}\,\text{cm} \cdot \frac{1}{4} = \frac{9}{8}\,\text{cm} = 1,125\,\text{cm}$

$$\Rightarrow \quad 4,5\,\text{cm} + 1,125\,\text{cm} = 5,625\,\text{cm} = 5\frac{5}{8}\,\text{cm} = \frac{45}{8}\,\text{cm}$$

$$A = 3\,\text{cm} \cdot \frac{45}{8}\,\text{cm} = \frac{135}{8}\,\text{cm}^2 = 16,875\,\text{cm}^2$$

Unterschied der beiden Flächeninhalte:
$20,25\,\text{cm}^2 - 16,875\,\text{cm}^2 = 3,375\,\text{cm}^2$
Das Quadrat hat einen Flächeninhalt von **20,25 cm²**, das Rechteck hat einen um **3,375 cm²** kleineren Flächeninhalt.

119 a) $\frac{14}{15} \cdot \frac{20}{21} = \frac{2}{3} \cdot \frac{4}{3} = \mathbf{\frac{8}{9}}$

b) $\frac{5}{14} \cdot 32\,\% = \frac{5}{14} \cdot \frac{32}{100} = \frac{1}{7} \cdot \frac{16}{20} = \frac{1}{7} \cdot \frac{4}{5} = \mathbf{\frac{4}{35}}$

c) $2,8 \cdot \frac{15}{49} = \frac{28}{10} \cdot \frac{15}{49} = \frac{4}{2} \cdot \frac{3}{7} = \frac{2}{1} \cdot \frac{3}{7} = \mathbf{\frac{6}{7}}$

d) $2,76 \cdot 3,7 = \frac{276}{100} \cdot \frac{37}{10} = \frac{69}{25} \cdot \frac{37}{10} = \frac{2\,553}{250} = \mathbf{10\frac{53}{250}}$

120 a) $\frac{14}{15}:\frac{20}{21}=\frac{14}{15}\cdot\frac{21}{20}=\frac{7}{5}\cdot\frac{7}{10}=\mathbf{\frac{49}{50}}$

b) $\frac{21}{25}:35\,\%=\frac{21}{25}:\frac{35}{100}=\frac{21}{25}\cdot\frac{100}{35}=\frac{3}{1}\cdot\frac{4}{5}=\mathbf{\frac{12}{5}}=\mathbf{2\frac{2}{5}}$

c) $2{,}1:\frac{14}{48}=\frac{21}{10}\cdot\frac{48}{14}=\frac{3}{5}\cdot\frac{24}{2}=\frac{3}{5}\cdot\frac{12}{1}=\mathbf{\frac{36}{5}}=\mathbf{7\frac{1}{5}}$

d) $2{,}76:3{,}2=\frac{276}{100}:\frac{32}{10}=\frac{276}{100}\cdot\frac{10}{32}=\frac{69}{10}\cdot\frac{1}{8}=\mathbf{\frac{69}{80}}$

121 a) $3\frac{1}{4}\cdot\left(\frac{1}{26}+0{,}5\right):\frac{5}{6}=\frac{13}{4}\cdot\left(\frac{1}{26}+\frac{13}{26}\right)\cdot\frac{6}{5}$

$=\frac{13}{4}\cdot\frac{14}{26}\cdot\frac{6}{5}$

$=\frac{1}{2}\cdot\frac{7}{2}\cdot\frac{6}{5}$

$=\frac{1}{2}\cdot\frac{7}{1}\cdot\frac{3}{5}$

$=\mathbf{\frac{21}{10}}$

$=\mathbf{2\frac{1}{10}}$

b) $2\cdot\frac{5}{4}\cdot\left[\left(\frac{2}{3}\right)^2+\frac{2^2}{3}\right]=\frac{5}{2}\cdot\left[\frac{4}{9}+\frac{4}{3}\right]=\frac{5}{2}\cdot\left[\frac{4}{9}+\frac{12}{9}\right]=\frac{5}{2}\cdot\frac{16}{9}=\frac{5}{1}\cdot\frac{8}{9}=\mathbf{\frac{40}{9}}=\mathbf{4\frac{4}{9}}$

c) $2{,}4\cdot\frac{7}{18}+5{,}726=\frac{24}{10}\cdot\frac{7}{18}+5{,}726$

$=\frac{4}{10}\cdot\frac{7}{3}+5{,}726$

$=\frac{2}{5}\cdot\frac{7}{3}+5{,}726$

$=\frac{14}{15}+5{,}726$

$=0{,}9\overline{3}+5{,}726$

$=\mathbf{6{,}659\overline{3}}$

d) $17\,\% \cdot \frac{5}{34} + 8{,}92 = \frac{17}{100} \cdot \frac{5}{34} + 8{,}92$

$= \frac{1}{20} \cdot \frac{1}{2} + 8{,}92$

$= \frac{1}{40} + 8{,}92$

$= 0{,}025 + 8{,}92$

$= \mathbf{8{,}945}$

122 a) $\frac{9}{7} : \frac{3}{4} = \frac{9}{7} \cdot \frac{4}{3} = \frac{3}{7} \cdot \frac{4}{1} = \mathbf{\frac{12}{7}}$

Um den anderen Faktor zu berechnen, muss man berechnen, wie oft der eine Faktor im Produkt enthalten ist.

b) $\frac{3}{4} : \frac{1}{10} = \frac{3}{4} \cdot 10 = \frac{3}{2} \cdot 5 = \mathbf{\frac{15}{2}}$

Um den Divisor zu erhalten, muss man berechnen, wie oft der Quotient in den Dividenden passt.

c) $23{,}358 : 3{,}4 = 233{,}58 : 34 = \mathbf{6{,}87}$

d) $3{,}76 \cdot 2{,}5 = \mathbf{9{,}4}$

Man multipliziert den Quotienten mit dem Divisor.

123 *Möglichkeit 1:*

Ein Drittel von $2\frac{1}{4}$:

$2\frac{1}{4} \cdot \frac{1}{3} = \frac{9}{4} \cdot \frac{1}{3} = \frac{3}{4}$

Dies wird nun in 6 gleich große Stücke geteilt:

$\frac{3}{4} : 6 = \frac{3}{4} \cdot \frac{1}{6} = \frac{1}{8}$

Frau Huber nimmt 4 dieser Stücke:

$\frac{1}{8} \cdot 4 = \frac{1}{2}$

Möglichkeit 2:

Dies lässt sich auch in einer einzigen Rechnung aufschreiben:

$2\frac{1}{4} \cdot \frac{1}{3} \cdot \frac{1}{6} \cdot 4 = \frac{9}{4} \cdot \frac{1}{3} \cdot \frac{1}{6} \cdot 4 = \frac{1}{2}$

Vier Stücke wiegen also $\frac{1}{2}$ kg und kosten deshalb die Hälfte von 18,90 €, also **9,45 €**.

124 Ganze Zahlen: $\mathbf{-\frac{15}{3}} = -5$; $\mathbf{-200\,\%} = -2$; $\mathbf{\frac{0}{12}} = 0$; $\mathbf{\frac{24}{8}} = 3$; $\mathbf{\frac{40}{10}} = 4$; $\mathbf{\frac{60}{5}} = 12$

Natürliche Zahlen: $\mathbf{\frac{24}{8}} = 3$; $\mathbf{\frac{40}{10}} = 4$; $\mathbf{\frac{60}{5}} = 12$

125 a) $-\frac{7}{5} = -1,4 \qquad -\frac{4}{9} = -0,\overline{4} \qquad 78\ \% = 0,78$

Damit gilt:

$-1,4 < -0,\overline{4} < -0,43 < 0,1 < 0,78 < 1,5$

$\mathbf{-\frac{7}{5} < -\frac{4}{9} < -0,43 < 0,1 < 78\ \% < 1,5}$

Lösungswort: **Bluete**

b) $-45\ \% = -0,45 \qquad -\frac{5}{9} = -0,\overline{5} = -0,5\overline{5}$

Damit gilt:

$-0,5\overline{6} < -0,5\overline{5} < -0,49 < -0,45 < -0,02\overline{3} < -0,01$

$\mathbf{-0,5\overline{6} < -\frac{5}{9} < -0,49 < -45\ \% < -0,02\overline{3} < -0,01}$

Lösungswort: **Sommer**

126 Hinweise und Tipps:
Hier gibt es viele verschiedene Lösungen, angegeben ist immer nur eine Möglichkeit.

a) Zwischen 3,4 und 3,5 liegt z. B.:
3,44

Es muss zumindest eine Hundertstelstelle einführt werden.

b) Zwischen $\frac{4}{7} = \frac{8}{14}$ und $\frac{5}{7} = \frac{10}{14}$ liegt z. B.:

$\mathbf{\frac{9}{14}}$

Erweitern der beiden Brüche mit 2

c) Zwischen 0,3 und $\frac{1}{3} = 0,\overline{3}$ liegt z. B.:

0,31

Umwandeln des Bruchs in eine Dezimalzahl
Es muss zumindest eine Hundertstelstelle einführt werden.

d) Zwischen $-1,5$ und
$-\frac{26}{18} = -1\frac{8}{18} = -1\frac{4}{9} = -1,\overline{4}$ liegt z. B.:
−1,45

Umwandeln des Bruchs in eine Dezimalzahl
Es muss zumindest eine Hundertstelstelle einführt werden.

127 a) $\mathbf{3} < 3,45$

b) $\mathbf{-6} < -5,6$

c) $\mathbf{-32} < -\frac{63}{2} = -31,5$

d) $\mathbf{0} < 45\ \% = 0,45$

128 a) $-2 > -2{,}45$ b) $5 > 4{,}6$

c) $-19 > -\frac{39}{2} = -19{,}5$ d) $0 > -86\,\% = -0{,}86$

129 a)

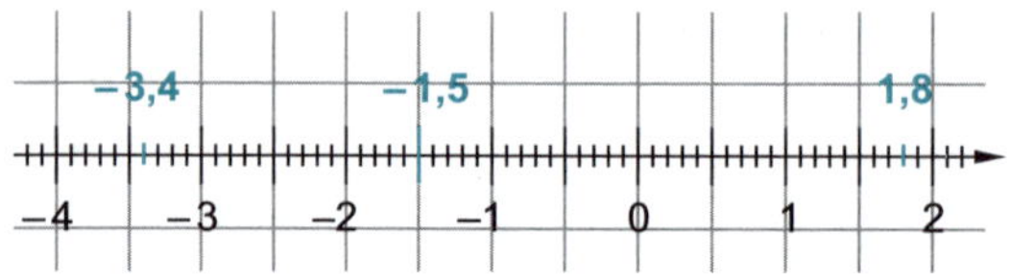

b)

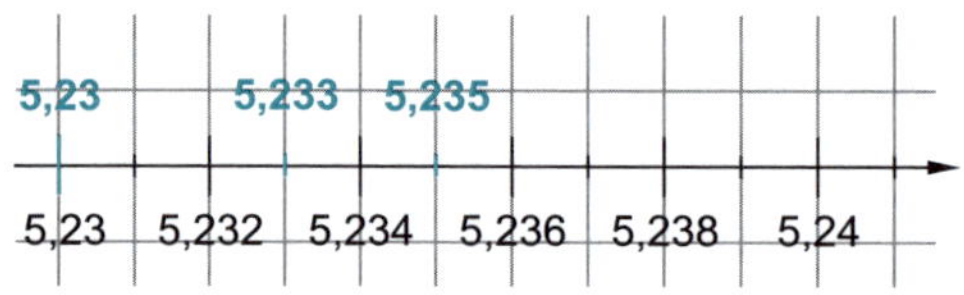

130 a) $5{,}78 - 9{,}34 = \mathbf{-3{,}56}$

b) $\frac{12}{35} + \frac{2}{3} - \frac{5}{7} - \frac{5}{6} = \frac{72}{210} + \frac{140}{210} - \frac{150}{210} - \frac{175}{210} = -\frac{113}{210}$

c) $-2 - \left(-\frac{7}{8} + \frac{4}{5}\right) = -2 - (-0{,}875 + 0{,}8) = -2 - (-0{,}075) = -2 + 0{,}075 = -1{,}925$

d) $\frac{5}{7} - 1 + \frac{9}{7} = \frac{5}{7} + \frac{9}{7} - 1 = \frac{14}{7} - 1 = 2 - 1 = 1$

e) $35\,\% + 8{,}02 - \frac{9}{8} = 0{,}35 + 8{,}02 - 1{,}125 = 7{,}245$

f) $\frac{6}{35} - 0{,}5 + 25\,\% = \frac{6}{35} - \frac{1}{2} + \frac{25}{100} = \frac{6}{35} - \frac{1}{2} + \frac{1}{4} = \frac{24}{140} - \frac{70}{140} + \frac{35}{140} = -\frac{11}{140}$

131 a) $\frac{-7}{5} : \frac{8}{-15} = \frac{7}{5} : \frac{8}{15} = \frac{7}{5} \cdot \frac{15}{8} = \frac{7}{1} \cdot \frac{3}{8} = \frac{21}{8} = 2\frac{5}{8}$

b) $\frac{-15}{-4} \cdot \frac{8}{-25} = -\frac{15}{4} \cdot \frac{8}{25} = -\frac{3}{1} \cdot \frac{2}{5} = -\frac{6}{5} = -1\frac{1}{5}$

c) $\frac{-\frac{5}{8}}{25} = -\frac{5}{8} : 25 = -\frac{5}{8} \cdot \frac{1}{25} = -\frac{1}{8} \cdot \frac{1}{5} = -\frac{1}{40}$

d) $\frac{-7}{-\frac{4}{3}} = -7 : \left(-\frac{4}{3}\right) = 7 : \frac{4}{3} = 7 \cdot \frac{3}{4} = \frac{21}{4} = 5\frac{1}{4}$

e) $\frac{\frac{-2}{3}}{\frac{5}{-6}} = \frac{-2}{3} : \frac{5}{-6} = \frac{2}{3} : \frac{5}{6} = \frac{2}{3} \cdot \frac{6}{5} = \frac{2}{1} \cdot \frac{2}{5} = \mathbf{\frac{4}{5}}$

f) $0,25 \cdot (-2,5) = -0,25 \cdot 2,5 = -\frac{25}{100} \cdot \frac{25}{10} = -\frac{1}{4} \cdot \frac{5}{2} = \mathbf{-\frac{5}{8}}$

g) $-7,8 : (-0,25) = 7,8 : 0,25 = \frac{78}{10} : \frac{25}{100} = \frac{78}{10} \cdot \frac{100}{25} = \frac{39}{5} \cdot \frac{4}{1} = \mathbf{\frac{156}{5}} = \mathbf{31\frac{1}{5}}$

h) $\frac{3}{4} : (-0,2) = -\frac{3}{4} : \frac{1}{5} = -\frac{3}{4} \cdot 5 = \mathbf{-\frac{15}{4}} = \mathbf{-3\frac{3}{4}}$

132 a) $\frac{8}{31} - \frac{5}{32} - \frac{8}{31} = \frac{8}{31} - \frac{8}{31} - \frac{5}{32} = \mathbf{-\frac{5}{32}}$

b) $5\frac{3}{4} - \left(4,35 - \frac{23}{25}\right) : (-0,05) = 5,75 - (4,35 - 0,92) : (-0,05)$

$= 5,75 - 3,43 : (-0,05)$

$= 5,75 + 343 : 5$

$= 5,75 + 68,6$

$= \mathbf{74,35}$

c) $-0,4 \cdot \left(-\frac{5}{8} + 28\,\%\right) - 3\frac{1}{2} = \left(-\frac{2}{5}\right) \cdot \left(-\frac{5}{8}\right) + \left(-\frac{2}{5}\right) \cdot \frac{28}{100} - 3\frac{1}{2}$

$= \frac{1}{4} - \frac{2}{5} \cdot \frac{7}{25} - \frac{7}{2}$

$= \frac{1}{4} - \frac{14}{125} - \frac{7}{2}$

$= 0,25 - 0,112 - 3,5$

$= \mathbf{-3,362}$

d) $-12 : \left(3 - \frac{5}{4} : 3\right) = -12 : \left(3 - \frac{5}{4} \cdot \frac{1}{3}\right)$

$= -12 : \left(\frac{36}{12} - \frac{5}{12}\right)$

$= -12 : \frac{31}{12}$

$= -12 \cdot \frac{12}{31}$

$= \mathbf{-\frac{144}{31}}$

133 a) $4{,}5-\left(-\frac{3}{4}\right)=4{,}5+\frac{3}{4}$
$=4{,}5+0{,}75$
$=\mathbf{5{,}25}$

Um den Subtrahenden zu berechnen, muss das Ergebnis der Differenz vom Minuenden abgezogen werden.

b) $-1\frac{2}{5}-5{,}2=-1{,}4-5{,}2=\mathbf{-6{,}6}$

Um den zweiten Summanden zu erhalten, muss vom Ergebnis der Summe der erste Summand abgezogen werden.

c) $3:\left(-\frac{5}{6}\right)=-3\cdot\frac{6}{5}=\mathbf{-\frac{18}{5}}=\mathbf{-3\frac{3}{5}}$

Um den Divisor zu berechnen, muss der Dividend durch das Ergebnis des Quotienten geteilt werden.

d) $\frac{3}{5}:(-5{,}6)=-\frac{3}{5}:\frac{56}{10}$
$=-\frac{3}{5}\cdot\frac{10}{56}$
$=-\frac{3}{1}\cdot\frac{2}{56}$
$=-\frac{3}{1}\cdot\frac{1}{28}$
$=\mathbf{-\frac{3}{28}}$

Um den zweiten Faktor zu berechnen, wird das Ergebnis des Produkts durch den ersten Faktor geteilt.

134 a) Die Klammer muss 1 ergeben.
Daher muss **–0,5** addiert werden.

Der erste Faktor des Produkts ist $-\frac{2}{3}$. Um auch als Ergebnis $-\frac{2}{3}$ zu erhalten, muss der zweite Faktor 1 sein.

b) Die zweite Klammer muss 0 ergeben, also muss $\mathbf{\frac{2}{3}}$ eingesetzt werden.

Ein Produkt ist dann null, wenn mindestens einer der beiden Faktoren null ist. Da der erste Faktor ungleich null ist, muss der zweite Faktor null sein.

c) Der Subtrahend muss 1 sein. Dieser besteht aus einem Quotienten.
Die Klammer muss $\frac{4}{5}$ ergeben.

$\frac{4}{5}-\frac{7}{8}=\frac{32}{40}-\frac{35}{40}=\mathbf{-\frac{3}{40}}$

Von 5,2 muss 1 abgezogen werden, um 4,2 zu erhalten.

$\frac{4}{5}:\frac{4}{5}=1$

Um den fehlenden Summanden zu berechnen, wird der andere Summand von $\frac{4}{5}$ abgezogen.

d) Der zweite Summand muss 1 sein. Dieser besteht aus einem Produkt.
Der erste Faktor muss der Kehrbruch von $\frac{2}{3}+\frac{3}{4}$ sein.

$\frac{2}{3}+\frac{3}{4}=\frac{8}{12}+\frac{9}{12}=\frac{17}{12}$

Der fehlende Faktor ist also $\mathbf{\frac{12}{17}}$.

Zu 2,5 muss 1 addiert werden, um 3,5 zu erhalten.

Wird ein Bruch mit seinem Kehrbruch multipliziert, ergibt sich immer 1:
$\frac{a}{b}\cdot\frac{b}{a}=\frac{1}{1}\cdot\frac{1}{1}=1$

135 a) $25\,\%\text{ von }\frac{8}{15}=\frac{1}{4}\cdot\frac{8}{15}=\mathbf{\frac{2}{15}}$

„Von“ kann immer durch ein Malzeichen ersetzt werden.

b) $\frac{2}{3}\text{ von }6\text{ h}=\frac{2}{3}\cdot 6\text{ h}=\mathbf{4\text{ h}}$

c) $\frac{5}{8}\text{ von }8{,}8\text{ kg}=\frac{5}{8}\cdot\frac{88}{10}\text{ kg}=\frac{11}{2}\text{ kg}=\mathbf{5{,}5\text{ kg}}$

d) $\frac{4}{7}\text{ von }35\text{ min}=\frac{4}{7}\cdot 35\text{ min}=\mathbf{20\text{ min}}$

136 a) $\left(-\frac{5}{12}\right)\cdot\left(\frac{4}{-7}\right)=\frac{5}{12}\cdot\frac{4}{7}=\frac{5}{3}\cdot\frac{1}{7}=\mathbf{\frac{5}{21}}$

b) $\frac{\frac{5}{-2}}{\frac{-35}{6}}=\frac{5}{-2}:\frac{-35}{6}=\frac{5}{2}\cdot\frac{6}{35}=\frac{1}{1}\cdot\frac{3}{7}=\mathbf{\frac{3}{7}}$

c) $\frac{7}{3}:21\,\%=\frac{7}{3}:\frac{21}{100}=\frac{7}{3}\cdot\frac{100}{21}=\frac{1}{3}\cdot\frac{100}{3}=\mathbf{\frac{100}{9}}=\mathbf{11\frac{1}{9}}$

d) $-15-25\cdot\left(\frac{3}{-5}\right)=-15+25\cdot\frac{3}{5}=-15+15=\mathbf{0}$

e) $\left(-\frac{5}{3}\right)^2-\frac{5^2}{3}=\frac{25}{9}-\frac{25}{3}=\frac{25}{9}-\frac{75}{9}=\mathbf{-\frac{50}{9}}=\mathbf{-5\frac{5}{9}}$

f) $\left(-\frac{6}{25}\right):\left[\left(\frac{2}{5}\right)^2+\frac{3}{5}\right]=-\frac{6}{25}:\left[\frac{4}{25}+\frac{15}{25}\right]=-\frac{6}{25}:\frac{19}{25}=-\frac{6}{25}\cdot\frac{25}{19}=\mathbf{-\frac{6}{19}}$

137 a) $\frac{2}{3}\text{ von }-36\;\Rightarrow\;\frac{2}{3}\cdot(-36)=-\frac{2}{3}\cdot 36=-\frac{2}{1}\cdot 12=\mathbf{-24}$

ist größer als

$-\frac{4}{5}\text{ von }35\;\Rightarrow\;-\frac{4}{5}\cdot 35=-\frac{4}{1}\cdot 7=-28$

b) $35\,\%\text{ von }81\,€\;\Rightarrow\;\frac{35}{100}\cdot 81\,€=\frac{2\,835}{100}\,€=\mathbf{28{,}35\,€}$

ist größer als

$\frac{5}{9}\text{ von }51\,€\;\Rightarrow\;\frac{5}{9}\cdot 51\,€=\frac{5}{3}\cdot 17\,€=\frac{85}{3}\,€=28\frac{1}{3}\,€=28{,}\overline{3}\,€$

c) Das Dreifache von $\frac{7}{-5}$ $\Rightarrow$ $3\cdot\frac{7}{-5}=-\frac{21}{5}=\mathbf{-4,2}$

ist größer als

das Doppelte von $\frac{-22}{9}$ $\Rightarrow$ $2\cdot\left(\frac{-22}{9}\right)=-2\cdot\frac{22}{9}=-\frac{44}{9}=-4\frac{8}{9}=-4,\overline{8}$

138 a) **Nein**, $\frac{5}{7}$ ist größer als beide Zahlen. $\frac{5}{7}\approx 0,71$; $\frac{1}{4}=0,25$; $68\,\%=0,68$

b) $\frac{4}{9}+\frac{2}{5}=\frac{20}{45}+\frac{18}{45}=\frac{38}{45}=0,8\overline{4}$

Nein, $0,8\overline{4}$ ist kleiner als 0,89.

c) $\frac{\frac{-6}{7}}{15}=-\frac{6}{7}:15=-\frac{6}{7}\cdot\frac{1}{15}=-\frac{2}{7}\cdot\frac{1}{5}=-\frac{2}{35}$

$\frac{5}{\frac{-2}{3}}=-5:\frac{2}{3}=-5\cdot\frac{3}{2}=-\frac{15}{2}=-7\frac{1}{2}$

$\frac{-\frac{8}{5}}{\frac{2}{7}}=-\frac{8}{5}:\frac{2}{7}=-\frac{8}{5}\cdot\frac{7}{2}=-\frac{4}{5}\cdot\frac{7}{1}=-\frac{28}{5}=-5\frac{3}{5}$

Der **erste** Doppelbruch ist der größte.

139 $\frac{1}{3}+\frac{2}{5}=\frac{5}{15}+\frac{6}{15}=\frac{11}{15}$

Sie hat $\frac{11}{15}$ ihrer Schulden bezahlt, also hat sie noch $\frac{4}{15}$ ihrer Schulden übrig. Das sind 12 €. $\frac{1}{15}$ der Schulden machen also 12 € : 4 = 3 € aus. Daher war sie anfangs 3 € · 15 = **45 €** schuldig.

140 a) $A=0,5\text{ m}\cdot 0,5\text{ m}=\mathbf{0,25\ m^2}$

b) $A=5,4\text{ cm}\cdot 5,4\text{ cm}=\mathbf{29,16\ cm^2}$

c) $s=3\frac{1}{2}\text{ dm}=3,5\text{ dm}$

$A=3,5\text{ dm}\cdot 3,5\text{ dm}=\mathbf{12,25\ dm^2}$

d) $A=\frac{4}{3}\text{ m}\cdot\frac{4}{3}\text{ m}=\frac{16}{9}\text{ m}^2=1\frac{7}{9}\text{ m}^2=\mathbf{1,\overline{7}\ m^2}$

141 Hinweise und Tipps:
Die Quadratzahlen bis 15^2 solltest du auswendig können.

a) $A = 144\ \text{cm}^2$
$s^2 = 144\ \text{cm}^2$
$s = \mathbf{12\ cm}$

b) $A = 81\ \text{mm}^2$
$s^2 = 81\ \text{mm}^2$
$s = \mathbf{9\ mm}$

c) $A = 49\ \text{m}^2$
$s^2 = 49\ \text{m}^2$
$s = \mathbf{7\ m}$

d) $A = 121\ \text{dm}^2$
$s^2 = 121\ \text{dm}^2$
$s = \mathbf{11\ dm}$

142 a) $A = 4\ \text{cm} \cdot 7\ \text{cm} = \mathbf{28\ cm^2}$

b) $A = 2{,}5\ \text{m} \cdot 3\ \text{m} = \mathbf{7{,}5\ m^2}$

c) $a = 1{,}7\ \text{dm} = 17\ \text{cm},\ b = 2\ \text{dm} = 20\ \text{cm}$ — Wandle die Einheiten um.
$A = 17\ \text{cm} \cdot 20\ \text{cm} = \mathbf{340\ cm^2}$ oder
$A = 1{,}7\ \text{dm} \cdot 2\ \text{dm} = \mathbf{3{,}4\ dm^2}$

d) $\ell = 2{,}5\ \text{cm} = 25\ \text{mm},\ b = 1{,}2\ \text{cm} = 12\ \text{mm}$ — Wandle die Einheiten um.
$A = 25\ \text{mm} \cdot 12\ \text{mm} = \mathbf{300\ mm^2}$ oder
$A = 2{,}5\ \text{cm} \cdot 1{,}2\ \text{cm} = \mathbf{3\ cm^2}$

143 Hier muss man überlegen, wie man auf das Produkt 12 kommen kann:
Der Raum könnte **1 m breit** und **12 m lang** sein, er könnte **2 m breit** und **6 m lang** sein, aber auch **3 m breit** und **4 m lang**.
Natürlich sind auch diese Abmessungen möglich: **4 m breit, 3 m lang** oder **6 m breit, 2 m lang** oder **12 m breit, 1 m lang**.

Hinweise und Tipps:
Die erste und die letzte Möglichkeit sind sehr unwahrscheinlich. Die zweite und die vorletzte Möglichkeit könnten ein Flur oder Treppenhaus sein.

144 Der Flächeninhalt des Quadrates beträgt:
$A = 6 \cdot 6 = 36\ \text{cm}^2$
Auch hier gibt es viele Möglichkeiten, z. B. 4 cm breit, 9 cm lang (in Kurzschreibweise (4, 9)).
Das sind alle ganzzahligen Möglichkeiten in Kurzschreibweise:
(1, 36), (2, 18), (3, 12), (4, 9), (9, 4), (12, 3), (18, 2) und (36, 1)

Hinweise und Tipps:
Natürlich können auch andere Möglichkeiten gewählt werden, z. B. kann das Rechteck eine Breite von 5 cm und eine Länge von 7,2 cm haben.

145 $9\ \text{dm}^2$ Flächeninhalt heißt 3 dm Seitenlänge.
$3{,}6\ \text{m} = 36\ \text{dm}$

Für die Anzahl der Quadrate in einer Reihe gilt:
$36:3=12$, also 12 Quadrate

$4{,}2\ \text{m}=42\ \text{dm}$
Für die Anzahl der Reihen gilt:
$42:3=14$ Reihen
Insgesamt braucht man also $12 \cdot 14$ Quadrate, das sind 168 Quadrate, von denen **84 rosa** und **84 hellgrau** sind.

146 Hinweise und Tipps:
Achte immer darauf, dass dieselben Längenmaße vorliegen, sonst musst du umwandeln.

a) $A=6\ \text{cm}\cdot 5{,}7\ \text{cm}=\mathbf{34{,}2\ cm^2}$

b) $A=3{,}2\ \text{dm}\cdot 1{,}5\ \text{cm}=32\ \text{cm}\cdot 1{,}5\ \text{cm}=\mathbf{48\ cm^2}$ oder
$A=3{,}2\ \text{dm}\cdot 1{,}5\ \text{cm}=3{,}2\ \text{dm}\cdot 0{,}15\ \text{dm}=\mathbf{0{,}48\ dm^2}$

c) $A=1{,}6\ \text{m}\cdot 8\ \text{dm}=16\ \text{dm}\cdot 8\ \text{dm}=\mathbf{128\ dm^2}$ oder
$A=1{,}6\ \text{m}\cdot 8\ \text{dm}=1{,}6\ \text{m}\cdot 0{,}8\ \text{m}=\mathbf{1{,}28\ m^2}$

d) $A=4{,}2\ \text{cm}\cdot 28\ \text{mm}=42\ \text{mm}\cdot 28\ \text{mm}=\mathbf{1\,176\ mm^2}$ oder
$A=4{,}2\ \text{cm}\cdot 28\ \text{mm}=4{,}2\ \text{cm}\cdot 2{,}8\ \text{cm}=\mathbf{11{,}76\ cm^2}$

147

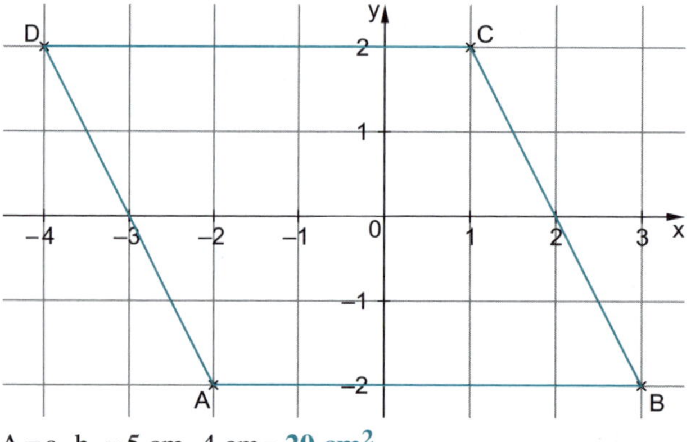

$A=a\cdot h_a=5\ \text{cm}\cdot 4\ \text{cm}=\mathbf{20\ cm^2}$

148

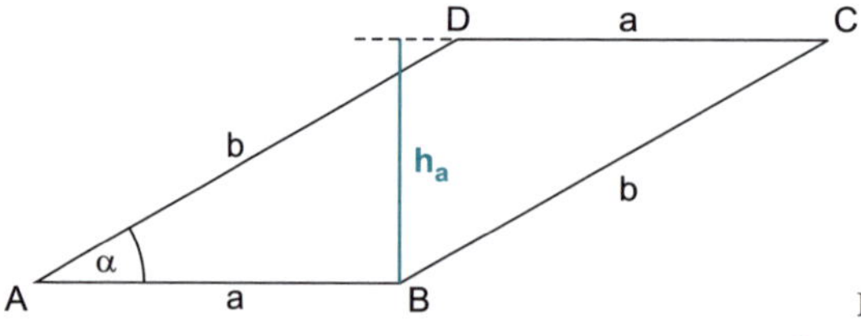

Maßstab 1 : 2

$h_a=\mathbf{4\ cm}\ \Rightarrow\ A=a\cdot h_a=6\ \text{cm}\cdot 4\ \text{cm}=\mathbf{24\ cm^2}$

149

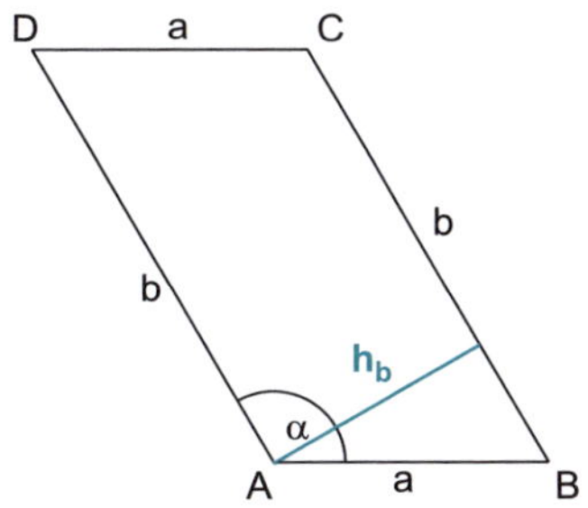

Maßstab 1 : 2

$h_b = \mathbf{3{,}4\ cm} \quad \Rightarrow \quad A = b \cdot h_b = 7\ \text{cm} \cdot 3{,}4\ \text{cm} = \mathbf{23{,}8\ cm^2}$

150 Die Parallelogramme unterscheiden sich in den Winkeln:

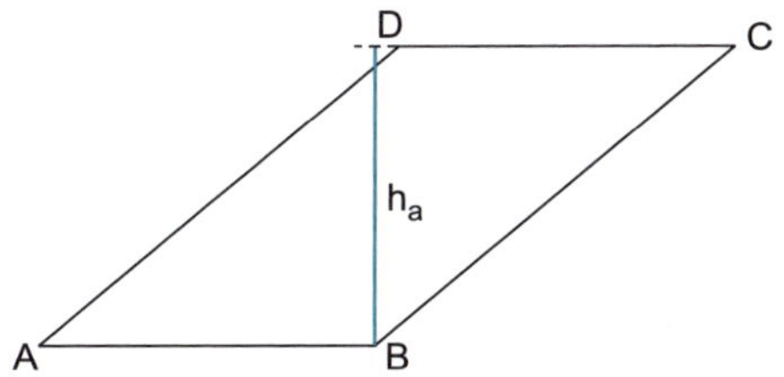

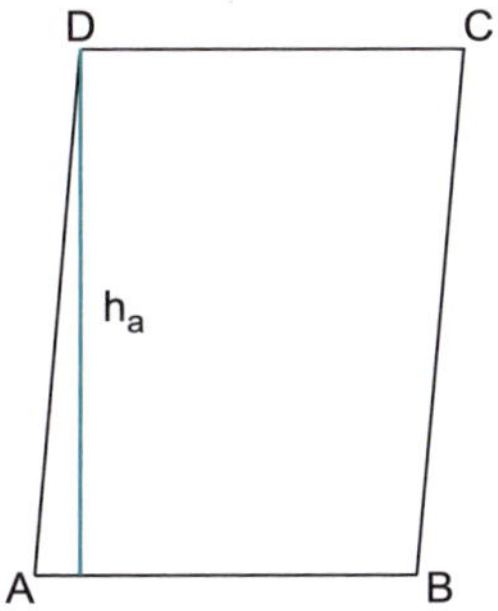

Maßstab 1 : 2

$h_a = \mathbf{4{,}5\ cm}$ $\qquad$ $h_a = \mathbf{7\ cm}$

Das Dreieck mit $\alpha = 85°$ hat den größeren Flächeninhalt, weil die Höhe größer ist.

Parallelogramm mit $\alpha = 40°$:
$A = 5\ \text{cm} \cdot 4{,}5\ \text{cm} = \mathbf{22{,}5\ cm^2}$

Parallelogramm mit $\alpha = 85°$:
$A = 5\ \text{cm} \cdot 7\ \text{cm} = \mathbf{35\ cm^2}$

151 a) $A = \frac{1}{2} \cdot a \cdot h_a = \frac{1}{2} \cdot 5\ \text{cm} \cdot 3\ \text{cm} = \mathbf{7{,}5\ cm^2}$

b) $A = \frac{1}{2} \cdot c \cdot h_c = \frac{1}{2} \cdot 5{,}2\ \text{dm} \cdot 2{,}7\ \text{dm} = \mathbf{7{,}02\ dm^2}$

c) $A = \frac{1}{2} \cdot b \cdot h_b = \frac{1}{2} \cdot 28\ \text{mm} \cdot 2{,}4\ \text{cm} = \frac{1}{2} \cdot 2{,}8\ \text{cm} \cdot 2{,}4\ \text{cm} = \mathbf{3{,}36\ cm^2}$

152 a) $c = \mathbf{4\ cm}$

$h_c = \mathbf{7\ cm}$

$A = \frac{1}{2} \cdot 4\ cm \cdot 7\ cm = \mathbf{14\ cm^2}$

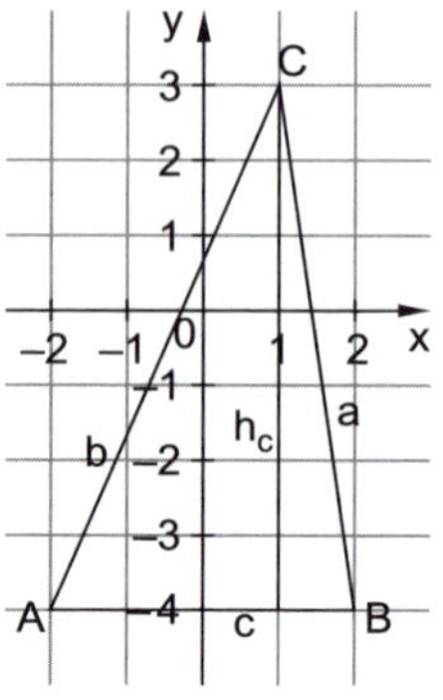

Maßstab 1 : 2

b) $a = \mathbf{5\ cm}$

$h_a = \mathbf{4\ cm}$

$A = \frac{1}{2} \cdot 5\ cm \cdot 4\ cm = \mathbf{10\ cm^2}$

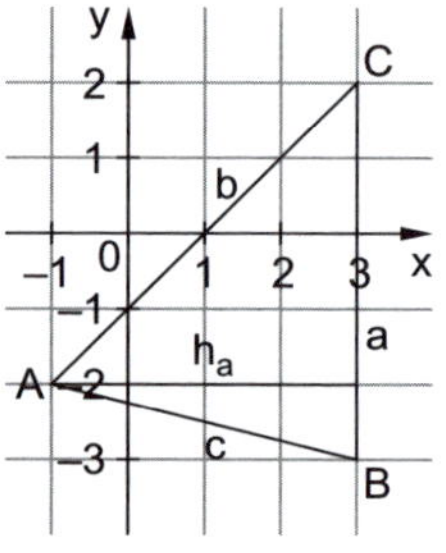

Maßstab 1 : 2

c) $b = \mathbf{3\ cm}$

$h_b = \mathbf{5\ cm}$

$A = \frac{1}{2} \cdot 3\ cm \cdot 5\ cm = \mathbf{7{,}5\ cm^2}$

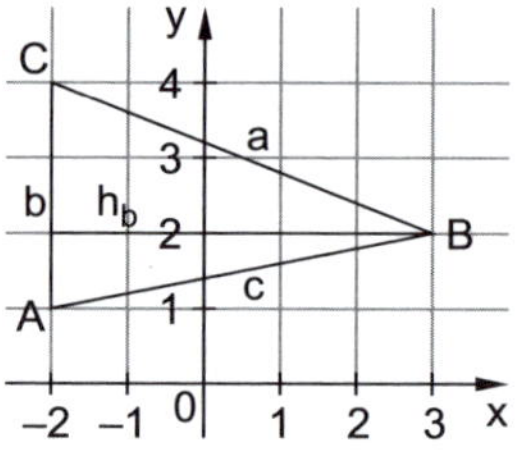

Maßstab 1 : 2

153 a) $a = 45\ mm = 4{,}5\ cm,\ c = 2{,}3\ cm,\ h = 4\ cm$ Wandle zunächst in die gleiche Einheit um.

$$A = \frac{(4{,}5\ cm + 2{,}3\ cm) \cdot 4\ cm}{2} = \frac{6{,}8\ cm \cdot 4\ cm}{2} = \mathbf{13{,}6\ cm^2}$$

b) $a = 56\ dm = 5{,}6\ m,\ c = 3{,}8\ m,$ Wandle zunächst in die gleiche Einheit um.

$h = 480\ cm = 4{,}8\ m$

$$A = \frac{(5{,}6\ m + 3{,}8\ m) \cdot 4{,}8\ m}{2} = \frac{9{,}4\ m \cdot 4{,}8\ m}{2} = \mathbf{22{,}56\ m^2}$$

154 $$A = \frac{(3{,}5\ m + 2{,}5\ m) \cdot 3\ m}{2} = \frac{6\ m \cdot 3\ m}{2} = 9\ m^2$$

Das Boot besitzt eine Segelfläche von **9 m²**.

155 Aus dem Umfang und den gegebenen Seiten wird die fehlende Seite c berechnet:

$U = a + b + c$
$12\text{ cm} = 5\text{ cm} + 3\text{ cm} + c$
$12\text{ cm} = 8\text{ cm} + c$
Dann muss $c =$ **4 cm** sein.

Überlege, welche Zahl du zu 8 addieren musst, um 12 zu erhalten.

Mit dem Flächeninhalt und einer Seite wird jeweils die zugehörige Höhe ausgerechnet:

In diesem Fall ist es einfacher, zunächst ohne Einheiten zu rechnen.

$$A = \frac{1}{2} \cdot a \cdot h_a$$
$$6 = \frac{1}{2} \cdot 5 \cdot h_a$$
$$6 = 2{,}5 \cdot h_a$$
$$h_a = 6 : 2{,}5 = 2{,}4$$

Überlege, mit welcher Zahl du 2,5 multiplizieren musst, um 6 zu erhalten. Dividiere dafür 6 durch 2,5.

Die Höhe h_a ist **2,4 cm** lang.

Achte darauf, die Länge der Höhe mit der Einheit anzugeben.

$$A = \frac{1}{2} \cdot b \cdot h_b$$
$$6 = \frac{1}{2} \cdot 3 \cdot h_b$$
$$6 = 1{,}5 \cdot h_b$$
$$h_b = 6 : 1{,}5 = 4$$

Überlege, mit welcher Zahl du 1,5 multiplizieren musst, um 6 zu erhalten. Dividiere dafür 6 durch 1,5.

Die Höhe h_b ist **4 cm** lang.

$$A = \frac{1}{2} \cdot c \cdot h_c$$
$$6 = \frac{1}{2} \cdot 4 \cdot h_c$$
$$6 = 2 \cdot h_c$$
$$h_c = 6 : 2 = 3$$

Überlege, mit welcher Zahl du 2 multiplizieren musst, um 6 zu erhalten. Dividiere dafür 6 durch 2.

Die Höhe h_c ist **3 cm** lang.

156

$$A = \frac{(a + c) \cdot h}{2}$$

Hier bietet es sich wieder an, ohne Einheiten zu rechnen.

$$14 = \frac{(5{,}8 + 2{,}2) \cdot h}{2}$$
$$14 = \frac{8 \cdot h}{2}$$
$$14 = 4 \cdot h$$
$$h = 14 : 4 = 3{,}5$$

Überlege, mit welcher Zahl du 4 multiplizieren musst, um 14 zu erhalten. Dividiere dafür 14 durch 4.

Die Höhe muss **3,5 cm** sein.

157 a)

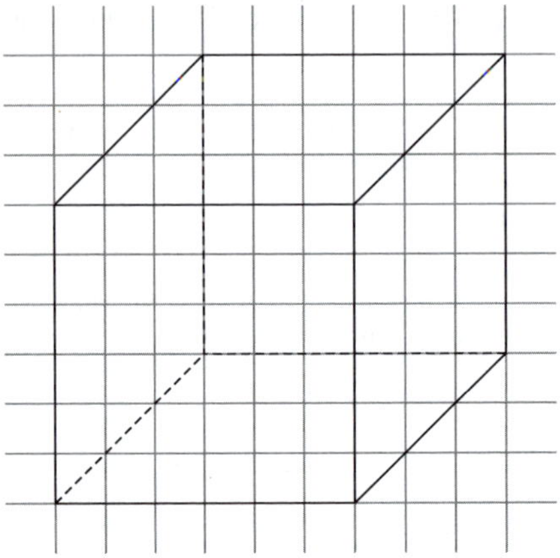

b)

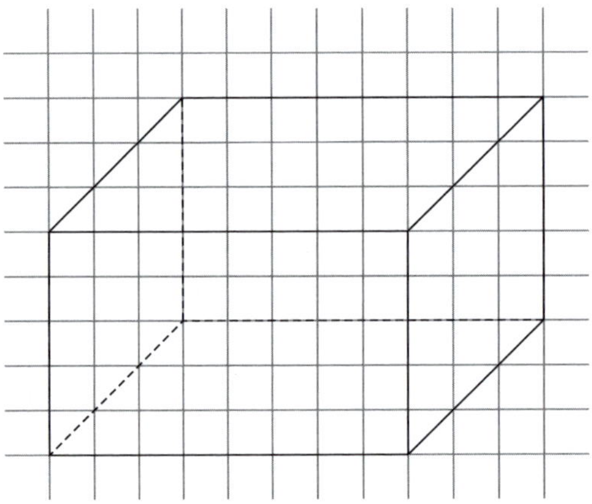

c)

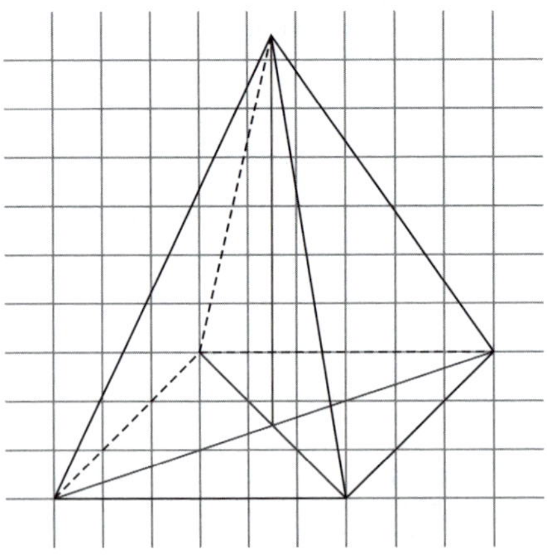

Zeichne die Höhe der Pyramide senkrecht ab dem Schnittpunkt der Diagonalen der Grundfläche.

158 a)

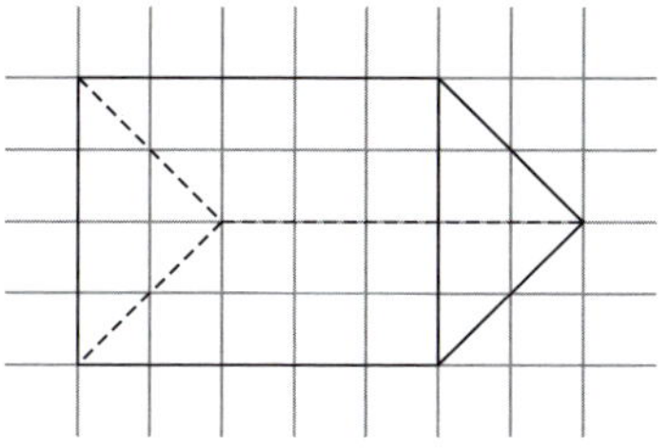

b)

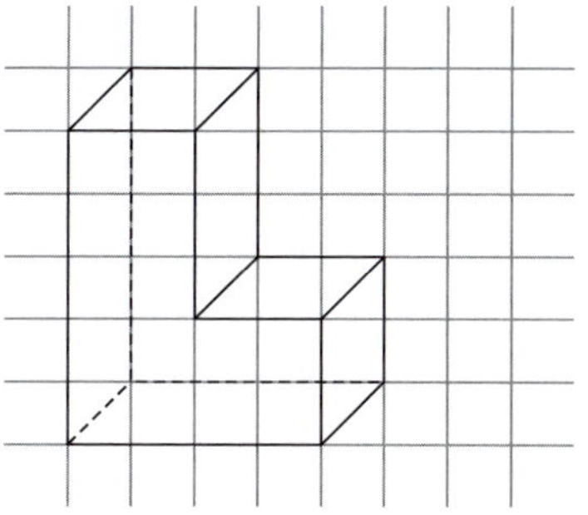

c)

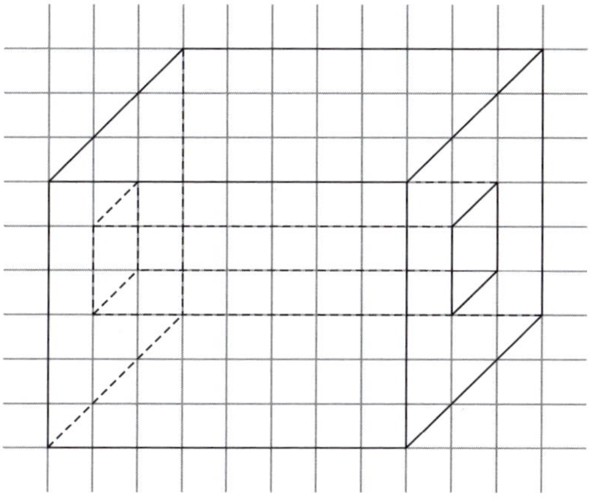

159 a)

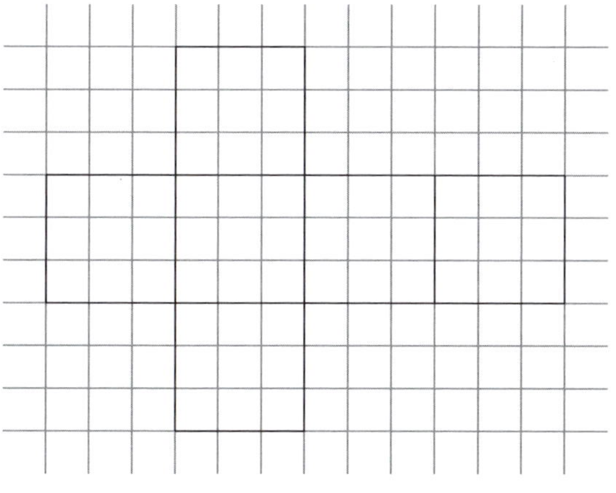

b)

160 a)

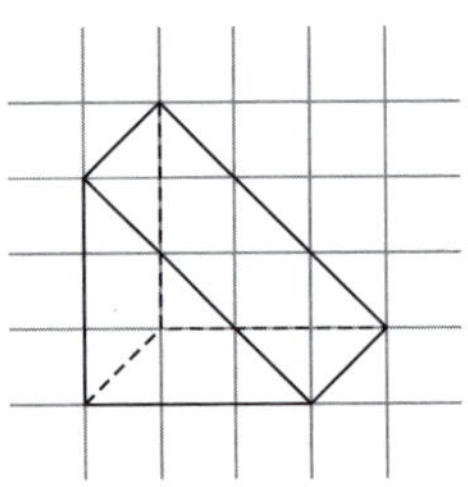

b)

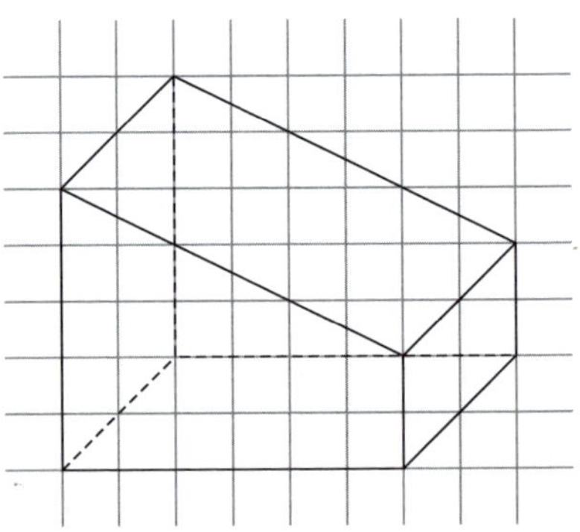

161 a) Schrägbild: Netz:

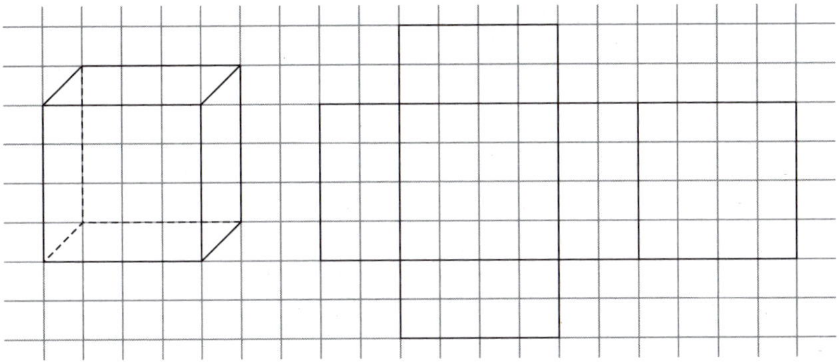

b) Schrägbild: Netz:

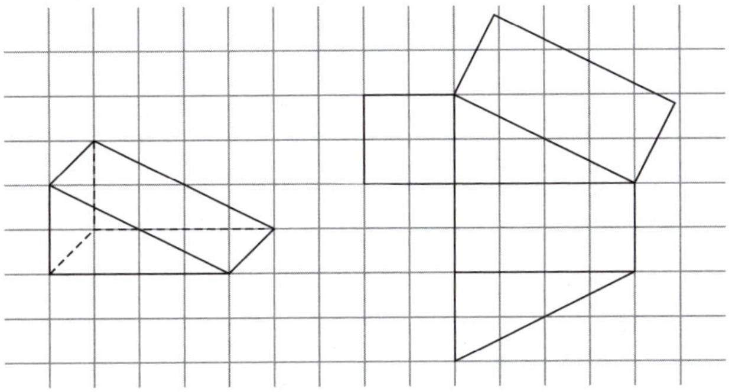

c) Schrägbild: Netz:

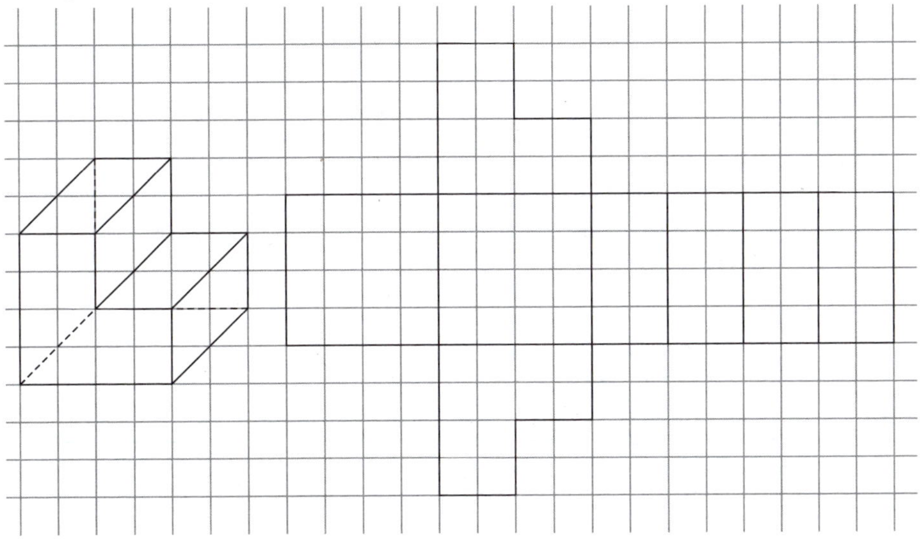

162 a) $s = 50\text{ mm} = 5\text{ cm}$
$O = 6 \cdot (5\text{ cm})^2 = 6 \cdot 25\text{ cm}^2 = \mathbf{150\ cm^2 = 15\,000\ mm^2}$

Rechne mm in cm um.
Wende die Formel $O = 6 \cdot s^2$ an.

b) $O = 6 \cdot (12\text{ dm})^2 = 6 \cdot 144\text{ dm}^2 = \mathbf{864\ dm^2}$

c) $O = 6 \cdot (3{,}4\text{ m})^2 = 6 \cdot 11{,}56\text{ m}^2 = \mathbf{69{,}36\ m^2}$

d) $O = 6 \cdot (4{,}5\text{ cm})^2 = 6 \cdot 20{,}25\text{ cm}^2 = \mathbf{121{,}5\ cm^2}$

163 Hinweise und Tipps:
Du gehst in zwei Schritten vor: Erst berechnest du den Flächeninhalt A eines Quadrates, also teilst du den Oberflächeninhalt durch 6. Dann suchst du die Zahl, die mit sich selbst multipliziert diesen Flächeninhalt ergibt.

a) Der Flächeninhalt eines Quadrates beträgt:
$A = 96\text{ cm}^2 : 6 = 16\text{ cm}^2$
Wegen $4\text{ cm} \cdot 4\text{ cm} = 16\text{ cm}^2$ gilt:
$s = \mathbf{4\ cm}$

b) Der Flächeninhalt eines Quadrates beträgt:
$A = 294\text{ dm}^2 : 6 = 49\text{ dm}^2$
Wegen $7\text{ dm} \cdot 7\text{ dm} = 49\text{ dm}^2$ gilt:
$s = \mathbf{7\ dm}$

c) Der Flächeninhalt eines Quadrates beträgt:
$A = 600\text{ mm}^2 : 6 = 100\text{ mm}^2$
Wegen $10\text{ mm} \cdot 10\text{ mm} = 100\text{ mm}^2$ gilt:
$s = 10\text{ mm} = \mathbf{1\ cm}$

d) Der Flächeninhalt eines Quadrates beträgt:
$A = 150\text{ cm}^2 : 6 = 25\text{ cm}^2$
Wegen $5\text{ cm} \cdot 5\text{ cm} = 25\text{ cm}^2$ gilt:
$s = \mathbf{5\ cm}$

164 a) $\ell = 2{,}5\text{ cm},\ b = 15\text{ mm} = 1{,}5\text{ cm},\ h = 3\text{ cm}$
Für die Oberfläche gilt:
$O = 2 \cdot (2{,}5\text{ cm} \cdot 1{,}5\text{ cm} + 2{,}5\text{ cm} \cdot 3\text{ cm} + 1{,}5\text{ cm} \cdot 3\text{ cm})$
$= 2 \cdot (3{,}75\text{ cm}^2 + 7{,}5\text{ cm}^2 + 4{,}5\text{ cm}^2)$
$= 2 \cdot 15{,}75\text{ cm}^2$
$= \mathbf{31{,}5\ cm^2}$

Bringe alle Maße auf dieselbe Einheit.
Verwende die Formel $O = 2 \cdot (\ell \cdot b + \ell \cdot h + b \cdot h)$.

b) $a = 4{,}5\text{ dm},\ b = 27\text{ cm} = 2{,}7\text{ dm},\ c = 3\text{ dm}$
Für die Oberfläche gilt:
$O = 2 \cdot (4{,}5\text{ dm} \cdot 2{,}7\text{ dm} + 4{,}5\text{ dm} \cdot 3\text{ dm} + 2{,}7\text{ dm} \cdot 3\text{ dm})$
$= 2 \cdot (12{,}15\text{ dm}^2 + 13{,}5\text{ dm}^2 + 8{,}1\text{ dm}^2)$
$= 2 \cdot 33{,}75\text{ dm}^2$
$= \mathbf{67{,}5\ dm^2}$

Bringe alle Maße auf dieselbe Einheit.
Verwende die Formel $O = 2 \cdot (a \cdot b + a \cdot c + b \cdot c)$.

165 a) Die Kantenlänge beträgt s = 2 cm. Damit gilt:
$O = 6 \cdot (2\ \text{cm})^2 = 6 \cdot 4\ \text{cm}^2 = \mathbf{24\ cm^2}$

b) Die Kantenlänge beträgt s = 1,5 cm. Damit gilt:
$O = 6 \cdot (1{,}5\ \text{cm})^2 = 6 \cdot 2{,}25\ \text{cm}^2 = \mathbf{13{,}5\ cm^2}$

166 Hinweise und Tipps:
Du musst hier die einzelnen Rechtecke oder Quadrate getrennt berechnen und dann addieren.

a) Netz:

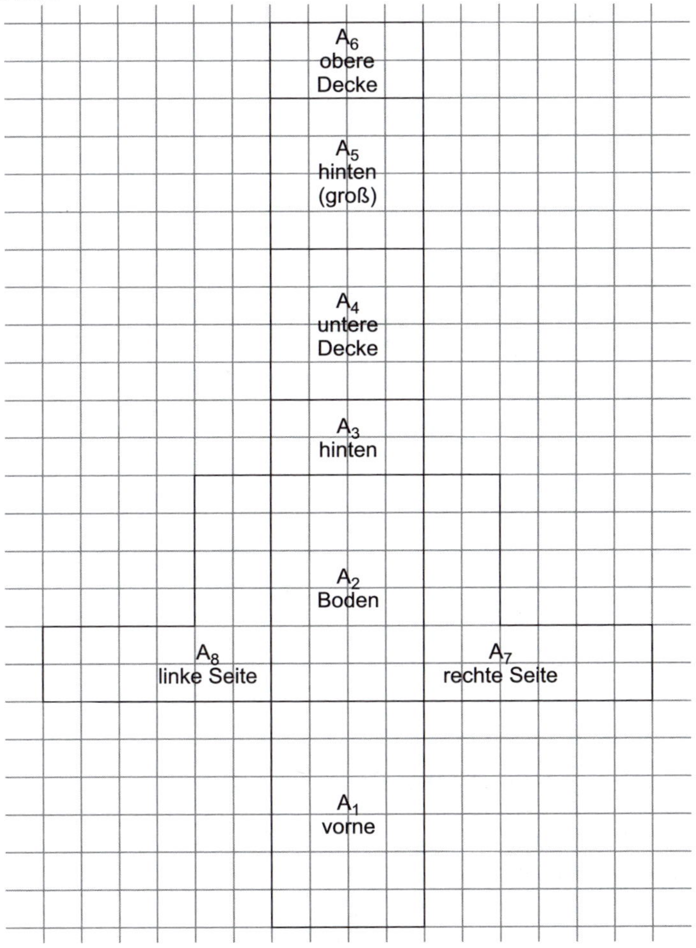

Für die Teilflächen gilt:
$A_1 = A_2 = 2\text{ cm} \cdot 3\text{ cm} = 6\text{ cm}^2$
$A_3 = A_6 = 2\text{ cm} \cdot 1\text{ cm} = 2\text{ cm}^2$
$A_4 = A_5 = 2\text{ cm} \cdot 2\text{ cm} = 4\text{ cm}^2$
$A_7 = A_8 = 3\text{ cm} \cdot 1\text{ cm} + 1\text{ cm} \cdot 2\text{ cm} = 5\text{ cm}^2$
Damit folgt für den Oberflächeninhalt:
$$O = A_1 + A_2 + A_3 + A_4 + A_5 + A_6 + A_7 + A_8$$
$$= 6\text{ cm}^2 + 6\text{ cm}^2 + 2\text{ cm}^2 + 4\text{ cm}^2 + 4\text{ cm}^2 + 2\text{ cm}^2 + 5\text{ cm}^2 + 5\text{ cm}^2$$
$$= \mathbf{34\text{ cm}^2}$$

b) Netz:

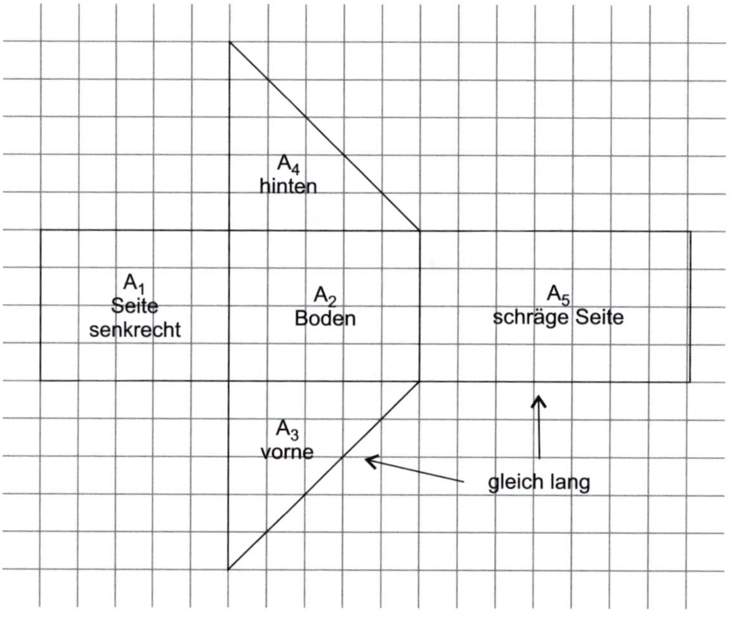

Für die Teilflächen gilt:
$A_1 = A_2 = 2{,}5\text{ cm} \cdot 2\text{ cm} = 5\text{ cm}^2$
$A_3 = A_4 = \frac{1}{2} \cdot 2{,}5\text{ cm} \cdot 2{,}5\text{ cm} = 3{,}125\text{ cm}^2$
$A_5 = 3{,}55\text{ cm} \cdot 2\text{ cm} = 7{,}1\text{ cm}^2$
Damit folgt für den Oberflächeninhalt:
$$O = A_1 + A_2 + A_3 + A_4 + A_5$$
$$= 5\text{ cm}^2 + 5\text{ cm}^2 + 3{,}125\text{ cm}^2 + 3{,}125\text{ cm}^2 + 7{,}1\text{ cm}^2$$
$$= \mathbf{23{,}35\text{ cm}^2}$$

167 Die Deckfläche des kleinen Quaders fehlt genau in der Deckfläche des großen Quaders, also kann man die beiden zusammenfassen. Sie sind zusammen genau so groß wie die Grundfläche des großen Quaders. Man berechnet also den Oberflächeninhalt des großen Quaders und dazu noch den Flächeninhalt der vier Seitenflächen des kleinen Quaders.

$$\begin{aligned} O &= 2 \cdot (3\text{ cm} \cdot 3\text{ cm} + 3\text{ cm} \cdot 1\text{ cm} + 3\text{ cm} \cdot 1\text{ cm}) + 2 \cdot (1\text{ cm} \cdot 0{,}5\text{ cm} + 1\text{ cm} \cdot 0{,}5\text{ cm}) \\ &= 2 \cdot (9\text{ cm}^2 + 3\text{ cm}^2 + 3\text{ cm}^2) + 2 \cdot (0{,}5\text{ cm}^2 + 0{,}5\text{ cm}^2) \\ &= 2 \cdot 15\text{ cm}^2 + 2\text{ cm}^2 \\ &= 30\text{ cm}^2 + 2\text{ cm}^2 \\ &= \mathbf{32\text{ cm}^2} \end{aligned}$$

168 Hinweise und Tipps:
Du berechnest am besten den Flächeninhalt des Rechtecks / Quadrats, in das sich die Figur einfügen lässt, und subtrahierst dann die überflüssigen Flächeninhalte:

a) Vom großen Rechteck werden das kleine Rechteck und die beiden flächengleichen Dreiecke abgezogen.

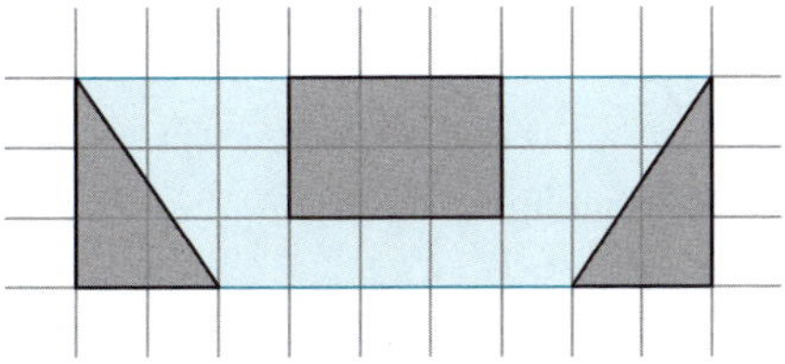

$$\begin{aligned} A_{\text{großes Rechteck}} &= 4{,}5\text{ cm} \cdot 1{,}5\text{ cm} \\ &= 6{,}75\text{ cm}^2 \end{aligned}$$

$$A_{\text{kleines Rechteck}} = 1{,}5\text{ cm} \cdot 1\text{ cm} = 1{,}5\text{ cm}^2$$

$$A_{\text{Dreieck}} = \frac{1}{2} \cdot 1{,}5\text{ cm} \cdot 1\text{ cm} = 0{,}75\text{ cm}^2$$

Damit gilt für den gesuchten Flächeninhalt:

$$A_{\text{gesucht}} = 6{,}75\text{ cm}^2 - 1{,}5\text{ cm}^2 - 0{,}75\text{ cm}^2 - 0{,}75\text{ cm}^2 = \mathbf{3{,}75\text{ cm}^2}$$

b) Vom großen Rechteck werden das kleine Rechteck und das Quadrat abgezogen.

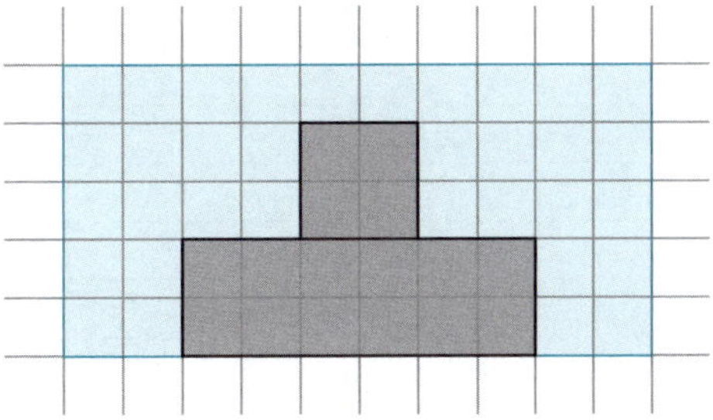

$$\begin{aligned} A_{\text{großes Rechteck}} &= 5\text{ cm} \cdot 2{,}5\text{ cm} \\ &= 12{,}5\text{ cm}^2 \end{aligned}$$

$$\begin{aligned} A_{\text{kleines Rechteck}} &= 3\text{ cm} \cdot 1\text{ cm} \\ &= 3\text{ cm}^2 \end{aligned}$$

$$A_{\text{Quadrat}} = 1\text{ cm} \cdot 1\text{ cm} = 1\text{ cm}^2$$

Damit gilt für den gesuchten Flächeninhalt:

$$A_{\text{gesucht}} = 12{,}5\text{ cm}^2 - 3\text{ cm}^2 - 1\text{ cm}^2 = \mathbf{8{,}5\text{ cm}^2}$$

c) Vom Quadrat werden zwei Dreiecke abgezogen.

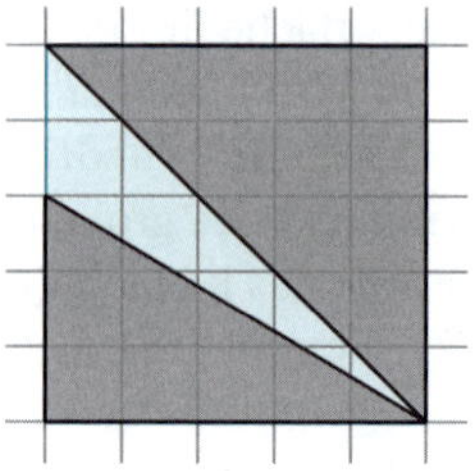

$A_{Quadrat} = 2{,}5 \text{ cm} \cdot 2{,}5 \text{ cm} = 6{,}25 \text{ cm}^2$

$A_{Dreieck\ I} = \frac{1}{2} \cdot 2{,}5 \text{ cm} \cdot 2{,}5 \text{ cm} = 3{,}125 \text{ cm}^2$

$A_{Dreieck\ II} = \frac{1}{2} \cdot 2{,}5 \text{ cm} \cdot 1{,}5 \text{ cm} = 1{,}875 \text{ cm}^2$

Damit gilt für den gesuchten Flächeninhalt:

$A_{gesucht} = 6{,}25 \text{ cm}^2 - 3{,}125 \text{ cm}^2 - 1{,}875 \text{ cm}^2 =$ **$1{,}25 \text{ cm}^2$**

169 a) Das ist **kein Netz**, weil es zwei Deckflächen und keine Grundfläche gibt.

b) Dies ist ein **Netz** eines Würfels.

c) Dies ist ein **Netz** eines Würfels.

d) Es gibt eine Seitenfläche zu viel, dafür fehlt die Deckfläche, es ist **kein Netz**.

170 a) Zeichnung:

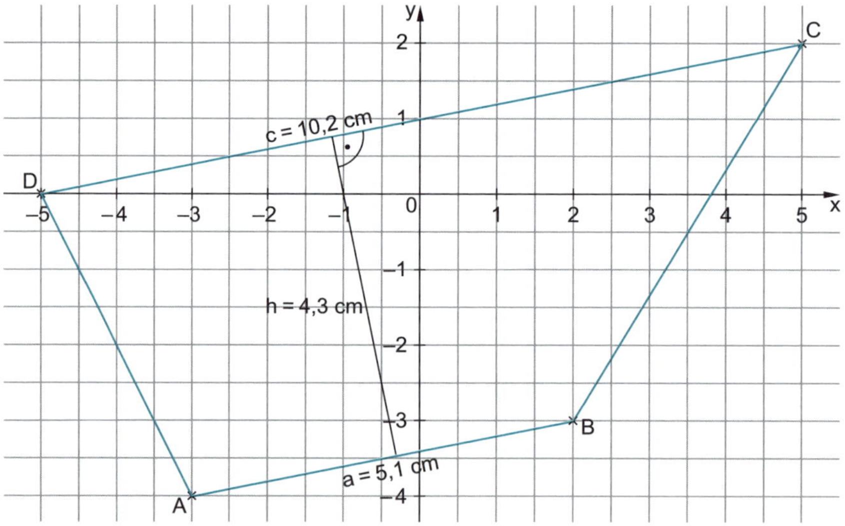

Es handelt sich um ein Trapez, wobei $a = 5{,}1$ cm, $c = 10{,}2$ cm und $h = 4{,}3$ cm gilt.

$$A = \frac{(5{,}1 \text{ cm} + 10{,}2 \text{ cm}) \cdot 4{,}3 \text{ cm}}{2}$$

$$= \frac{65{,}79}{2} \text{ cm}^2$$

$$= \mathbf{32{,}895 \text{ cm}^2}$$

Du kannst h zwischen a und c einzeichnen, wo du möchtest, aber h muss mit den Seiten a und c einen rechten Winkel einschließen.

b) Zeichnung:

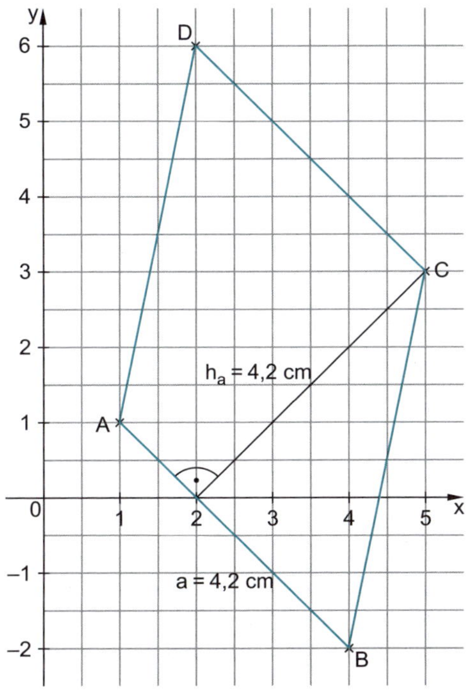

Es handelt sich um ein Parallelogramm, wobei $a = h_a = 4{,}2$ cm gilt.
$A = a \cdot h_a = 4{,}2\text{ cm} \cdot 4{,}2\text{ cm} = \mathbf{17{,}64\ cm^2}$

171 a)

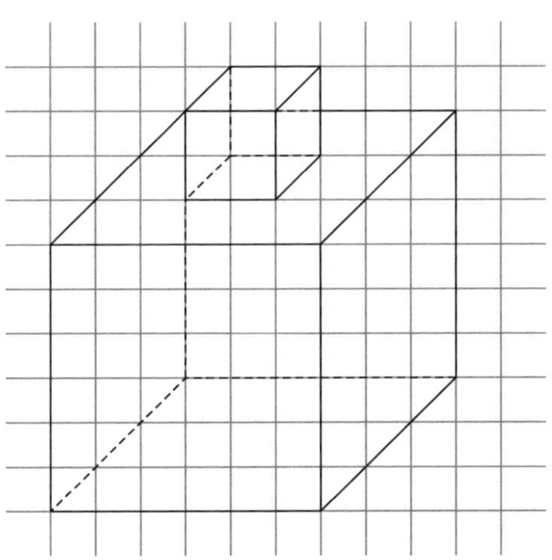

Die Deckfläche des kleinen Würfels fehlt genau in der Deckfläche des großen Würfels, also kann man die beiden zusammenfassen. Sie sind genauso groß wie alle anderen Quadrate des großen Würfels.
Man berechnet also den Oberflächeninhalt des großen Würfels und dazu noch den Flächeninhalt der vier Seitenflächen des kleinen Würfels.
$O = 6 \cdot (3\text{ cm})^2 + 4 \cdot (1\text{ cm})^2 = 54\text{ cm}^2 + 4\text{ cm}^2 = \mathbf{58\text{ cm}^2}$

b)

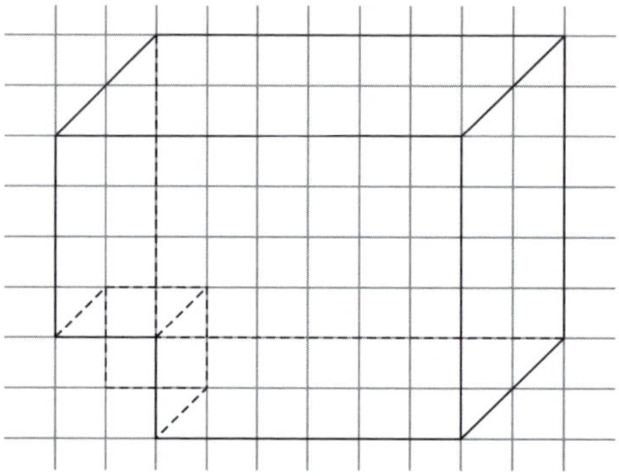

In der Vorderseite fehlt genau das kleine Quadrat. Dasselbe gilt für die Grundfläche und für die linke Seitenfläche. Diese drei kleinen Quadrate sind nach innen verschoben und fehlen daher nicht in der Oberfläche des Quaders.
Man kann also den Oberflächeninhalt mit der Quaderformel berechnen.

$$\begin{aligned} O &= 2 \cdot (4\text{ cm} \cdot 2\text{ cm} + 4\text{ cm} \cdot 3\text{ cm} + 2\text{ cm} \cdot 3\text{ cm}) \\ &= 2 \cdot (8\text{ cm}^2 + 12\text{ cm}^2 + 6\text{ cm}^2) \\ &= 2 \cdot 26\text{ cm}^2 \\ &= \mathbf{52\text{ cm}^2} \end{aligned}$$

172 Erst wird der Flächeninhalt der vier Wände und der Decke berechnet. Dann wird davon der Flächeninhalt des Fensters und der Türe subtrahiert.

$$\begin{aligned} A_{gesucht} &= 2 \cdot (3{,}4\text{ m} \cdot 2{,}7\text{ m} + 4{,}2\text{ m} \cdot 2{,}7\text{ m}) + 3{,}4\text{ m} \cdot 4{,}2\text{ m} \\ &\quad - 1{,}5\text{ m} \cdot 1{,}2\text{ m} - 2{,}1\text{ m} \cdot 0{,}95\text{ m} \\ &= 2 \cdot (9{,}18\text{ m}^2 + 11{,}34\text{ m}^2) + 14{,}28\text{ m}^2 - 1{,}8\text{ m}^2 - 1{,}995\text{ m}^2 \\ &= 2 \cdot 20{,}52\text{ m}^2 + 14{,}28\text{ m}^2 - 3{,}795\text{ m}^2 \\ &= 41{,}04\text{ m}^2 + 14{,}28\text{ m}^2 - 3{,}795\text{ m}^2 \\ &= 55{,}32\text{ m}^2 - 3{,}795\text{ m}^2 \\ &= \mathbf{51{,}525\text{ m}^2} \end{aligned}$$

173 $O = 2 \cdot (\ell \cdot b + \ell \cdot h + b \cdot h)$
$126 = 2 \cdot (6 \cdot 3 + 6 \cdot h + 3 \cdot h)$

Am besten schreibst du zuerst die Formel auf und setzt alle Zahlen ein, die du kennst.

Wie groß ist der Wert der Klammer? Mit welcher Zahl muss man 2 multiplizieren, damit 126 herauskommt?

Es ist die Zahl 63. $63 \cdot 2 = 126$

Also gilt:

$63 = 18 + 6 \cdot h + 3 \cdot h$

$63 = 18 + 9 \cdot h$

Welchen Wert hat $9 \cdot h$? Zu welcher Zahl muss man 18 addieren, damit sich die Summe 63 ergibt?

Es ist die Zahl 45. $18 + 45 = 63$

$45 = 9 \cdot h$ $9 \cdot 5 = 45$

Dies ist erfüllt, wenn h = 5 cm ist. Der Quader ist also **5 cm** hoch.

174 Hinweise und Tipps:
Die Umrechnungszahl ist 1 000, also verschiebst du das Komma um drei Stellen nach rechts.

a) $5{,}34\ \text{m}^3 = \mathbf{5\,340\ dm^3}$

b) $0{,}4\ \text{cm}^3 = \mathbf{400\ mm^3}$

c) $12{,}345\ \text{dm}^3 = \mathbf{12\,345\ cm^3}$

d) $\frac{3}{4}\ \text{m}^3 = 0{,}75\ \text{m}^3 = \mathbf{750\ dm^3}$

e) $\frac{2}{50}\ \text{cm}^3 = 0{,}04\ \text{cm}^3 = \mathbf{40\ mm^3}$

f) $5\frac{1}{200}\ \text{dm}^3 = 5{,}005\ \text{dm}^3 = \mathbf{5\,005\ cm^3}$

175 Hinweise und Tipps:
Die Umrechnungszahl ist 1 000, also verschiebst du zuerst das Komma um drei Stellen nach links. Danach schreibst du die Dezimalzahl als Bruch und kürzt.

a) $25\ \text{cm}^3 = \mathbf{0{,}025\ dm^3} = \frac{25}{1\,000}\ \text{dm}^3 = \mathbf{\frac{1}{40}\ dm^3}$

b) $125\ \text{dm}^3 = \mathbf{0{,}125\ m^3} = \frac{125}{1\,000}\ \text{m}^3 = \mathbf{\frac{1}{8}\ m^3}$

c) $4\ \text{mm}^3 = \mathbf{0{,}004\ cm^3} = \frac{4}{1\,000}\ \text{cm}^3 = \mathbf{\frac{1}{250}\ cm^3}$

d) $2\,300\ \text{cm}^3 = \mathbf{2{,}3\ dm^3} = \mathbf{\frac{23}{10}\ dm^3}$

e) $175\ \text{dm}^3 = \mathbf{0{,}175\ m^3} = \frac{175}{1\,000}\ \text{m}^3 = \mathbf{\frac{7}{40}\ m^3}$

f) $95\ \text{mm}^3 = \mathbf{0{,}095\ cm^3} = \frac{95}{1\,000}\ \text{cm}^3 = \mathbf{\frac{19}{200}\ cm^3}$

176 Hinweise und Tipps:
Du überlegst jeweils, wie viele Würfel mit 1 cm³ Volumen in den Körper passen.

a) In den großen Quader passen 63 Würfel mit 1 cm^3 Volumen, weil man $7 \cdot 3 = 21$ Würfel auf die Grundfläche stellen kann und dann 3 solcher Würfelebenen übereinander bauen kann. In die oberen kleinen Quader passen jeweils 3 Würfel mit 1 cm^3 Volumen, also gilt:
$V = 63\ cm^3 + 3 \cdot 3\ cm^3 = \mathbf{72\ cm^3}$

b) hoher Quader links: 4 Ebenen mit jeweils 3 Würfeln: 12 cm^3
niedriger Quader rechts: 2 Ebenen mit jeweils 6 Würfeln: 12 cm^3
Also gilt:
$V = 12\ cm^3 + 12\ cm^3 = \mathbf{24\ cm^3}$

c) großer Quader: 1 Ebene mit jeweils $5 \cdot 3$ Würfeln: 15 cm^3
kleiner Quader: 1 Ebene mit 2 Würfeln: 2 cm^3
Also gilt:
$V = 15\ cm^3 - 2\ cm^3 = \mathbf{13\ cm^3}$

d) In der ersten Ebene fehlen 4 Würfel von den 25 Würfeln pro Ebene. Man hat vier Ebenen, also gilt:
$V = 25\ cm^3 - 4\ cm^3 + 3 \cdot 25\ cm^3 = 21\ cm^3 + 75\ cm^3 = \mathbf{96\ cm^3}$

177 a) $3{,}4\ \ell + 345\ mm^3 - 2{,}5\ cm^3$
$= 3\,400\ cm^3 + 0{,}345\ cm^3 - 2{,}5\ cm^3$
$= \mathbf{3\,397{,}845\ cm^3}$

$3{,}4\ \ell = 3{,}4\ dm^3 = 3\,400\ cm^3$
$345\ mm^3 = 0{,}345\ cm^3$

b) $\frac{1}{2}\ cm^3 + 35\frac{4}{5}\ dm^3 - \frac{3}{10\,000}\ m^3$
$= 0{,}5\ cm^3 + 35\,800\ cm^3 - 300\ cm^3$
$= \mathbf{35\,500{,}5\ cm^3}$

$\frac{1}{2}\ cm^3 = 0{,}5\ cm^3$
$35\frac{4}{5}\ dm^3 = 35{,}8\ dm^3 = 35\,800\ cm^3$
$\frac{3}{10\,000}\ m^3 = 0{,}0003\ m^3 = 0{,}3\ dm^3 = 300\ cm^3$

c) $0{,}32\ h\ell + 578\frac{1}{2}\ cm^3 - 0{,}004\ m^3$
$= 32\,000\ cm^3 + 578{,}5\ cm^3 - 4\,000\ cm^3$
$= \mathbf{28\,578{,}5\ cm^3}$

$0{,}32\ h\ell = 32\ \ell = 32\ dm^3 = 32\,000\ cm^3$
$578\frac{1}{2}\ cm^3 = 578{,}5\ cm^3$
$0{,}004\ m^3 = 4\ dm^3 = 4\,000\ cm^3$

d) $4 \cdot \left(\frac{3}{5}\ dm^3 + 456\ m\ell - 2\ cm^3\right)$
$= 4 \cdot (600\ cm^3 + 456\ cm^3 - 2\ cm^3)$
$= 4 \cdot 1\,054\ cm^3$
$= \mathbf{4\,216\ cm^3}$

$\frac{3}{5}\ dm^3 = 0{,}6\ dm^3 = 600\ cm^3$
$456\ m\ell = 0{,}456\ \ell = 0{,}456\ dm^3 = 456\ cm^3$

178 $\frac{1}{4}\ \ell + 20\ \text{cm}^3 + \frac{1}{5}\ \ell + 0{,}3\ \ell$
$= 0{,}25\ \ell + 0{,}02\ \ell + 0{,}2\ \ell + 0{,}3\ \ell$
$= 0{,}77\ \ell$
Ja, der Saft würde in eine Flasche passen.

$20\ \text{cm}^3 = 0{,}02\ \text{dm}^3 = 0{,}02\ \ell$

179 1. Karton: In 25 cm haben 5 Würfel Platz, in 15 cm passen 3 Würfel und in 10 cm finden 2 Würfel Platz. Es passen also $5 \cdot 3 \cdot 2 = \mathbf{30}$ Würfel in den Karton.

2. Karton: Es passen $4 \cdot 4 \cdot 3 = \mathbf{48}$ Würfel in den Karton.

3. Karton: Es passen $6 \cdot 3 \cdot 2 = \mathbf{36}$ Würfel in den Karton.

4. Karton: Es passen $7 \cdot 2 \cdot 2 = \mathbf{28}$ Würfel in den Karton.

Bilde erst eine Reihe, dann ein „Stockwerk" und fülle dann den Karton aus.

180 a) $V = 4{,}5\ \text{cm} \cdot 2{,}3\ \text{cm} \cdot 5\ \text{cm} = \mathbf{51{,}75\ cm^3}$

b) $V = (6\ \text{dm})^3 = \mathbf{216\ dm^3}$

c) $a = 4\ \text{cm},\ b = 0{,}7\ \text{dm} = 7\ \text{cm},\ c = 30\ \text{mm} = 3\ \text{cm}$
$V = 4\ \text{cm} \cdot 7\ \text{cm} \cdot 3\ \text{cm} = \mathbf{84\ cm^3}$

Bringe alle Maße auf dieselbe Einheit.

d) $V = (5{,}5\ \text{cm})^3 = \mathbf{166{,}375\ cm^3}$

181 a) $a = 3\frac{2}{5}\ \text{cm} = 3{,}4\ \text{cm},\ b = \frac{47}{4}\ \text{cm} = 11{,}75\ \text{cm},\ c = 5{,}2\ \text{cm}$
$V = 3{,}4\ \text{cm} \cdot 11{,}75\ \text{cm} \cdot 5{,}2\ \text{cm} = \mathbf{207{,}74\ cm^3}$

b) $s = \frac{25}{4}\ \text{dm} = 6{,}25\ \text{dm}$
$V = (6{,}25\ \text{dm})^3 \approx \mathbf{244{,}14\ dm^3}$

c) $\ell = \frac{42}{5}\ \text{mm} = 8{,}4\ \text{mm},\ b = \frac{5}{4}\ \text{cm} = 1{,}25\ \text{cm} = 12{,}5\ \text{mm},$
$h = \frac{1}{20}\ \text{dm} = 0{,}05\ \text{dm} = 5\ \text{mm}$
$V = 8{,}4\ \text{mm} \cdot 12{,}5\ \text{mm} \cdot 5\ \text{mm} = \mathbf{525\ mm^3}$

d) $a = \frac{27}{50}\ \text{m} = 0{,}54\ \text{m} = 5{,}4\ \text{dm}$
$V = (5{,}4\ \text{dm})^3 \approx \mathbf{157{,}46\ dm^3}$

182 Zuerst berechnet man das Volumen des Würfels:
$V = (2\ cm)^3 = 8\ cm^3$

a) Für den neuen Würfel gilt:
$V = (2 \cdot 2\ cm)^3 = (4\ cm)^3 = 64\ cm^3$
Verglichen mit dem alten Würfel gilt:
$64\ cm^3 : 8\ cm^3 = 8$
Also hat er **achtmal** so viel Rauminhalt.

b) Für den neuen Würfel gilt:
$V = (3 \cdot 2\ cm)^3 = (6\ cm)^3 = 216\ cm^3$
Verglichen mit dem alten Würfel gilt:
$216\ cm^3 : 8\ cm^3 = 27$
Also hat er einen **27-fachen** Rauminhalt.

183 Zuerst berechnet man das Volumen des Barrens:
$V = 9\ cm \cdot 4\ cm \cdot 1{,}8\ cm = 64{,}8\ cm^3$
Dann multipliziert man diese Zahl mit dem spezifischen Gewicht:
Gold: $64{,}8 \cdot 19{,}3\ g = 1\,250{,}64\ g$
Silber: $64{,}8 \cdot 10{,}5\ g = 680{,}4\ g$
Der Goldbarren ist um $1\,250{,}64\ g - 680{,}4\ g =$ **570,24 g** schwerer als der Silberbarren.

184 Wenn s die Seitenlänge der Grundfläche ist, dann beträgt die Höhe 2s. Für das Volumen gilt demnach:
$V = s \cdot s \cdot 2s = 2s^3$
Damit folgt:
$128 = 2s^3 \Rightarrow 64 = s^3$
Also ist die gesuchte Zahl 4. Der Karton ist **4 cm lang**, **4 cm breit** und **8 cm hoch**.

185 a) Zunächst werden alle Angaben in dieselbe Einheit umgewandelt:
$1{,}2\ m = 12\ dm$, $40\ cm = 4\ dm$
Man addiert die Volumina des senkrechten Quaders und des Würfels:
$V = 4\ dm \cdot 4\ dm \cdot 12\ dm + (4\ dm)^3 = 192\ dm^3 + 64\ dm^3 =$ **$256\ dm^3$**

b) Zunächst werden alle Angaben in dieselbe Einheit umgewandelt:
$25\ cm = 2{,}5\ dm$, $50\ cm = 5\ dm$, $250\ mm = 2{,}5\ dm$
Man kann den Körper in zwei gleich große Quader teilen. Die Klammern umfassen das Volumen eines einzelnen Quaders.
$V = 2 \cdot (5\ dm \cdot 2{,}5\ dm \cdot 2{,}5\ dm)\ dm^3 =$ **$62{,}5\ dm^3$**

c) Der Körper wird senkrecht in der Mitte halbiert und die Teile werden zu einem Quader zusammengefügt.
$V = 10{,}5\ cm \cdot 17{,}5\ cm \cdot 21\ cm =$ **$3\,858{,}75\ cm^3$**

Der entstehende Quader hat die Länge $21\ cm : 2 = 10{,}5\ cm$.

d) Zunächst werden alle Angaben in dieselbe Einheit umgewandelt:
50 mm = 5 cm, 0,25 dm = 2,5 cm, 0,4 dm = 4 cm
Vom alles umfassenden Quader wird das Prisma abgezogen. Das Prisma wird wie in Teilaufgabe c berechnet.
$V_{Prisma} = 2{,}5\ \text{cm} \cdot 4\ \text{cm} \cdot 2{,}5\ \text{cm} = 25\ \text{cm}^3$

Der entstehende Quader hat die Länge 5 cm : 2 = 2,5 cm.

$V = 5\ \text{cm} \cdot 4\ \text{cm} \cdot 5\ \text{cm} - 25\ \text{cm}^3 = 100\ \text{cm}^3 - 25\ \text{cm}^3 = \mathbf{75\ cm^3}$

e) Zunächst werden alle Angaben in dieselbe Einheit umgewandelt:
200 mm = 2 dm, 15 cm = 1,5 dm, 0,5 m = 5 dm
Dieses Prisma teilt man am besten in drei Teile, sodass sich in der Mitte ein Quader befindet. Die beiden äußeren Teile ergeben zusammen ebenfalls einen Quader (wie in Teilaufgabe c). Die Länge dieses zusammengesetzten Quaders beträgt:
$(0{,}5\ \text{m} - 200\ \text{mm}) : 2 = (5\ \text{dm} - 2\ \text{dm}) : 2 = 1{,}5\ \text{dm}$
Damit gilt:
$V = 2\ \text{dm} \cdot 1\ \text{dm} \cdot 1{,}5\ \text{dm} + 1{,}5\ \text{dm} \cdot 1\ \text{dm} \cdot 1{,}5\ \text{dm} = \mathbf{5{,}25\ dm^3}$

f) Dieses Prisma teilt man waagrecht so in drei Teile, dass sich unten ein Quader befindet und die beiden oberen Teile zusammen einen Quader ergeben.
$V = 6\ \text{cm} \cdot 2\ \text{cm} \cdot 3\ \text{cm} + 2\ \text{cm} \cdot 2\ \text{cm} \cdot 2\ \text{cm} = \mathbf{44\ cm^3}$

g) Zunächst werden alle Angaben in dieselbe Einheit umgewandelt:
26 mm = 2,6 cm, 32 mm = 3,2 cm, 13 mm = 1,3 cm, 0,52 dm = 5,2 cm
Vom alles umfassenden Quader werden ein Würfel und ein Quader subtrahiert.
$V = 10{,}4\ \text{cm} \cdot 2{,}6\ \text{cm} \cdot 3{,}2\ \text{cm} - 2{,}6\ \text{cm} \cdot 2{,}6\ \text{cm} \cdot 2{,}6\ \text{cm} - 5{,}2\ \text{cm} \cdot 2{,}6\ \text{cm} \cdot 1{,}9\ \text{cm}$
$= 86{,}528\ \text{cm}^3 - 17{,}576\ \text{cm}^3 - 25{,}688\ \text{cm}^3$
$= \mathbf{43{,}264\ cm^3}$

186 Hinweise und Tipps:
Skizziere als Hilfe für dich die Schrägbilder der Körper. Berechne anschließend die Volumina.

a) Das ist das Netz eines Würfels mit Kantenlänge s = 3 dm.
$V = (3\ \text{dm})^3 = \mathbf{27\ dm^3}$

b) Der Körper wird waagrecht geteilt, sodass ein flacher Quader und ein dreieckiges Prisma entstehen. Das Volumen des Prismas kann berechnet werden, indem das Volumen des umfassenden Quaders halbiert wird.

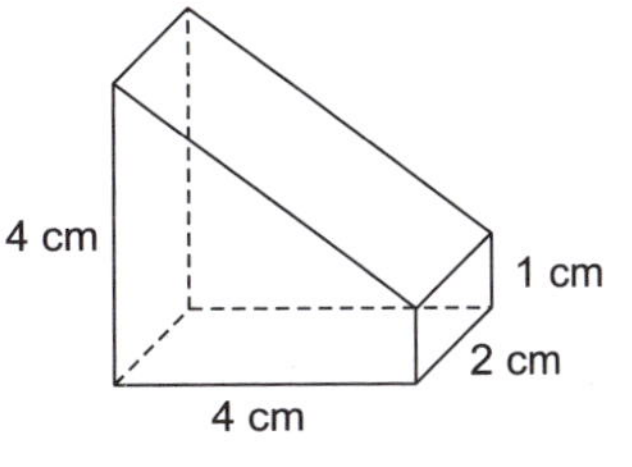

$V = 4\ \text{cm} \cdot 2\ \text{cm} \cdot 1\ \text{cm} + \frac{1}{2} \cdot 4\ \text{cm} \cdot 2\ \text{cm} \cdot 3\ \text{cm}$
$= \mathbf{20\ cm^3}$

c) Der Körper wird senkrecht geteilt und sein Volumen wie in Teilaufgabe 185 c berechnet.

$V = 1\text{ cm} \cdot 2\text{ cm} \cdot 1{,}8\text{ cm} = \mathbf{3{,}6\text{ cm}^3}$

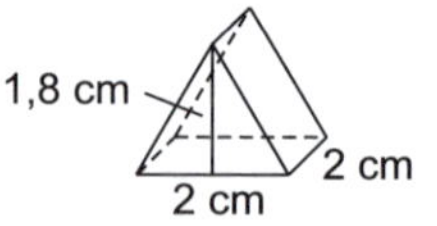

d) Der Körper wird waagrecht geteilt, sodass ein Quader und ein Würfel entstehen.

$V = 3{,}9\text{ cm} \cdot 1{,}3\text{ cm} \cdot 1{,}3\text{ cm} + (1{,}3\text{ cm})^3$

$= \mathbf{8{,}788\text{ cm}^3}$

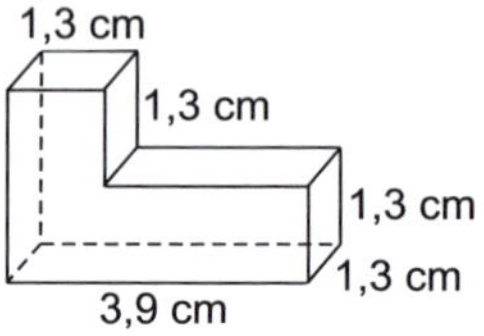

187 Der Körper wird senkrecht in drei Teile geteilt. Der mittlere Teil wird waagrecht zerlegt, sodass oben ein schmaler Quader und darunter ein Prisma entstehen.

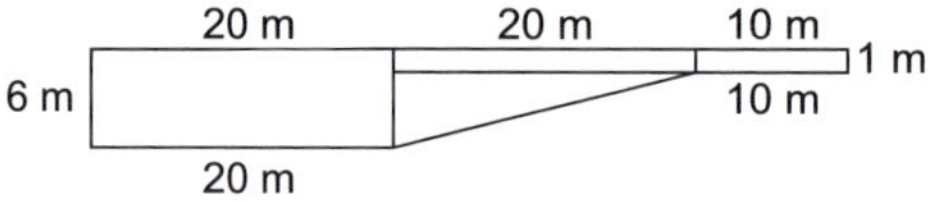

Das Volumen des Prismas ist genau die Hälfte des Volumens des umfassenden Quaders. Damit gilt:

$$V = 20\text{ m} \cdot 10\text{ m} \cdot 6\text{ m} + \left(\frac{1}{2} \cdot 20\text{ m} \cdot 10\text{ m} \cdot 5\text{ m} + 20\text{ m} \cdot 10\text{ m} \cdot 1\text{ m}\right) + 10\text{ m} \cdot 10\text{ m} \cdot 1\text{ m}$$

$$= 1\,200\text{ m}^3 + 700\text{ m}^3 + 100\text{ m}^3$$

$$= 2\,000\text{ m}^3$$

Umrechnung in Hektoliter:

$2\,000\text{ m}^3 = 2\,000\,000\text{ dm}^3 = 2\,000\,000\ \ell = \mathbf{20\,000\ h\ell}$

Es werden **20 000 hℓ** benötigt, um das Schwimmbecken zu füllen.

188 Der Körper wird senkrecht in drei Teile geteilt. Der mittlere ist ein Quader, die beiden äußeren ergeben zusammen einen Quader.

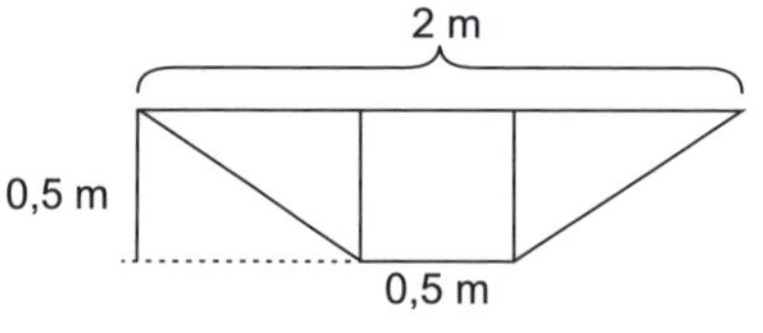

$V = 0{,}5\text{ m} \cdot 3\,000\text{ m} \cdot 0{,}5\text{ m} + 0{,}75\text{ m} \cdot 3\,000\text{ m} \cdot 0{,}5\text{ m}$

$= 750\text{ m}^3 + 1\,125\text{ m}^3$

$= 1\,875\text{ m}^3$

Die Erde wiegt $1\,875 \cdot 1{,}5 = 2\,812{,}5$ Tonnen.

Der zusammengesetzte Quader hat die Länge $(2\text{ m} - 0{,}5\text{ m}) : 2 = 0{,}75\text{ m}$.

Bei einer Fahrt kann ein Lkw 15 Tonnen transportieren.
$2\,812{,}5 : 15 \approx 187{,}5$
Es sind insgesamt 188 Fahrten.
Also fahren alle **10 Lkw achtzehnmal**, dann fahren nur **8 Lkw noch einmal**, wobei einer nur halb beladen ist.

189 Breite: b
Länge: 2b
Höhe: 0,5b

Alle Kanten zusammen haben die Länge:
$K = 4 \cdot \ell + 4 \cdot b + 4 \cdot h$

Damit gilt:
$$K = 4 \cdot (2 \cdot b) + 4 \cdot b + 4 \cdot (0{,}5 \cdot b)$$
$$56\text{ cm} = 8 \cdot b + 4 \cdot b + 2 \cdot b$$
$$56\text{ cm} = 14 \cdot b$$

Also muss $\mathbf{b = 4\text{ cm}}$ gelten. $14 \cdot 4 = 56$
Dann folgt daraus:
$\mathbf{\ell = 8\text{ cm}}$ und $\mathbf{h = 2\text{ cm}}$

Für das Volumen gilt:
$V = 8 \cdot 4 \cdot 2\text{ cm}^3 = \mathbf{64\text{ cm}^3}$

190 Es werden die Formeln $O_{Würfel} = 6 \cdot s \cdot s$ und $V_{Würfel} = s \cdot s \cdot s$ verglichen. Damit diese beiden Terme dieselbe Zahl ergeben, muss $s = 6$ gelten. Die Kantenlänge kann **6 mm**, **6 cm**, **6 dm**, **6 m** oder **6 km** sein.

191 a) Ein Würfel mit $s = 8$ cm passt genau sechsmal in dieses Werkstück. Also gilt für sein Volumen:
$V = 6 \cdot (8\text{ cm})^3 = \mathbf{3\,072\text{ cm}^3}$

Für die Oberfläche betrachtet man die Seiten getrennt, wobei man deckungsgleiche Seiten zusammenfasst.
Vorder- und Rückseite:
$A = 2 \cdot (16\text{ cm} \cdot 8\text{ cm} + 8\text{ cm} \cdot 8\text{ cm} + 24\text{ cm} \cdot 8\text{ cm}) = 768\text{ cm}^2$

Boden und rechte Seite außen:
$A = 2 \cdot (24 \cdot 8\text{ cm}^2) = 384\text{ cm}^2$

Drei Deckflächen und die linke Seite innen:
$A = 4 \cdot (8 \cdot 8\text{ cm}^2) = 256\text{ cm}^2$

Linke Seite außen und rechte Seite innen:
$A = 2 \cdot (8 \cdot 16\text{ cm}^2) = 256\text{ cm}^2$

$O_{gesamt} = 768\text{ cm}^2 + 384\text{ cm}^2 + 2 \cdot 256\text{ cm}^2 = \mathbf{1\,664\text{ cm}^2}$

b) Aus dem umfassenden Quader werden vier gleich große Quader an den Ecken herausgeschnitten:

$V = 12\text{ dm} \cdot 12\text{ dm} \cdot 12\text{ dm} - 4 \cdot (4\text{ dm} \cdot 4\text{ dm} \cdot 12\text{ dm})$

$= 1\,728\text{ dm}^3 - 768\text{ dm}^3$

$= \mathbf{960\text{ dm}^3}$

120 cm = 1,2 m = 12 dm
40 cm = 4 dm

Oberfläche:
Vorder- und Rückseite:
$A = 2 \cdot [5 \cdot (4\text{ dm} \cdot 4\text{ dm})] = 160\text{ dm}^2$

Alle Seitenflächen, Grundfläche und Deckfläche:
$A = 12 \cdot (4\text{ dm} \cdot 12\text{ dm}) = 576\text{ dm}^2$

$O_{gesamt} = 160\text{ dm}^2 + 576\text{ dm}^2 = \mathbf{736\text{ dm}^2}$

192 a) Hinweise und Tipps:
Das Prisma wird halbiert und zu einem Quader zusammengefügt, dessen Länge 18 cm beträgt.

$V = 18\text{ cm} \cdot 18\text{ cm} \cdot 31,2\text{ cm} = \mathbf{10\,108,8\text{ cm}^3}$

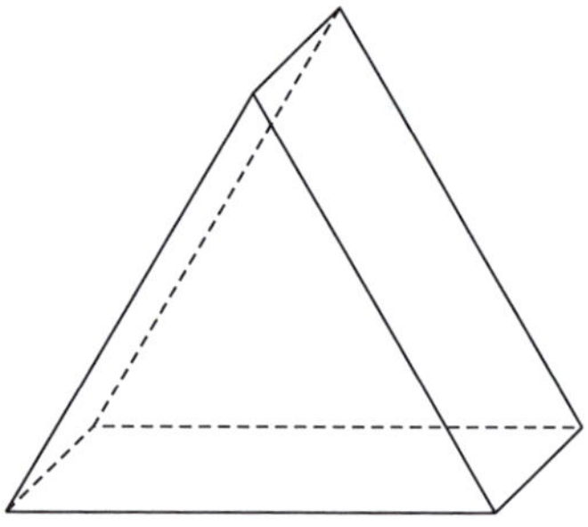

Das Werkstück wiegt:
$10\,108,8 \cdot 0,65\text{ g} = 6\,570,72\text{ g} \approx \mathbf{6,57\text{ kg}}$

Oberfläche:
Vorder- und Rückseite:
$A = 2 \cdot \left(\frac{1}{2} \cdot 36\text{ cm} \cdot 31,2\text{ cm}\right) = 1\,123,2\text{ cm}^2$

Grundfläche und zwei Seitenflächen:
$A = 3 \cdot (36\text{ cm} \cdot 18\text{ cm}) = 1\,944\text{ cm}^2$

$O_{gesamt} = 1\,123,2\text{ cm}^2 + 1\,944\text{ cm}^2 = \mathbf{3\,067,2\text{ cm}^2}$

b) Der Körper wird waagrecht geteilt, wodurch zwei Quader und ein Würfel entstehen:

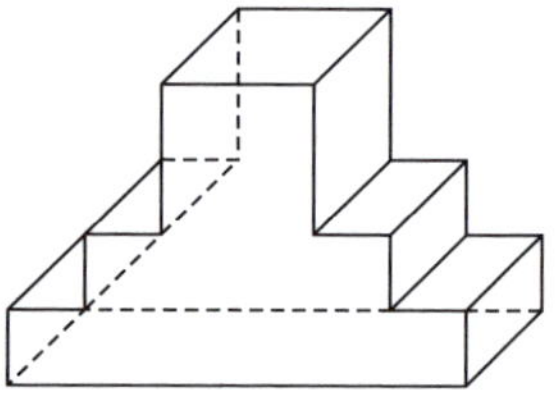

$V = 30\text{ cm} \cdot 10\text{ cm} \cdot 5\text{ cm} + 20\text{ cm} \cdot 10\text{ cm} \cdot 5\text{ cm}$

$+ 10\text{ cm} \cdot 10\text{ cm} \cdot 10\text{ cm}$

$= 1\,500\text{ cm}^3 + 1\,000\text{ cm}^3 + 1\,000\text{ cm}^3$

$= \mathbf{3\,500\text{ cm}^3}$

Das Werkstück wiegt:
$3\,500 \cdot 0,65\text{ g} = 2\,275\text{ g} \approx \mathbf{2,3\text{ kg}}$

Oberfläche:
Vorder- und Rückseite:

$A = 2 \cdot (5\text{ cm} \cdot 30\text{ cm} + 5\text{ cm} \cdot 20\text{ cm} + 10\text{ cm} \cdot 10\text{ cm}) = 700\text{ cm}^2$

Acht kleine Seiten-/Deckflächen:

$A = 8 \cdot (5\text{ cm} \cdot 10\text{ cm}) = 400\text{ cm}^2$

Drei große Seiten- / Deckflächen:
$A = 3 \cdot (10\text{ cm} \cdot 10\text{ cm}) = 300\text{ cm}^2$

Bodenfläche:
$A = 30\text{ cm} \cdot 10\text{ cm} = 300\text{ cm}^2$

$O_{gesamt} = 700\text{ cm}^2 + 400\text{ cm}^2 + 300\text{ cm}^2 + 300\text{ cm}^2 = \mathbf{1\,700\text{ cm}^2}$

c) Das ist das Netz eines Quaders.
$V = 24\text{ cm} \cdot 16\text{ cm} \cdot 24\text{ cm} = \mathbf{9\,216\text{ cm}^3}$
Das Werkstück wiegt:
$9\,216 \cdot 0{,}65\text{ g} = 5\,990{,}4\text{ g} \approx \mathbf{6\text{ kg}}$

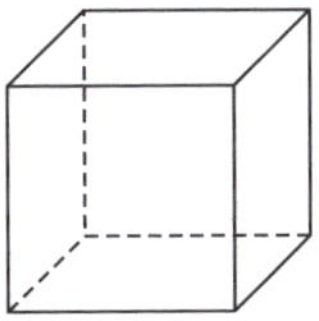

Oberfläche:
$O = 2 \cdot (24\text{ cm} \cdot 24\text{ cm} + 24\text{ cm} \cdot 16\text{ cm} + 24\text{ cm} \cdot 16\text{ cm}) = \mathbf{2\,688\text{ cm}^2}$

193 Hinweise und Tipps:
Denk daran, dass der Prozentsatz immer zum Prozentwert passen muss.

	Grundwert	Prozentwert	Prozentsatz
a)	**1 300 €**	**156 €**	**12 %**
b)	**32 Kinder**	**12 Mädchen**	**37,5 %**
c)	**140 Gummibären**	**49 rote Gummibären**	**35 %**
d)	**450 Kinder**	**126 Kinder mit Rad**	**28 %**
e)	**2 500 €**	**2 562,50 €**	100 % + 2,5 % = **102,5 %**
f)	**85 €**	**72,25 €**	100 % – 15 % = **85 %**
g)	**80 Bonbons**	**52 Bonbons, die nicht nach Erdbeere schmecken**	100 % – 35 % = **65 %**
h)	**125 €**	**110 €**	100 % – 12 % = **88 %**

194 Gegeben: GW = 5 km
PS = 100 % + 40 % = 140 % = 1,4
Gesucht: PW
PW = GW · PS = 5 km · 1,4 = 7 km
Petra und Paula werden dann **7 km** weit reiten.

195 Gegeben: GW = 28 Klimmzüge
PS = 25 % = 0,25
Gesucht: PW
PW = GW · PS = 28 · 0,25 = 7
Patrick muss zusätzlich **7 Klimmzüge** machen.

196 Gegeben: GW = 260 €
PS = 12 % = 0,12
Gesucht: PW
PW = GW · PS = 260 € · 0,12 = 31,20 €
Evas Eltern müssen um **31,20 €** weniger zahlen.

197 Gegeben: GW = 3 500 €
PS = 2,5 % = 0,025
Gesucht: PW
PW = GW · PS = 3 500 € · 0,025 = 87,50 €
Die Erhöhung macht **87,50 €** aus.

198 Gegeben: GW = 64 Bonbons
PS = 12,5 % = 0,125
Gesucht: PW
PW = GW · PS = 64 · 0,125 = 8
8 Bonbons sind grün.

199 Gegeben: GW = 24 Kinder
PS = 100 % – 37,5 % = 62,5 % = 0,625
Gesucht: PW
PW = GW · PS = 24 · 0,625 = 15
15 Kinder haben ein anderes Lieblingsgetränk.

200 Rechnung 1:
Gegeben: GW = 58 €
PS = 100 % + 2 % = 1,02
Gesucht: PW
PW = GW · PS = 58 € · 1,02 = 59,16 €

Man muss zwei voneinander getrennte Rechnungen durchführen, weil jede Erhöhung extra berechnet werden muss.

Rechnung 2:
Gegeben: GW = 59,16 €
PS = 100 % + 2,5 % = 1,025
Gesucht: PW
PW = GW · PS = 59,16 € · 1,025 = 60,639€ ≈ 60,64 €
Die Fahrkarte kostet jetzt **60,64 €**.

Der eben berechnete Prozentwert ist der neue Grundwert.

201 Gegeben: GW = 75 Bonbons
PW = 21 Bonbons
Gesucht: PS

$PS = \frac{PW}{GW} = \frac{21}{75} = 0,28 = 28\ \%$

In der Packung schmecken **28 %** nach Zitrone.

202 Gegeben: GW = 60 Kekse
PW = 48 Kekse
Gesucht: PS

$PS = \frac{PW}{GW} = \frac{48}{60} = 0,8 = 80\ \%$

Henry hat schon **80 %** der Kekse gegessen.

203 Gegeben: GW = 3 750 €
PW = 3 881,25 € – 3 750 € = 131,25 €
Gesucht: PS

$PS = \frac{PW}{GW} = \frac{131,25\ €}{3\,750\ €} = 0,035 = 3,5\ \%$

Das Gehalt von Frau Hainreiter wurde um **3,5 %** erhöht.

204 Gegeben: GW = 9,90 €
PW = 9,90 € – 8,91 € = 0,99 €
Gesucht: PS

$PS = \frac{PW}{GW} = \frac{0,99\ €}{9,90\ €} = 0,1 = 10\ \%$

Der Rabatt betrug **10 %**.

205 Gegeben: GW = 3 h = 180 min
PW = (5 · 45 min + 2 · 120 min) – 180 min = 465 min – 180 min = 285 min
Gesucht: PS

$PS = \frac{PW}{GW} = \frac{285\ \text{min}}{180\ \text{min}} = 1,58\overline{3} \approx 158,33\ \%$

Joshua hat seine Trainingszeit um ungefähr **158,33 %** gesteigert.

206 Gegeben: PW = 6 Kinder
PS = 24 % = 0,24
Gesucht: GW

$GW = \frac{PW}{PS} = \frac{6}{0,24} = \frac{600}{24} = 25$

In die 6c gehen **25 Kinder**.

207 Gegeben: PW = 5 564 €
PS = 100 % + 4 % = 104 % = 1,04
Gesucht: GW

$$GW = \frac{PW}{PS} = \frac{5\,564\text{ €}}{1{,}04} = \frac{556\,400\text{ €}}{104} = 5\,350\text{ €}$$

Frau Hanussen hat vor der Gehaltserhöhung **5 350 €** verdient.

208 Gegeben: PW = 35 Kekse
PS = 100 % − 30 % = 0,7
Gesucht: GW

$$GW = \frac{PW}{PS} = \frac{35}{0{,}7} = \frac{350}{7} = 50$$

In der Packung waren **50 Kekse**.

209 Gegeben: PW = 7,28 km
PS = 100 % + 12 % = 1,12
Gesucht: GW

$$GW = \frac{PW}{PS} = \frac{7{,}28\text{ km}}{1{,}12} = \frac{728\text{ km}}{112} = 6{,}5\text{ km}$$

Janas ursprüngliche Trainingsstrecke war **6,5 km** lang.

210 Gegeben: PW = 92 CDs
PS = 100 % + 15 % = 1,15
Gesucht: GW

$$GW = \frac{PW}{PS} = \frac{92}{1{,}15} = \frac{9\,200}{115} = 80$$

Lisa hat **80 CDs**.

211 Gegeben: PW = 25 Körbe
PS = 100 % + 25 % = 1,25
Gesucht: GW

$$GW = \frac{PW}{PS} = \frac{25}{1{,}25} = \frac{2\,500}{125} = 20$$

Ben hat im vorigen Spiel **20 Körbe** geworfen.

212 a) (1) **Falsch**, denn 2004 wurden mehr Athleten entsandt als 2000.

(2) Gegeben: GW = 489 Athleten
PW = 325 männliche Athleten
Gesucht: PS

$$PS = \frac{PW}{GW} = \frac{325}{489} = 0,66\ldots$$

Dieser Wert ist kleiner als 0,67 = 67 %. Die Aussage ist daher **falsch**.

(3) 2008:
Gegeben: GW = 421 Athleten
PW = 188 weibliche Sportler
Gesucht: PS

$$PS = \frac{PW}{GW} = \frac{188}{421} \approx 0,4466 = 44,66\ \%$$

2004:
Gegeben: GW = 449 Athleten,
PW = 195 weibliche Sportler
Gesucht: PS

$$PS = \frac{PW}{GW} = \frac{195}{449} \approx 0,4343 = 43,43\ \%$$

Die Aussage ist **wahr**.

(4) Das kann man aus dem Diagramm **nicht ablesen**.

b) **1992** fuhren die wenigsten Frauen (nämlich 164), **2012** die wenigsten Männer (nämlich 215).

c)

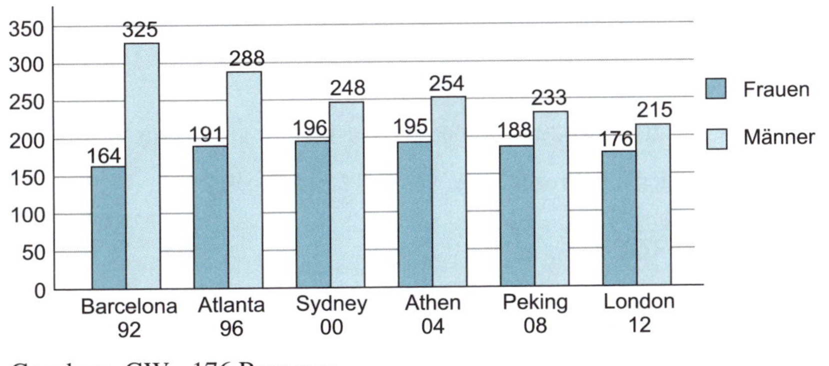

d) Gegeben: GW = 176 Personen
PW = 215 Personen – 176 Personen = 39 Personen
Gesucht: PS

$$PS = \frac{PW}{GW} = \frac{39}{176} \approx 0,2216 = 22,16\ \%$$

2012 gab es um etwa **22 %** mehr männliche als weibliche Athleten.

213 a) (1) Diese Aussage ist **falsch**, weil es 1 502 000 Familien waren.

(2) Zuerst wird jeweils die Summe der Familien mit Kindern in Tausend berechnet:

2002: $3\,645 + 4\,009 + 1\,502 = 9\,156$

2012: $3\,385 + 3\,435 + 1\,241 = 8\,061$

Danach wird der gesuchte Prozentsatz berechnet:

Gegeben: $GW = 9\,156$

$PW = 9\,156 - 8\,061 = 1\,095$

Gesucht: PS

$$PS = \frac{PW}{GW} = \frac{1\,095}{9\,156} \approx 0{,}1196 = 11{,}96\ \%$$

Das sind ca. 12 %, also ist die Aussage **wahr**.

(3) Das kann man aus dem Diagramm **nicht ablesen**.

(4) Zuerst werden die beiden Prozentsätze berechnet:

2002:

Gegeben: $GW = 9\,156$

$PW = 3\,645$

Gesucht: PS

$$PS = \frac{PW}{GW} = \frac{3\,645}{9\,156} \approx 0{,}3981 = 39{,}81\ \%$$

2012:

Gegeben: $GW = 8\,061$

$PW = 3\,385$

Gesucht: PS

$$PS = \frac{PW}{GW} = \frac{3\,385}{8\,061} \approx 0{,}4199 = 41{,}99\ \%$$

Der Prozentsatz ist 2012 größer, die Aussage ist also **wahr**.

b) Zunächst werden alle Prozentsätze von 2012 berechnet:

1 Kind: $PS = \frac{3\,385}{8\,061} \approx 0{,}42 = 42\ \%$

Es ist ausreichend, die Werte auf ganze Prozent zu runden.

2 Kinder: $PS = \frac{3\,435}{8\,061} \approx 0{,}43 = 43\ \%$

3 oder mehr Kinder: $PS = \frac{1\,241}{8\,061} \approx 0{,}15 = 15\ \%$

Wenn 100 % im Streifendiagramm 10 cm entsprechen, ergibt sich:

1 Kind	2 Kinder	3 oder mehr Kinder

c) Der Rückgang der Familien insgesamt ist schon bekannt. Er beträgt 11,96 %.
Für den Rückgang der Familien mit 3 oder mehr Kindern gilt:
Gegeben: GW = 1 502
PW = 1 502 – 1 241 = 261
Gesucht: PS

$$PS = \frac{PW}{GW} = \frac{261}{1\,502} \approx 0{,}1738 = 17{,}38\ \%$$

Dieser Anteil ist also **stärker** zurückgegangen.

d) 2012 gab es in Deutschland **3 435 000 Familien** mit 2 Kindern.

214 a) (1) Das kann man aus dem Diagramm **nicht ablesen**, weil man nur den Anteil der Studienberechtigten kennt, aber nicht die absolute Zahl.

(2) Diese Aussage ist **wahr**, weil der Unterschied von 37,2 % und 36,4 % kleiner als alle anderen Unterschiede ist.

(3) Es reicht, ein **Gegenbeispiel** zu finden. Am ehesten liegt im Jahr 1995 ein zu geringer Prozentsatz vor, weil hier die beiden Werte am weitesten auseinanderliegen. Man kann zwei Rechenwege wählen:

Möglichkeit 1:
Drei Viertel von 36,4 sind:

$$\frac{3}{4} \cdot \frac{36{,}4}{1} = \frac{3}{1} \cdot \frac{9{,}1}{1} = 27{,}3$$

Es haben weniger als drei Viertel der Studienberechtigten, nämlich nur 26,8 % statt 27,3 % des Geburtsjahrgangs, ein Studium begonnen.

Möglichkeit 2:
Wie viel Prozent von 36,4 sind 26,8?
GW = 36,4
PW = 26,8

$$PS = \frac{PW}{GW} = \frac{26{,}8}{36{,}4} \approx 73{,}6\ \%$$

Also ist der Prozentsatz niedriger als $\frac{3}{4} = 75\ \%$.
Die Aussage ist **falsch**.

(4) Das kann man aus dem Diagramm **nicht ablesen**.

b)

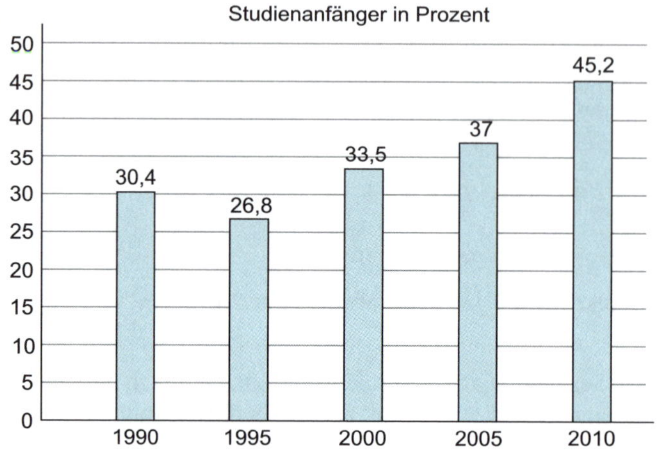

c) **1990** lagen die beiden Prozentwerte am nächsten beieinander.

d) Ja, er hat **recht**, weil 49 % fast 50 % sind, das wäre die Hälfte. Ein Bildungspolitiker müsste 1990 sagen: „**Fast ein Drittel** eines Geburtsjahrgangs hat eine Studienberechtigung.“ 31,4 % sind fast ein Drittel.

215 a) (1) Diese Aussage ist **wahr**, da die 6a dreimal Dritter geworden ist.

(2) Diese Aussage ist **falsch**, da nur die 6a nie Letzter geworden ist.

(3) Diese Aussage ist **wahr**. Beide haben zweimal ein Turnier gewonnen, die 6c für Völkerball und Fitness, die 6d für Leichtathletik und Geräteturnen.

(4) Das kann man aus dem Diagramm **nicht ablesen**.

b) 6a: $1 \cdot 10 + 2 \cdot 5 + 3 \cdot 3 = 29$ Punkte
6b: $1 \cdot 10 + 3 \cdot 5 + 1 \cdot 3 = 28$ Punkte
6c: $2 \cdot 10 + 3 \cdot 5 = 35$ Punkte
6d: $2 \cdot 10 = 20$ Punkte
Die **6c** hat nach Punkten gesiegt.

c) 6a: $1 \cdot 10 + 1 \cdot 5 + 1 \cdot 3 = 18$ Punkte
6b: $1 \cdot 10 + 1 \cdot 5 + 1 \cdot 3 = 18$ Punkte
6c: $1 \cdot 10 + 2 \cdot 5 = 20$ Punkte
6d: 0 Punkte
Die **6c** hat nach Punkten gesiegt.

216 Die horizontale Achse schneidet die vertikale Achse **nicht bei 0**, sondern bei 10. Dadurch wirken die Unterschiede viel größer, als sie in Wirklichkeit sind. Die Breite der Balken bleibt gleich, sodass hierdurch keine zusätzliche Verzerrung bewirkt wird.

217 Die horizontale Achse schneidet die vertikale Achse **nicht bei 0**, sondern bei 140. Deshalb wirkt es so, als wären die Unterschiede viel größer, als sie in Wirklichkeit sind. Die Breite der Balken verändert sich nicht, also liegt keine zusätzliche Verzerrung vor.

218 In der 6b haben doppelt so viele Schüler ein Haustier wie in der 6c. Aber die Abbildung ist doppelt so breit und doppelt so hoch, also vergrößert sich die **Fläche um den Faktor 4**. So wirkt es, als gäbe es in der 6b viermal so viele Schüler mit Haustieren wie in der 6c. Es entsteht also ein falscher Eindruck.

219 Wenn man z. B. die Geschenkpakete der 6a und der 6b vergleicht, so sind jeweils Länge, Breite und Höhe des Paketes der 6b doppelt so groß wie die Abmessungen des Pakets der 6a. Das heißt aber, dass sich das **Volumen verachtfacht**. Deshalb wirkt es so, als gäbe die 6b noch mehr aus, als das in Wirklichkeit der Fall ist.

220 Gegeben: $GW = 75$ Kekse
$PW = 12$ Kekse
Gesucht: PS

$$PS = \frac{PW}{GW} = \frac{12}{75} = 0{,}16 = 16\ \%$$

16 % der Kekse sind zerbrochen.

221 Gegeben: $PW = 12$ Kinder
$PS = 37{,}5\ \% = 0{,}375$
Gesucht: GW

$$GW = \frac{PW}{PS} = \frac{12}{0{,}375} = \frac{12\,000}{375} = 32$$

In der Klasse sind **32 Kinder**.

222 Gegeben: $PW = 4\,284$ €
$PS = 100\ \% + 2\ \% = 102\ \% = 1{,}02$
Gesucht: GW

$$GW = \frac{PW}{PS} = \frac{4\,284\ €}{1{,}02} = \frac{428\,400\ €}{102} = 4\,200\ €$$

Frau El Labadi hat vorher **4 200 €** verdient.

223 Gegeben: GW = 6,8 km

PS = 100 % + 15 % = 115 % = 1,15

Gesucht: PW

PW = GW · PS = 6,8 km · 1,15 = 7,82 km

Anna und Ruth laufen nach der Erhöhung der Trainingsstrecke **7,82 km**.

224 Gegeben: GW = 200 g

PW = 55 g

Gesucht: PS

$$PS = \frac{PW}{GW} = \frac{55\text{ g}}{200\text{ g}} = 0,275 = 27,5\ \%$$

Es sind **nicht genug** Cashew-Kerne in der Mischung.

225 Rechnung 1:

Hier musst du „zurückrechnen", also zwei getrennte Rechnungen ausführen.

Starte mit dem Endpreis und berechne den Preis vor dem zweiten Rabatt.

Gegeben: PW = 19,89 €

PS = 100 % – 15 % = 85 % = 0,85

Gesucht: GW

$$GW = \frac{PW}{PS} = \frac{19,89\ €}{0,85} = \frac{1\,989\ €}{85} = 23,40\ €$$

Rechnung 2:

Berechne mit diesem Ergebnis den ursprünglichen Preis.

Gegeben: PW = 23,40 €

PS = 100 % – 10 % = 90 % = 0,9

Gesucht: GW

$$GW = \frac{PW}{PS} = \frac{23,40\ €}{0,9} = \frac{234\ €}{9} = 26\ €$$

Das Spiel hat ursprünglich **26 €** gekostet.

226 Die Unterschiede zwischen den Umsätzen der verschiedenen Filialen wirken in dieser Darstellung sehr groß, da die senkrechte Achse **nicht bei null** beginnt. Die Breite der Balken bleibt gleich, sodass hierdurch keine zusätzliche Verzerrung bewirkt wird.

227 a) (1) 1970 gab es ca. 400 000 Schüler in diesen Schulen, 2010 ca. 600 000. Also fehlen ca. 200 000 Schüler dazu, dass sich die Anzahl verdoppelt hat. Die Aussage ist **falsch**.

(2) **Falsch**, das war 1970.

(3) Das kann man dem Diagramm **nicht entnehmen**.

b) Die Anzahl der Volksschüler sank ab **2000** bis heute.

c) 1970:
Gegeben: GW = 1 600 000
PW = 400 000
Gesucht: PS

$$PS = \frac{PW}{GW} = \frac{400\,000}{1\,600\,000} = 0{,}25 = \mathbf{25\ \%}$$

2010:
Gegeben: GW = 1 250 000
PW = 600 000
Gesucht: PS

$$PS = \frac{PW}{GW} = \frac{600\,000}{1\,250\,000} = 0{,}48 = \mathbf{48\ \%}$$

d) Man könnte die vertikale Achse von der horizontalen bei 600 000 Schülern schneiden lassen. Dadurch würde der Anteil der Schüler an Mittelschulen und höheren Schulen viel größer wirken, als er in Wirklichkeit ist.

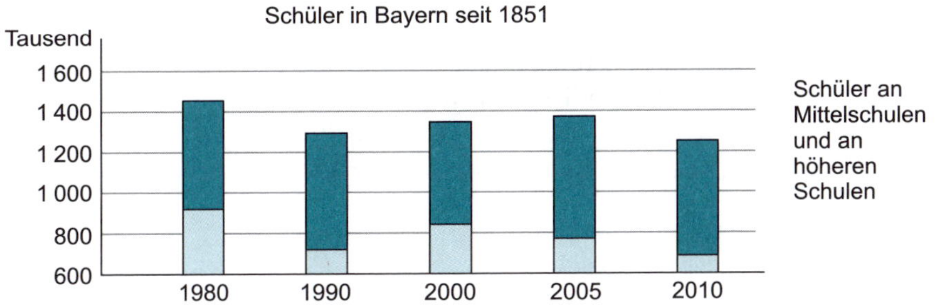

228

$\cdot 60$ (1 Liter kostet 1,669 €.) $\cdot 60$
60 Liter kosten 100,14 €.

Die Tankfüllung kostet **100,14 €**.

229

$:4$ (4 Karten kosten 34 €.) $:4$
1 Karte kostet 8,50 €.
$\cdot 10$ (10 Karten kosten 85 €.) $\cdot 10$

Alexandra und ihre Freunde müssen für zehn Karten **85 €** bezahlen.

230 Zuerst muss man das Gewicht der Palette abziehen:

21 kg − 3 kg = 18 kg

$:40$ (40 Packungen wiegen 18 kg.) $:40$
1 Packung wiegt 0,45 kg = 450 g.

Eine Packung Gelierzucker wiegt **450 g**.

231 Nach der Reduktion kosten die Geräte noch 100 % – 35 % = 65 % = 0,65 des ursprünglichen Preises.

a) *Möglichkeit 1:* Prozentrechnung
Gegeben: GW = 169 €
PS = 0,65
Gesucht: PW
PW = GW · PS = 169 € · 0,65 = 109,85 €

Möglichkeit 2: direkte Proportionalität
· 0,65 (Der Preis für den Fernseher beträgt 169 €.) · 0,65
65 % des Preises für den Fernseher betragen 109,85 €.
Ein Flachbildfernseher kostet nach der Reduktion **109,85 €**.

b) *Möglichkeit 1:* Prozentrechnung
Gegeben: GW = 499 €
PS = 0,65
Gesucht: PW
PW = GW · PS = 499 € · 0,65 = 324,35 €

Möglichkeit 2: direkte Proportionalität
· 0,65 (Der Preis für das Tablet beträgt 499 €.) · 0,65
65 % des Preises für das Tablet betragen 324,35 €.
Das Tablet kostet nach der Reduktion **324,35 €**.

232 · 3 (Eine Apfelschorle kostet 2,20 €.) · 3
3 Apfelschorlen kosten 6,60 €.
Also kosten die sechs Leberkäse-Semmeln zusammen:
17,10 € – 6,60 € = 10,50 €
: 6 (6 Leberkäse-Semmel kosten 10,50 €.) : 6
1 Leberkäse-Semmel kostet 1,75 €.
Eine Leberkäse-Semmel kostet **1,75 €**.

233 : 24 (24 Sandsäcke wiegen 480 kg.) : 24
1 Sandsack wiegt 20 kg.
· 2 (2 Sandsäcke wiegen 40 kg.) · 2
Die zwei Säcke sind **40 kg** schwer.

234 1 cm auf der Karte entspricht 100 000 cm = 1 km in Wirklichkeit.

100 000 cm = 1 000 m = 1 km

a) $\cdot 5$ (1 km (Wirklichkeit) entspricht 1 cm (Karte).) $\cdot 5$
5 km (Wirklichkeit) entsprechen 5 cm (Karte).
5 km in Wirklichkeit entsprechen **5 cm** auf der Karte.

b) $\cdot 6{,}5$ (1 cm (Karte) entspricht 1 km (Wirklichkeit).) $\cdot 6{,}5$
6,5 cm (Karte) entsprechen 6,5 km (Wirklichkeit).
6,5 cm auf der Karte entsprechen **6,5 km** in Wirklichkeit.

235 $\cdot 6$ (Eine Person braucht $4\ h = 4 \cdot 60\ min = 240\ min$.) $:6$
6 Personen brauchen 40 min.
6 Personen bräuchten für die Arbeit **40 Minuten**.

236 1-mal 2 €, 2-mal 1 €, 4-mal 50 ct, 10-mal 20 ct, 20-mal 10 ct, 40-mal 5 ct, 100-mal 2 ct und 200-mal 1 ct.
Es gibt **8 Arten**, auf die man 2 € so bezahlen kann.

237 **1** Kind erhält **80** Stück.
2 Kinder erhalten jeweils **40** Stück.
4 Kinder erhalten jeweils **20** Stück.
5 Kinder erhalten jeweils **16** Stück.
8 Kinder erhalten jeweils **10** Stück.

Suche zwei natürliche Zahlen, deren Produkt 80 ergibt.
Weitere Möglichkeiten ergeben sich, wenn die Anzahl der Kinder mit der Anzahl der Bonbons vertauscht wird.

238 Zeit, die ein Maler benötigen würde:
$6\ \text{Arbeitstage} \cdot 3 = 18\ \text{Arbeitstage} = 18 \cdot 8\ h = 144\ h$
Zeit, die 10 Maler benötigen würden:
$144\ h : 10 = 14{,}4\ h = 14\ h + 0{,}4 \cdot 60\ min = 14\ h\ 24\ min$
10 Maler würden **14 h 24 min** benötigen.

Das ist ein Arbeitstag plus 6 h 24 min.

239 **1 cm** Länge und **30 cm** Breite
2 cm Länge und **15 cm** Breite
3 cm Länge und **10 cm** Breite
5 cm Länge und **6 cm** Breite
6 cm Länge und **5 cm** Breite
10 cm Länge und **3 cm** Breite
15 cm Länge und **2 cm** Breite
30 cm Länge und **1 cm** Breite

Suche zwei natürliche Zahlen, deren Produkt 30 ergibt.

240 Zuerst wird die benötigte Anzahl der Säcke berechnet. Wegen 8 t = 8 000 kg gilt:
8 000 kg : 5 kg = 1 600
Es werden 1 600 Säcke benötigt.

$\cdot 20$ ⟶ 1 Helfer schleppt 1 600 Säcke. / 20 Helfer schleppen 80 Säcke. ⟵ $:20$

$\cdot 50$ ⟶ 1 Helfer schleppt 1 600 Säcke. / 50 Helfer schleppen 32 Säcke. ⟵ $:50$

$\cdot 400$ ⟶ 1 Helfer schleppt 1 600 Säcke. / 400 Helfer schleppen 4 Säcke. ⟵ $:400$

Bei 20 Helfern muss jeder **80 Säcke** schleppen, bei 50 Helfern sind es jeweils **32 Säcke** und bei 400 Helfern sind es **4 Säcke** pro Helfer.

241 Preis für eine Semmel:
2,25 € : 5 = 0,45 €

Semmeln	1	2	3	4	5	6	7	8	9	10
Preis	**45 ct**	**90 ct**	**1,35 €**	**1,80 €**	2,25 €	**2,70 €**	**3,15 €**	**3,60 €**	**4,05 €**	**4,50 €**

242
$:8$ ⟶ 8 Stück Strudel kosten 19,20 €. / 1 Stück Strudel kostet 2,40 €. ⟵ $:8$
$\cdot 5$ ⟶ 1 Stück Strudel kostet 2,40 €. / 5 Stück Strudel kosten 12 €. ⟵ $\cdot 5$

5 Stück Strudel kosten **12 €**.

243
$:5$ ⟶ 5 Hefte kosten 2,95 €. / 1 Heft kostet 0,59 €. ⟵ $:5$
$\cdot 13$ ⟶ 1 Heft kostet 0,59 €. / 13 Hefte kosten 7,67 €. ⟵ $\cdot 13$

13 DIN-A4-Hefte mit Rand kosten **7,67 €**.

244 Marie hat $3 \cdot 12 = 36$ Kekse.

$\cdot 3$ ⟶ Eine Person bekommt 36 Kekse. / 3 Personen bekommen 12 Kekse. ⟵ $:3$

Marie selbst muss auch dazu gezählt werden.

$\cdot 6$ ⟶ Eine Person bekommt 36 Kekse. / 6 Personen bekommen 6 Kekse. ⟵ $:6$

$\cdot 12$ ⟶ Eine Person bekommt 36 Kekse. / 12 Personen bekommen 3 Kekse. ⟵ $:12$

Wenn Marie mit 2 Freunden teilt, bekommt jeder **12 Kekse**. Wenn sie mit 5 Freunden teilt, sind es **6 Kekse**. Bei 11 Freunden sind es **3 Kekse**.

Bildnachweis

Umschlag: © Can Stock Photo Inc./tadamichi
S. 1: © Can Stock Photo Inc./tomwang
S. 2: © Phase4Studios. Shutterstock
S. 5: © Crisp. Shutterstock
S. 6: By jdurham
S. 7: © verchik. Shutterstock
S. 9: © Rob Judges. Pearson Education Ltd
S. 11: © Nataliya Peregudova. Shutterstock
S. 13: © Deep OV. Shutterstock
S. 14: © Brocreative. Shutterstock
S. 16: © Digitalpress/Fotolia.com
S. 17: © Maridav. Shutterstock
S. 18: © johnnymuc/www.freeimages.com
S. 21: © jAdamG1975/www.istockphoto.com
S. 22: © sevenke. Shutterstock
S. 25: © Fotograf: Nick Webb; http://commons.wikimedia.org/wiki/File:Usain_Bolt_2012_Olympics_1.jpg?uselang=de; lizenziert unter Namensnennung 2.0 generisch
S. 28: © mikecco/www.freeimages.com
S. 30: © Gladskikh Tatiana. Shutterstock
S. 31: © ARochau/Fotolia.com
S. 34: © Elnur/Dreamstime.com
S. 35: © SmileStudio. Shutterstock
S. 36: © Pressmaster. Shutterstock
S. 37: © Fotograf: An-d; http://commons.wikimedia.org/wiki/File:Sichtbares_rosa_Einhorn_aus_Luftballons2.jpg?uselang=de; lizenziert unter der Creative-Commons-Lizenz Namensnennung – Weitergabe unter gleichen Bedingungen 3.0 nicht portiert
S. 39: © Nattika. Shutterstock
S. 40: © AN NGUYEN. Shutterstock
S. 41: © Danny Smythe. Shutterstock
S. 42: © Ljupco Smokovski. Shutterstock
S. 43: © Nikola Bilic. Shutterstock
S. 45: © Gareth Boden. Pearson Education Ltd
S. 46: © Monkey Business Images. Shutterstock
S. 48: © Sophie Bluy. Pearson Education Ltd
S. 49: © katielittle. Shutterstock
S. 52: © Vuk Vukmirovic / Dreamstime.com
S. 53: Hund: © Mikko Pitkänen/Fotolia.com; Kaninchen: © Kostas Jariomenko/sxc; Vogel: © Ene/dreamstime; Katze: © ustyujanin/Dreamstime.com; Schildkröte: © dreamstime
S. 54: © monticello. Shutterstock
S. 55, S. 195: © David Fuchs, Berlin
S. 57: © Tina Rencelj. Shutterstock
S. 58: © Danny Smythe. Shutterstock
S. 59: © bluegum/www.freeimages.com
S. 60: © irin-k. Shutterstock

S. 61: © Jules Selmes. Pearson Education Ltd
S. 63: © Karramba Production. Shutterstock
S. 67: © Poznyakov. Shutterstock
S. 70: © Ariwasabi. Shutterstock
S. 73: © Barbol. Shutterstock
S. 74: © Christine Langer-Pueschel. Shutterstock
S. 75: Blume a: © Toby_s/Dreamstime.com; Blume b: © mzacha/sxc.hu
S. 76: © Sozaijiten
S. 80: © falco/fotolia.com
S. 83: © Norman Chan. Shutterstock
S. 84: © prometeus / 123RF Stock Foto
S. 87: © Fotograf: Venusianer;
http://de.wikipedia.org/wiki/Datei:Dockland_Hamburg_2009.jpg lizenziert unter cc-by-sa-3.0.
S. 89: © Fotograf: Lukas Riebling;
http://commons.wikimedia.org/wiki/File:Regina_Maris.JPG; lizenziert unter der Creative Commons Attribution-Share Alike 3.0 Unported
S. 93: © Pearson Education, Inc.
S. 98: © Nic Neish. Shutterstock
S. 102: © justin maresch. Shutterstock
S. 103: © Yeko Photo Studio. Shutterstock
S. 104: © Slavoljub Pantelic. Shutterstock
S. 108: © Tischenko Irina. Shutterstock
S. 117: © kreatorex. Shutterstock
S. 118: © vbmark. Shutterstock
S. 120: © Amy Myers. Shutterstock
S. 121: © Ahturner. Shutterstock
S. 122: © Pressmaster. Shutterstock
S. 123: © Gabriel Nardelli Araujo / Dreamstime.com
S. 124: © Penywise/Dreamstime.com
S. 125: © dotshock. Shutterstock
S. 134: Fußball: © Gemenacom/Dreamstime.com
S. 136: Geschenk: © Mailthepic/Dreamstime.com
S. 139: © Jon Le-Bon. Shutterstock
S. 140: © Joao Virissimo. Shutterstock
S. 141: © nata-lunata. Shutterstock
S. 142: © Sally Scott. Shutterstock
S. 143: © Hannamariah. Shutterstock
S. 144: © Fotograf: Thiemo Schuff;
http://commons.wikimedia.org/wiki/File:Elbhochwasser_Juni_2013_in_Lauenburg_-_Sands%C3%A4cke_2.jpg?uselang=de; lizenziert unter der Creative-Commons-Lizenz Namensnennung – Weitergabe unter gleichen Bedingungen 3.0 Deutschland
S. 145: © view7/Fotolia
S. 157: © Can Stock Photo Inc./4774344sean

Ihre Meinung ist uns wichtig!

Ihre Anregungen sind uns immer willkommen. Bitte informieren Sie uns mit diesem Schein über Ihre Verbesserungsvorschläge!

Titel-Nr.	Seite	Vorschlag

Bitte hier abtrennen

Lernen • Wissen • Zukunft
STARK

Zutreffendes bitte ankreuzen!

Die Absenderin/der Absender ist:

- ☐ Lehrer/in in den Klassenstufen: ________
- ☐ Fachbetreuer/in
  Fächer: ________
- ☐ Seminarlehrer/in
  Fächer: ________
- ☐ Regierungsfachberater/in
  Fächer: ________
- ☐ Oberstufenbetreuer/in
- ☐ Schulleiter/in
- ☐ Referendar/in, Termin 2. Staatsexamen: ________
- ☐ Leiter/in Lehrerbibliothek
- ☐ Leiter/in Schülerbibliothek
- ☐ Sekretariat
- ☐ Eltern
- ☐ Schüler/in, Klasse: ________
- ☐ Sonstiges: ________

Unterrichtsfächer: (Bei Lehrkräften!)

____

STARK Verlag
Postfach 1852
85318 Freising

24-V_TRUM
Bitte ausfüllen und im frankierten Umschlag an uns einsenden. Für Fensterkuverts geeignet.

Kennen Sie Ihre Kundennummer?
Bitte hier eintragen.

Absender (Bitte in Druckbuchstaben!)

Name/Vorname

Straße/Nr.

PLZ/Ort/Ortsteil

Telefon privat

Geburtsjahr

E-Mail

Schule/Schulstempel (Bitte immer angeben!)

Bitte hier abtrennen

(Bitte blättern Sie um)